东濮凹陷超深层碎屑岩储层孔隙演化及评价方法

王瑞飞　李中超　贾瑞忠　罗波波　著

石油工業出版社

内 容 提 要

本书阐述了超深层碎屑岩储层孔隙演化理论，并在此基础上开展了有利储层预测方法研究，剖析了非常规油气资源领域的超深层油气可动用问题，丰富了非常规油气资源的有效开发动用方法。本书着眼非常规油气能源资源中的超深层碎屑岩储层领域，在岩相古地理、储集体展布研究的基础上，分岩相古地理及储集体展布、微(纳)米级孔喉及其精细表征、岩石—流体相互作用及孔隙演化、有效储集层埋深预测、烃源岩演化、油气充注与储集层孔隙保存、有利储集层评价指标与预测等章节对相关理论进行了详细阐述。

本书可供从事油气勘探的专业技术人员和石油院校相关专业师生参考。

图书在版编目(CIP)数据

东濮凹陷超深层碎屑岩储层孔隙演化及评价方法 / 王瑞飞等著. — 北京：石油工业出版社，2021.9

ISBN 978-7-5183-4625-7

Ⅰ. ①东… Ⅱ. ①王… Ⅲ. ①东濮凹陷-碎屑岩-孔隙储集层-石油天然气地质-演化-研究②东濮凹陷-碎屑岩-孔隙储集层-石油天然气地质-油气资源评价-研究 Ⅳ. ①P618.130.2 ②TE155

中国版本图书馆 CIP 数据核字(2021)第 151384 号

出版发行：石油工业出版社

(北京安定门外安华里 2 区 1 号楼 100011)

网 址：www.petropub.com

编辑部：(010)64523757 图书营销中心：(010)64523633

经 销：全国新华书店

印 刷：北京中石油彩色印刷有限责任公司

2021 年 9 月第 1 版 2021 年 9 月第 1 次印刷

787×1092 毫米 开本：1/16 印张：12.25

字数：415 千字

定价：60.00 元

(如出现印装质量问题，我社图书营销中心负责调换)

前　　言

随着世界范围油气勘探开发理论、技术的进步和对油气资源增长的需求，深层、超深层储层已成为油气资源发展的重要新领域，而且不断有新发现，成为近期油气勘探、开发的热点。国内外新发现的油气藏储层中，超深层储层所占比例越来越大。

目前，世界上有70多个国家开展了深层油气勘探、开发。超深层储层埋藏深度大，成岩流体成岩作用强，储集空间类型复杂多样，储集层多为低孔、超低渗致密储集层。我国深层、超深层油气资源探明率远低于中、浅层油气资源，深层、超深层储层将成为我国油气资源增储上产的重要领域之一。由于深层、超深层的高温、高压等特殊地质环境，勘探开发过程面临着诸多地质理论、工艺等技术难题。深层、超深层优质储层形成机理与分布规律已成为石油地质界关注的热点和焦点。深层、超深层储层研究，已经由定性向半定量、定量化方向发展，由单一学科向多学科复合方向发展。研究发现，优质储层分布规律、控制因素及储层评价预测方法是制约深层、超深层油气资源勘探开发的关键因素。在正常情况下，碳酸盐岩和碎屑岩储层孔隙度随埋藏深度的增加而减小。但在一定地质条件下，储层平均孔隙度有随埋深增大的趋势。因此，开展超深层储集层孔隙演化、有利储层评价预测方法研究具有重要意义。

本书着重介绍以下方面的内容：

一是基于微纳米CT扫描技术的储层物性有限差分计算方法。基于微纳米CT扫描图像，在原始灰度图像基础上进行去除噪声，经过图像阈值分割，得到灰度值差异。通过对样品所有切片进行统计平均得到实际样品三维孔隙度。基于二维孔隙空间的压力场和速度场分布，应用有限差分方法计算样品渗透率值。

二是将深层砂岩储层样品进行水驱前后铸体图像和毛管压力曲线分析，水驱后最大孔隙半径、最大喉道宽度(半径)增大，其增大幅度随渗透率增大而增大。水驱后，特低渗、低渗储层平均孔隙半径减小，中低渗储层平均孔隙半径增大，平均孔隙半径变化幅度小于最大孔隙半径变化幅度。特低渗储层水驱后孔隙均质性得到改善，而低渗、中低渗储层孔隙非均质程度增强。水驱后，低渗、中低渗储层岩石孔喉体积增大，特低渗储层岩石孔喉体积减小。水驱后平均喉道半径增大幅度低于最大喉道半径增大幅度，水驱对最大喉道半径的影响较平均喉道半径大。

三是应用铸体图像分析技术、高压压汞技术对深层砂岩油藏储层孔喉特征参数进行研究。储层物性与孔隙半径、喉道宽度呈正相关关系；面孔率参数与孔隙度、渗透率相关性较好，面孔率较相应的孔隙度参数小；比表面、形状因子与其储层物性参数不相关，储层孔隙、喉道形状无规律；由特低渗至高渗储层，孔喉比参数无明显变化趋势，孔喉配位数呈增大趋势。储层最大喉道半径、平均喉道半径、主流喉道半径、主流喉道半径下限值、最小可流动喉道半径等均与储层岩石的渗透率参数呈正相关关系；平均水力半径与平均喉道半径呈正相关关系；储层岩石比表面与渗透率参数呈负相关关系。基于高压压汞资料，建立研究区深层砂岩油藏储层孔喉特征参数预测模型。

四是超深层储层岩石-流体作用机理及孔隙演化模型。基于超深层储层所固有的地球化学环境，探讨储层演化过程中碎屑成分与流体相互作用及由此产生的次生矿物，进而探讨储层所经历的成岩作用阶段及成岩过程。基于碎屑成分粒度分析，计算沉积物沉积时储层初始孔隙度。在此基础上，推演储层演化过程中孔隙度的变化，建立储层孔隙度演化模型。

五是建立深层/超深层储层评价指标体系。针对深层/超深层储层特征，建立评价储层质量的评价参数指标体系。根据储层沉积、成岩演化过程，探讨储层质量的控制因素。

六是建立深层/超深层有利储层预测方法。在储层沉积体系、成岩作用、储层孔隙演化模型以及储层评价指标体系建立的基础上，根据储层质量控制因素，建立深层/超深层有利储层预测方法。

本书得到西安石油大学优秀学术著作出版基金给予资助出版，特别需要指出的是笔者的研究生唐致霞、池云刚、郑森、赵佳、何润华、马啱月等参与了部分资料的收集与文字整理、编排工作。对于他们的辛勤付出，在此表示诚挚的感谢。

由于水平有限，书中难免存在不足之处，欢迎各位读者批评指正。

2021 年 4 月于西安

目　　录

1　岩相古地理及砂体展布研究

1.1　区域地质概况

1.1.1　构造特征

东濮凹陷属于渤海湾盆地临清凹陷的一部分，是古生代克拉通盆地基底上形成的中、新生代断陷型凹陷。东濮凹陷横跨豫北、豫东、鲁西南之沿黄河两岸的两省九市县(河南省的濮阳、清丰、范县、长垣、滑县、兰考，山东省的菏泽、东明、莘县)，东以兰聊断裂系与鲁西隆起为界，西与内黄隆起呈超覆接触，南隔兰考凸起与开封坳陷中的中牟凹陷相望，北以马陵断层与莘县凹陷相连，是一个以古—中生界为基底，新生界沉积为主的地堑式断陷盆地。东濮凹陷区域构造呈北北东向展布，总体上表现出“东西分带、南北分区”的构造格局。东濮凹陷东西划分为5个构造带、南北划分为3个区，5个构造带分别是西部断阶斜坡带、西部次凹带、中央隆起带、东部次凹带和兰聊断裂带，3个区分别为北区、中区和南区。东濮凹陷北窄南宽(6~60km)呈琵琶状，南北长140km，面积约5300km^2(图1-1)。

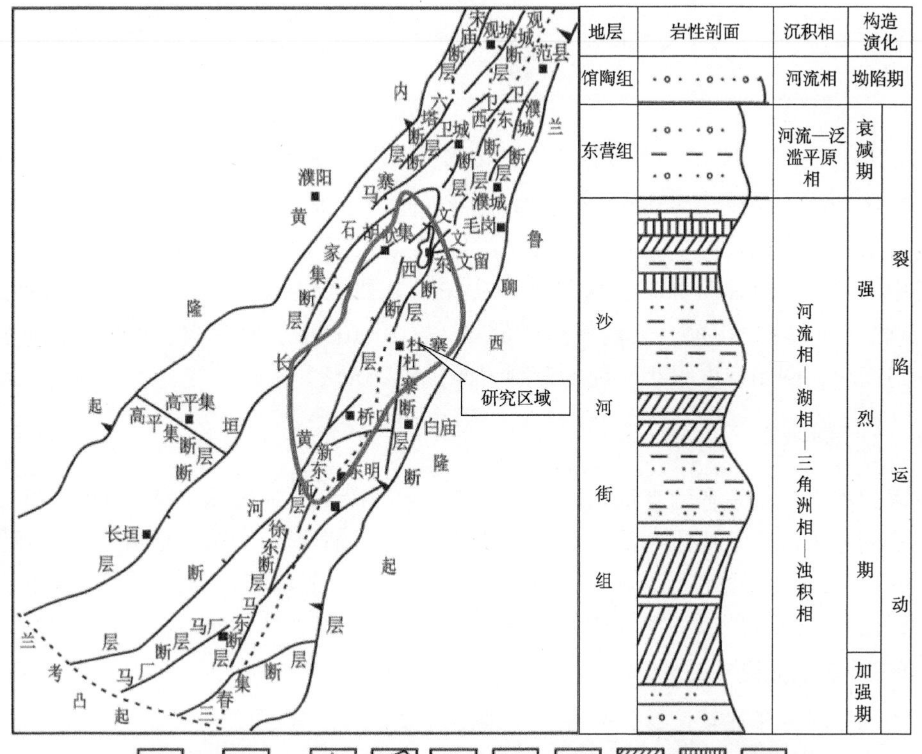

图1-1　文东油田及杜寨气田-桥口油气田构造位置及地层结构

以东濮凹陷北、中部为例开展相关研究工作，其主要位于西部洼陷带、中央隆起带和东部洼陷带之间。研究区包括文东、杜寨-桥口及周边地区。其中，文东区块处于东濮凹陷中央隆起带文留构造东翼，自西向东为文东滚动背斜带和反向屋脊构造带两断块区，主要层位位于沙三中-沙三下亚段及沙四段。桥口构造处于东濮凹陷中央隆起带，是受黄河断裂控制的一个继承性背斜，其研究层位位于沙三$_{3-4}$亚段。杜寨构造处于东部洼陷带前梨园洼陷南部，是一个发育于沙三$_{2-4}$亚段沉积期的岩性圈闭。研究区钻遇目的层的探评井40口，其中文东地区26口，桥口—杜寨地区14口，研究区井位如图1-2所示。

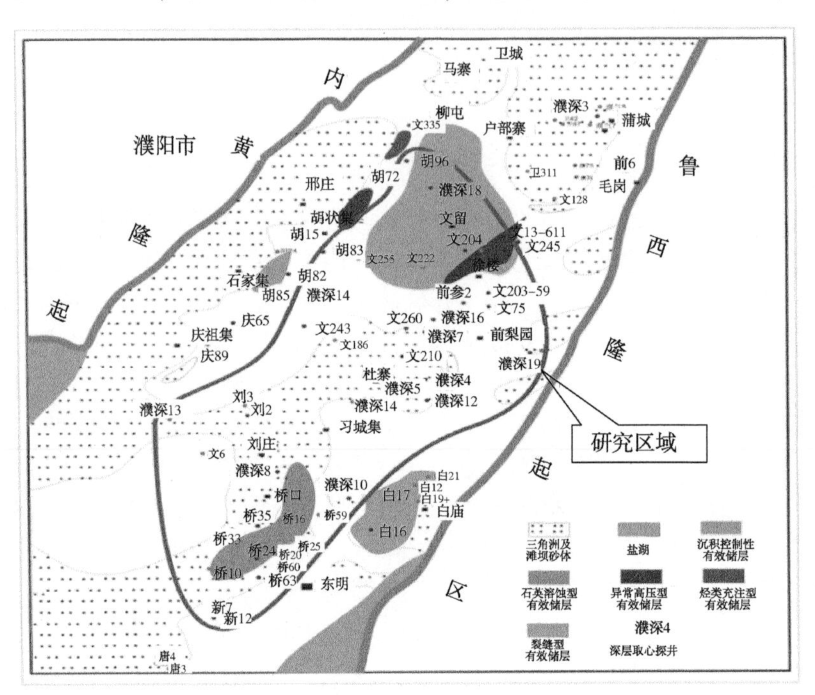

图1-2　东濮凹陷文东、杜寨—桥口地区研究区井位图

研究区勘探总面积约为920km^2。文东地区位于文留构造的东翼(图1-2)，为NNE向延伸的构造带，南北长约12km，东西宽约6km，勘探面积约156km^2。桥口地区位于中央隆起带中南部，背斜轴向NNE，南北长约10km，东西宽约6km。桥口东翼深层(沙三$_{3-4}$亚段)控制含气面积17.4km^2，天然气地质储量138.9×10^{8}m^3。杜寨构造位于前梨园洼陷南部，构造简单，圈闭幅度很小，纯构造圈闭面积仅4km^2。

1.1.2　地层特征

东濮凹陷古近系发育两套沉积旋回，沙河街组四段—沙三段属于第一沉积旋回。沙四段进一步划分为沙四上亚段和沙四下亚段。沙三段进一步划分为第4亚段、第3亚段、第2亚段和第1亚段(简称沙三$_4$亚段、沙三$_3$亚段、沙三$_2$亚段和沙三$_1$亚段)。具体研究重点是沙三$_{3-4}$亚段及沙四段。地层的发育特征如综合柱状图1-3所示。

1.1.2.1　沙四下亚段

沙四下亚段分布比较广泛，除在马厂地区发育不全，有沉积缺失外，沉积厚度一般为100~200m；文留、胡状集地区厚度较大，最厚可达330m。沉积类型较单一，岩性主要为红色砂岩、粉砂岩和泥岩互层。

地层系统						厚度（m）	岩性剖面	岩性组合	沉积旋回	沉积相	生储盖组合
界	系	统	组	段	亚段						
新生界	第四系		平原组			150~200		浅棕黄色黏土，粉砂，砂砾层			
	新近系	上新统	明化镇组			100~1000		棕色黏土、粉砂，含砂砾岩互层		河流相	
		中新统	馆陶组			200~500		浅灰色砂砾岩夹棕、灰色泥岩		河流相	
	古近系	渐新统	东营组			400~1400		灰绿色泥岩与灰白色原层砂岩互层	Ⅱ旋回	河流—泛滥平原相	
			沙河街组	沙一段	$Es_1^{上}$	120~200		灰色泥岩夹薄层生物灰岩、砂岩组合		浅湖—半深湖相、三角洲相	
					$Es_1^{下}$	60~250		北部盐岩夹灰色泥岩及云质岩组合:南部灰色泥岩、泥灰岩与粉砂岩互层			
				沙二段	$Es_2^{上}$	250~300		紫红色泥岩、泥膏岩与砂岩组合		滨浅湖泊和扇三角洲相	
					$Es_2^{下}$	250~300		红色泥岩与灰白色砂岩互层	Ⅰ旋回	浅湖—泛滥平原、漫湖相	
		始新统		沙三段	Es_3^1	150~400		暗色泥岩，油页岩与粉砂岩间互组合		半深湖—深水盐湖相和三角洲、浊积相及扇三角洲相	
					Es_3^2	200~600		北部盐岩与暗色泥[页]岩组合:南部为灰色泥岩与薄层粉砂岩组合			
					Es_3^3	300~700		北部盐岩与暗色泥岩组合:南部为灰色泥岩与灰色砂岩间互			
					Es_3^4	500~2000		北部东白色盐岩与灰黑色泥（页）岩组合:南部灰色泥（页）岩与砂岩互层			
				沙四段	$Es^{上}_4$	150~180		灰色泥岩与砂岩互层		浅湖—半深湖相	
					$Es^{下}_4$	50~200		紫红色泥岩与砂岩互层		漫湖、浊积相	
			孔店组		Ek	50~500		紫红色泥岩与浅棕色砂岩互层		河流相	
中生界	三叠系							紫红色砂泥岩互层		河流相	

图 1-3 东濮凹陷地层综合柱状图

1.1.2.2 沙四上亚段

沙四上亚段分布范围等于或略大于沙四下亚段，地层厚度总特征为北厚南薄，东厚细薄。卫城、濮城、胡状集地区厚 70 ~ 150m，文留北部厚 160 ~ 210m，文留南部厚 200 ~ 400m。东濮凹陷南部地区一般厚 100m 左右，沉积中心位于前梨园。

岩性特征大致分为三种：第一种是位于洼陷沉积中心部位的灰、深灰色泥岩夹粉砂岩类型，主要分布于东部洼陷和西部洼陷中；第二种为红、灰色交互的砂泥岩类型，主要分布于西部斜坡带的胡状集、庆祖集等地区和中央隆起带的马厂及三春集地区；第三种为灰色泥岩和泥膏盐、膏盐和岩盐沉积，分布于凹陷的北部地区。

1.1.2.3 沙三$_4$亚段

除在胡状集地区石家集断层以西地区遭受严重剥蚀外，沙三$_4$亚段在整个凹陷内均有分布。卫城、濮城地区沉积厚度较薄，一般不超过400m；胡状集、文留、桥口地区厚底较大，最厚可达1300~1500m；马厂地区厚1000m。前梨园和海通集地区为凹陷的沉降中心，厚度超过1500m。

岩性特征有三种类型：第一种是膏岩、盐岩沉积，分布在前梨园北、文留及胡状集范围内，面积约400km^2，累计厚度可达400m左右，在文留南部地区沙三$_4$亚段下部为灰白色泥膏岩，膏岩，盐岩与灰、深灰色泥岩互层，上部为灰、深灰色泥岩、油页岩夹粉砂岩；文留北部地区沙三$_4$亚段下部为灰、深灰色泥岩、油页岩夹粉砂岩，上层为灰白色膏岩层，盐岩夹灰、深灰色泥岩；胡状集地区主要由灰、深灰色泥岩夹粉砂岩组成，下部夹盐岩、泥膏岩；第二种为灰色砂泥岩沉积，分布于前梨园、濮城、葛岗集、海通集地区、岩性主要为较稳定的灰、深灰色泥岩、页岩夹粉砂岩和少量油页岩；第三种为分布于凹陷边缘及马厂构造部位的红、灰色泥岩沉积，砂岩发育，有少量砾岩和含砾沙岩。

1.1.2.4 沙三$_3$亚段

沙三$_3$亚段分布范围小于沙三$_4$亚段，在高平集、胡状集西部、爪营地区因剥蚀缺失。地层厚度一般在190~500m，濮城为160~370m，文北为260~400m，文南为360~450m，桥口为260~480m，马厂为200~400m，胡状集为400~650m。

岩性分为三种：第一种为膏岩类，分布于濮城西、卫城等地区，面积约250km^2，岩性主要为白色盐岩、膏岩夹薄层灰色泥岩、油页岩，盐岩、膏岩层累计厚度在卫城附近最大，可达200m；第二种为灰色、深灰色泥岩夹粉砂岩类型，分布于前梨园、濮城、葛岗集、海通集等地区，岩性稳定；第三种为分布于凹陷周缘和马厂构造高部位的红、灰交互砂岩、泥岩类，砂岩发育，也有少量砾岩和含砾砂岩。

1.2 物源分析

物源分析对于确定沉积物物源位置、性质和沉积物搬运路径，以及砂体展布等方面具有十分重要的意义。物源分析方法主要有沉积学方法、碎屑组分分析法、重矿物分析法、轻矿物分析、地球化学法等。本次研究主要采用碎屑组分分析法、轻矿物分析法及重矿物分析法。

1.2.1 碎屑组分分析及分布

1.2.1.1 文东地区

偏光显微镜下薄片分析结果显示，东濮凹陷文东与桥口深部储层碎屑岩以长石石英粉砂岩和长石粉砂岩为主(图1-4和图1-5)，也见少量的石英粉砂岩和泥岩；粒度大多数为细粉砂—粗粉砂，细砂和泥质级别的少见。本次详细统计了濮深7井、濮深12井、桥24井、桥35井、文245井等井(这几口井分布于东部凹陷带，是油气勘探的主要区域)的地层岩矿特征。由于研究区沙四段薄片鉴定数据较少，主要以沙三段作为研究对象。

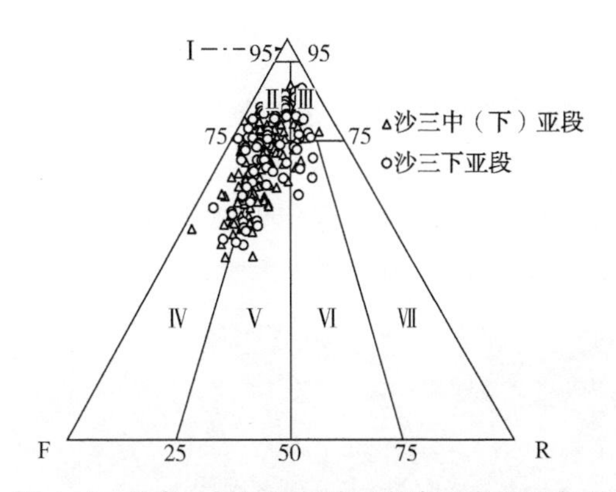

图 1-4　杜寨—桥口地区沙三段岩石类型三角图

Ⅰ—石英砂岩；Ⅱ—长石石英砂岩；Ⅲ—岩屑石英砂岩；Ⅳ—长石砂岩；Ⅴ—岩屑长石砂岩；Ⅵ—长石岩屑砂岩；Ⅶ—岩屑砂岩

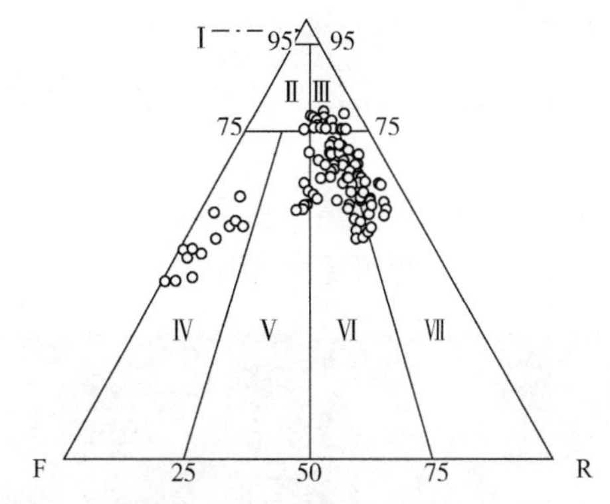

图 1-5　文东地区沙三段、沙四段砂岩类型三角图

Ⅰ—石英砂岩；Ⅱ—长石石英砂岩；Ⅲ—岩屑石英砂岩；Ⅳ—长石砂岩；Ⅴ—岩屑长石砂岩；Ⅵ—长石岩屑砂岩；Ⅶ—岩屑砂岩

文东地区沙三段和沙四段碎屑岩岩石组分含量统计表见表 1-1 和表 1-2。据文东地区沙四段碎屑岩岩石组分含量统计，石英含量为 40.4%~65%，平均 53.38%；长石含量为 0.9%~21%，平均 10.35%；岩屑含量高，为 15%~59.3%，平均 36.71%；泥质杂基含量为 3%~45%，平均 15.8%；胶结物含量为 0.5%~15%，平均 3.89%；研究区沙四段储层成分成熟度一般。

表 1-1　文东地区沙三段碎屑岩岩石组分含量统计表

组分		石英	长石	岩屑	泥质杂基	胶结物
含量(%)	平均值	66.34	24.57	9.11	5.84	10.99
	最大值	87.00	37.00	15.40	30.00	33.00
	最小值	49.70	4.00	3.50	0.50	1.00

表 1-2　文东地区沙四段碎屑岩岩石组分含量统计表

组分		石英	长石	岩屑	泥质杂基	胶结物
含量(%)	平均值	53.38	10.35	36.71	15.80	3.89
	最大值	65.00	21.00	59.30	45.00	15.00
	最小值	40.40	0.90	15.00	3.00	0.50

根据沙三—沙四段储层的碎屑矿物成分和填隙物含量图(图 1-6)，沙三段石英含量高，长石、胶结物含量分别高于岩屑、杂基含量；沙四段石英含量相对低，岩屑、杂基含量分别明显高于长石、胶结物含量。沙三段胶结物成分主要为灰质、白云质，其次为泥质；沙四段胶结物成分以泥质为主。沙三段主要为湖泊相三角洲沉积，近物源，水动力条件弱；而沙四段多见浊流沉积，远物源，水动力条件强，多是颗粒快速沉积。

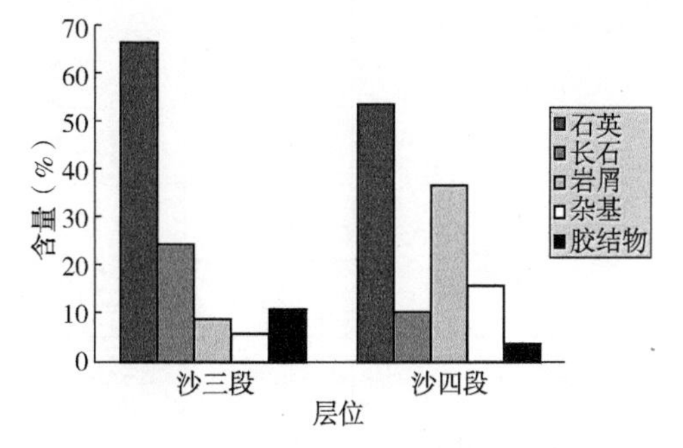

图 1-6　文东地区沙三—沙四砂岩碎屑成分及填隙物含量百分比

1.2.1.2 杜寨—桥口地区

取心井岩心镜下薄片分析表明，目的层段碎屑岩储层颗粒主要是石英、长石、岩屑。石英为“它”形粒状，长石多呈板状，见钠长石、微斜长石，岩屑主要为燧石岩屑(图 1-7)、石英岩岩屑。沉积岩岩屑如钙泥质岩屑少量(图 1-8)，偶尔可见火山喷出岩岩屑。石英和长石都可见次生加大，尤以次生加大的石英普遍。另外可见云母。

图 1-7 燧石岩屑
(濮深 12 井，4585.31m，20×10+)

图 1-8 钙泥质岩屑
(濮深 8 井，3996.57m，20×10+)

东濮凹陷目的层段镜下观察发现杂基含量很少，可以见到云母，填充物几乎全部是胶结物颗粒，主要为碳酸盐岩胶结物，含量变化较大，从 6%～50%，集中在 10%～20%，总平均含量为 19.86%(表 1-3)。镜下观察显示，早期胶结方解石、含铁方解石残余相相对较少，主要为晚期胶结铁白云石、铁方解石；石英和长石都可见次生加大，尤其以次生加大的石英普遍，如濮深 12、桥 20、桥 35 等井；常见鲕粒等碳酸盐颗粒，即以石英、长石或岩屑为核心，外有碳酸盐包层；此外在桥 35、濮深 4 井少数样品分析看到硬石膏、黄铁矿胶结；由于油气充注，可在颗粒孔隙见到残余沥青充填，另外见泥质充填。

表 1-3 杜寨—桥口地区深部储层砂岩成分平均含量统计表

地区	井号	层位	石英含量(%)	长石含量(%)	岩屑含量(%)	碳酸盐胶结物含量(%)
杜寨地区	濮深 4	Es_3^1	77.1	21.7	4.2	19.4
		Es_3^2	72.9	22.1	4.9	16.9
		Es_3^3	75.4	20.3	4.3	21.7
		Es_3^4	74.4	21.3	4.2	20.7
	濮深 12	Es_3^2	61.3	31.3	8.8	13
		Es_3^3	65.4	24.2	10.3	15.1
		Es_3^4	74.3	17	8.8	16.5

续表

地区	井号	层位	石英含量(%)	长石含量(%)	岩屑含量(%)	碳酸盐胶结物含量(%)
桥口地区	桥 20	Es_3^3	74.01	16.3	7.3	15.6
		Es_3^4	73.7	16	9.9	15.3
	桥 24	Es_3^3	75	16	9	18.75
		Es_3^4	74.2	13.1	12.9	16.8
	桥 33	Es_3^2	70.4	15.4	14.4	15.4
	桥 35	Es_3^3	69.4	20.3	10.2	16.1
	桥 63	Es_3^4	79.1	11.4	8.7	16.3

其中桥口—杜寨地区砂岩中石英含量介于45.7%~87%，总平均含量为71.64%，长石含量介于5.3%~42.4%，总平均含量为18.56%；岩屑含量介于5%~22.4%，平均含量为9.6%(表1-3)。各层段砂岩层成分差异不大，中央隆起带地区桥口区不稳定组分略低于东部洼陷带杜寨地区(图1-9)。砂岩碎屑颗粒分选多数分选中等—好，少量较差，颗粒磨圆一般以圆—次棱为主，成分成熟度较高，成熟度指数介于1.5~7.4，平均达到3.0，主要为粉砂岩，见少量细砂岩和中砂岩，中砂以上砂岩少见(图1-10)。

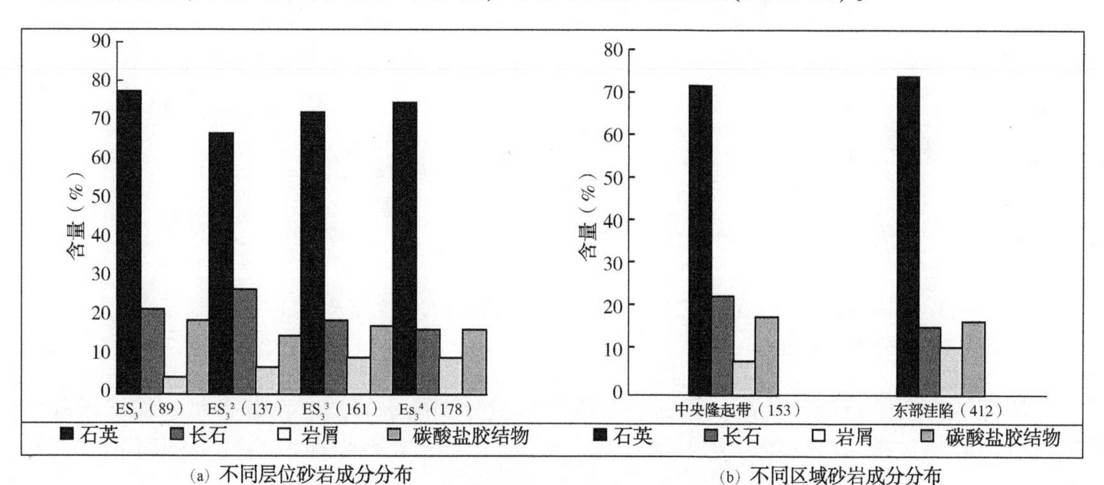

(a) 不同层位砂岩成分分布　　(b) 不同区域砂岩成分分布

图1-9　桥口—杜寨地区分层位、分区砂岩成分直方图

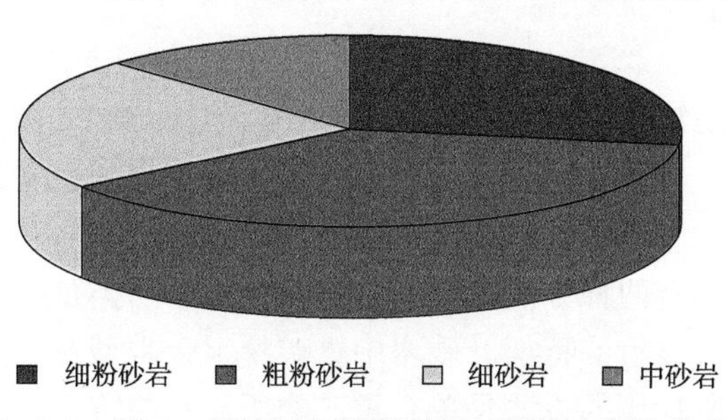

图1-10　桥口—杜寨地区深部储层不同粒度颗粒分布图

总的来说，文东与桥口地区储层的砂体成分成熟度较高，结构成熟度一般。

1.2.2 轻矿物分析法

1.2.2.1 研究区沙三中段

研究区沙河街组沙三中段轻矿物种类主要有石英、长石、岩屑类，文东具有高石英(63%~87%，平均72.73%)、低长石(4%~26.5%，平均17.51%)的特征，桥口—杜寨地区也具有高石英、低长石的特征。从图1-11中可看出，沙三中段轻矿物在文东、桥口—杜寨地区均有分布。

1.2.2.2 研究区沙三下段

研究区沙河街组沙三中段轻矿物种类主要有石英、长石、岩屑类，桥口—杜寨地区具有高石英、低长石的特征。由于文东地区资料较少，以桥口地区为主。从图1-12中可看出，沙三下段轻矿物主要分布在桥口—杜寨及周围地区。

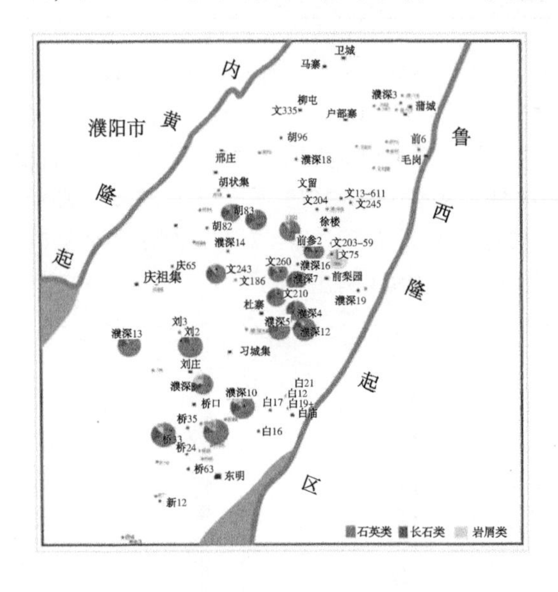

图1-11 文东及桥口—杜寨沙三中段轻矿物分布图

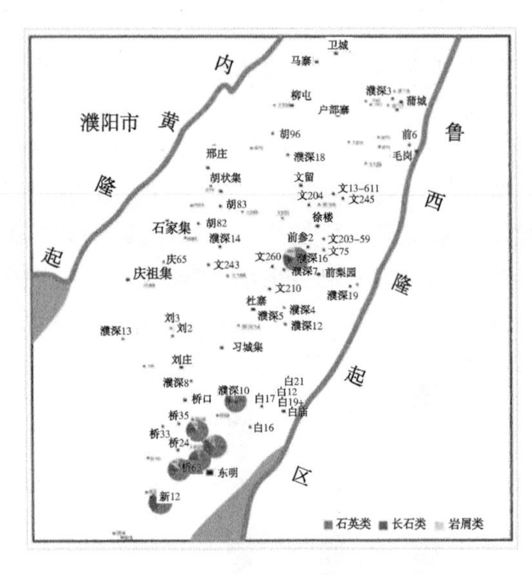

图1-12 文东及桥口—杜寨地区沙三下段轻矿物分布图

研究区沙三段石英含量高，长石、胶结物含量分别高于岩屑、杂基含量。沙三段胶结物成分主要为灰质、白云质，其次为泥质，因为沙三段主要为湖泊相三角洲沉积，近物源，水动力条件弱。

1.2.3 重矿物分析法

重矿物的分布特征是物源分析的重要手段，其分类见表1-4，以相对密度2.86为标准，大于该值为重矿物。越靠近物源区，不稳定矿物含量越高，而稳定矿物含量越低；反之亦然。

重矿物分析物源主要有两种方法：一种方法是利用不同类重矿物的丰度比值；另一种方法是利用单个重矿物所显示的特征。砂岩中重矿物组合类型及其分布也可作为物源区分析依据之一。本次研究所采用的方法是单个重矿物所显示的特征。

表 1-4　重矿物分类表

稳定矿物	不稳定矿物
石榴石、锆石、电气石、锡石、金红石、白钛矿、板钛矿、磁铁矿、榍石、十字石、蓝晶石	重晶石、磷灰石、绿帘石、黝帘石、黄铁矿、普通角闪石、黑云母

1.2.3.1　重矿物组合特征

因为沙四段重矿物资料太少不能说明问题，根据重矿物资料情况，将重矿物在研究区内的分布按沙三中、下段进行总结，每亚段可以细分为不同区，这些区代表不同水系的影响区域。从而看出中央隆起带是多物源供源区。

1.2.3.2　沙三中物源方向及总体特征

(1) 沙三中段。

研究区沙河街组沙三中段重矿物种类主要有锆石、白钛矿、磁铁矿、电气石、白钛矿，整体具有高锆石、高白钛矿的特征。依据其在平面的分布特征，可以划分为两个重矿物组合区：Ⅰ——以锆石+白钛矿为主，其次为磁铁矿、电气石；Ⅱ——以锆石+磁铁矿为主，其次为电气石、白钛矿(图 1-13)。

(2) 沙三下段。

研究区沙河街组沙三下段重矿物种类主要有锆石、电气石、磁铁矿、绿泥石、石榴石，整体具有高锆石、高磁铁矿的特征。依据其在平面的分布特征，可以划分为两个重矿物组合区：Ⅰ——以磁铁矿+绿泥石为主，其次为锆石、电气石；Ⅱ——以锆石+电气石为主，其次为磁铁矿、石榴石(图 1-14)。

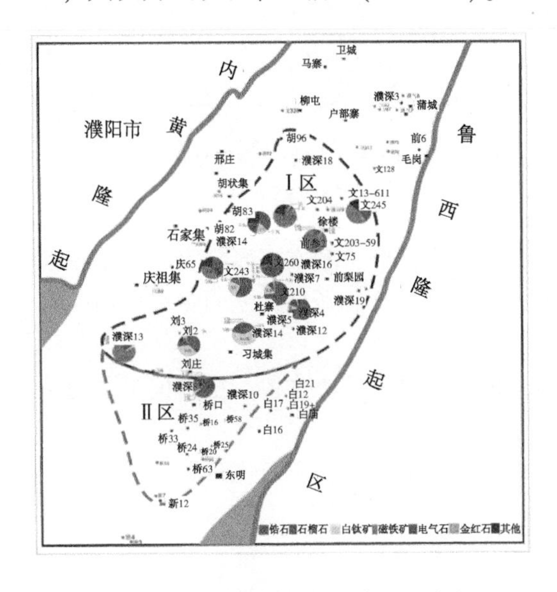

图 1-13　文东及桥口—杜寨沙三中段重矿物分布图

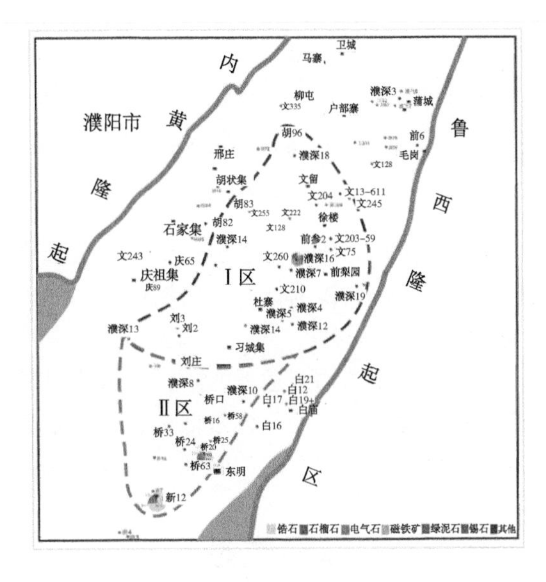

图 1-14　文东及桥口—杜寨沙三下段重矿物分布图

从重矿物分析可以看出，整个东濮凹陷四周都有物源供给，基本可以确定为三个较大物源：东北部物源为锆石—白钛矿—磁铁矿组合，东南、南部物源区为锆石—电气石—磁铁矿组合。总之，沙三$_{3-4}$亚段沉积时期，水体较深，气候较干旱，具多物源近物源的特点。

从重矿物组合及重矿物展布特征可以看出，东濮凹陷的物源为多物源，物源影响的范围都不是很大，中央隆起带是多物源交汇地带，物源分析为下步沉积相和砂体展布平面图的绘制提供了很大的支撑。

1.2.4 物源趋势分析

从研究区沙三中、下砂岩百分含量等值线图(图 1-15、图 1-16) 中可以看出砂岩发育区具有良好的继承性，盆地周围的边缘地区为砂岩厚度高值区和砂岩百分比高值区，明显反映有三个方向的物源区，即东北物源区、东南、南部物源区及晚期逐渐有西北物源的注入。

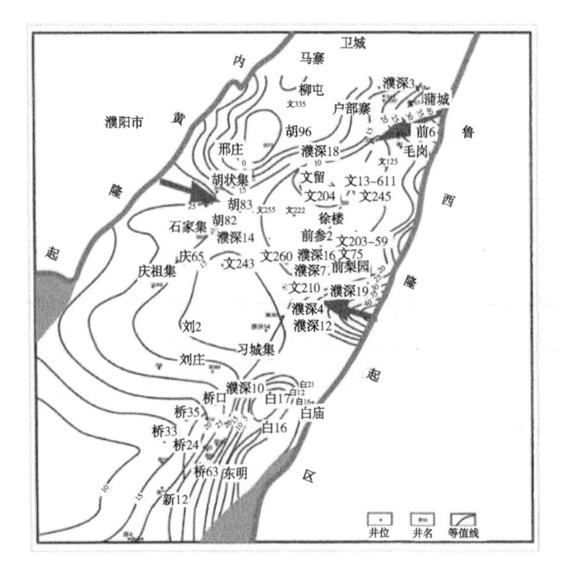

图 1-15 文东、杜寨—桥口地区沙三段中物源趋势图

图 1-16 文东、杜寨—桥口地区沙三段下物源趋势图

从重矿物分析可以看出，整个东濮凹陷四周都有物源供给，基本可以确定为三个较大物源：东北部物源为锆石—白钛矿—磁铁矿组合，东南、南部物源区为锆石—电气石—磁铁矿组合。

另外，距离物源远近的不同也造成了矿物成分成熟度的不同。文留、桥口位于盆地中心，距物源较近，长石含量低，石英含量高。

总之沙三$_{3-4}$亚段沉积时期，水体较深，气候较干旱，具有多物源近物源的特点。

1.3 沉积微相类型

1.3.1 岩石相标志

1.3.1.1 颜色

石英是研究区的主要碎屑组分之一，从阴极发光的颜色上看，陆源石英的颜色分为两种：紫红色和紫蓝色。前者较多，这种发光颜色的差别反映着母岩区或母岩类型的不同。长石是仅次于石英的碎屑组分，从阴极发光下看，有钠长石和微斜长石两大类型。有时候斜长石为蓝色，甚至为棕色，属于少数，是由其组分内特殊的激活剂造成的。

斜长石的溶蚀交代现象也是明显的，经溶蚀除使斜长石变得残缺不全外，还常使其发光颜色变得污浊或显橄榄绿色。在阴极发光条件下，无论哪一种晶屑都可以辨认出来，因其与加大边上的微小组分差别及组构上的细小差异都会明显地显示出阴极发光效果的不同。

1.3.1.2 成分

（1）碎屑组分特征。

在文东地区观察了薄片，并对部分样品做了阴极发光分析。总的印象是，在沙三—沙四段所见现象丰富，成岩特征复杂。从岩石类型看，碎屑岩中除黏土岩外，一部分为粉砂岩。在砂岩和粉砂岩中，不同粒度类型所占比例见表1-5与表1-6。

表1-5 文255井碎屑岩粒度类型

粒径（mm）	砂						泥
	巨 1.00~2.00	粗 0.50~1.00	中 0.25~0.50	细 0.10~0.25	粉 0.01~0.10	合计	<0.01
含量(%)	0.00	0.00	0.00	0.60	76.20	76.80	23.20

注：岩石定名为含泥粉砂岩。

表1-6 碎屑岩粒度类型

岩石类型	细粉砂岩	粗粉砂岩	细砂岩	中砂岩	粗砂岩
含量(%)	10	46	34	7	3

研究取心井岩石镜下薄片分析表明，目的层段碎屑岩储层颗粒主要是石英、长石、岩屑。石英为“它”形粒状；长石多呈板状，见钠长石、微斜长石；岩屑主要为燧石岩屑、石英岩岩屑，沉积岩岩屑如钙泥质岩屑少量，偶尔可见火山喷出岩岩屑。石英和长石都可见次生加大，尤以次生加大的石英普遍。另外可以见到云母。砂岩成分成熟度为2.6~4.4，中偏低。

（2）填隙物特征。

在碎屑岩中，杂基和胶结物都可作为碎屑颗粒间的填隙物。东濮凹陷所观察层段杂基含量很少，几乎全部是胶结物胶结颗粒。胶结物多为钙质胶结，成分为方解石、铁方解石、白云石、铁白云石，含量变化较大，反映了储层的非均质性；其次为硅质胶结和石膏胶结，石膏胶结分布不均。不同沉积环境下填隙物数量有明显区别，如文东沙三段胶结物成分主要为灰质、白云质，其次为泥质，而沙四段胶结物成分以泥质为主。因为沙三段主要为湖泊三角洲沉积和湖泊相沉积，较远物源，水流淘洗作用较强；而沙四段多为浊流沉积，沉积速率较快。

1.3.1.3 结构特征

碎屑岩的结构特征一般包括粒度、球度、形状、圆度以及颗粒的表面结构，是沉积物源、颗粒搬运距离和沉积水动力条件的综合反映。文东和杜寨—桥口地区沙三段和沙四段的构造形式多样，发育规模也各不相同。从表 1-7 反映出，研究区石英含量高于长石含量，总的来说，该地区分选性为中—好，磨圆度以次棱—次圆为主，接触类型以孔隙式胶结为主，粒级为 0.05~0.25。

表 1-7　东濮凹陷文东与桥口地区取心井岩矿特征表

井号	井深（m）	含量（%）					磨圆	接触类型	粒级（mm）	岩石定名
		石英	长石	岩屑	杂基	分选				
文 255	4586.90	68.1	26.5	5.6	25.5	中	次圆—次棱	孔隙	0.03~0.1	含白云质长石粉砂岩
濮深 4	5505	82	15	3	10	好	次棱	孔隙	0.02~0.09	浅灰色石英粉砂岩
濮深 13	4934	71.1	19.5	9.4	4.5	中—好	次棱	次生加大	0.1~0.21	含灰质石英粗粉砂岩
濮深 5	4506.18	64.9	25	10	15	好	次棱	孔隙	0.05~0.1	灰白色泥质粉砂岩
濮深 10	4995	67.8	22.2	9.9	25	好	次圆	孔隙	0.10~0.25	含灰质长石质细砂岩
胡 83	4550.50	71	20	9	19	好	次棱	孔隙	0.03~0.07	含泥次岩屑长石粉砂岩
濮深 14	4768	60	30	10	7	中	次圆—次棱	孔隙	0.12~0.7	长石中细粒砂岩
新 12	4230	62	25	13		好	次棱	点—线	0.125~0.25	浅灰色细粒长石砂岩
桥 25	4699.31	59	27	14	10	中	次圆—次棱	接—孔	0.05~0.15	浅灰色含泥质长石粗粉砂岩
桥 20	4453.63	73	10	10	6	中	次棱	基底—孔隙	0.02~0.06	白云质长石质硬砂质粉砂岩
前参 2	5126.94	50.5	5.6	43.8	10	好	次圆	孔隙	0.1~0.25	紫色含泥质岩屑细砂岩
濮深 12	4800.67	59	31.7	8.3	2	好	次圆—次棱	孔隙	0.1~0.25	含白云质长石细砂岩
文 222	4072.63	78	6	16	16	中	次圆—次棱	孔隙	0.02~0.25	紫红色含泥质石英细砂岩
刘 2	4499	87	10	3	1	好	次圆—次棱	孔隙	0.03~0.25	浅灰色含白云质石英细砂岩
文 243	4384.09	65	25	10	15	中	次棱	基底	0.03~0.05	灰色含泥质含白云质细粉砂岩

研究区不同区块间深层岩石胶结类型也有差异，如桥口—杜寨地区砂岩碎屑颗粒多数分选中等—好，磨圆以圆—次棱为主，成分成熟度较高，主要为粉砂岩，见少量的细砂岩和中砂岩(图 1-17)。文东地区沙三—沙四段储层粒度细、分选好、磨圆中等，为次棱角—次圆状，结构成熟度高，均为颗粒支撑，以孔隙式胶结为主。

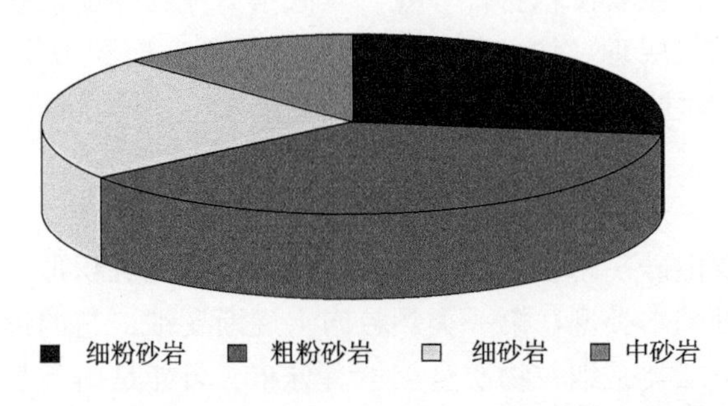

图 1-17　杜寨—桥口地区深部储层不同粒度颗粒分布图

1.3.1.4　沉积构造

沉积构造及其组合特征是判别沉积相的重要标志。原生构造对沉积环境具有直接的指向意义。文东与杜寨—桥口地区沙河街组沙三—沙四段沉积构造类型多样，是碎屑岩最重要的成因之一。

(1) 文东地区沉积构造特征。

文东地区显微镜下常见的微观标志有：波状层理、块状层理(附录一)。杂基支撑结构砂岩中，碎屑的分选和磨圆度都比较差。杂基含量少时，岩石胶结类型以孔隙式为主，其次为接触式或接触—孔隙式。

文东地区沙三$_{3-4}$亚段沉积构造现象丰富，有物理成因构造、同生变形构造、生物成因构造和化学成因构造，层理类型多样，重力流和牵引流层理类型兼而有之。代表重力流水流体系的层理类型，如平行层理、波状层理、块状层理、斜波状层理、包卷层理及叠复冲刷层理和滑塌变形层理如图 1-18 及附录一所示。

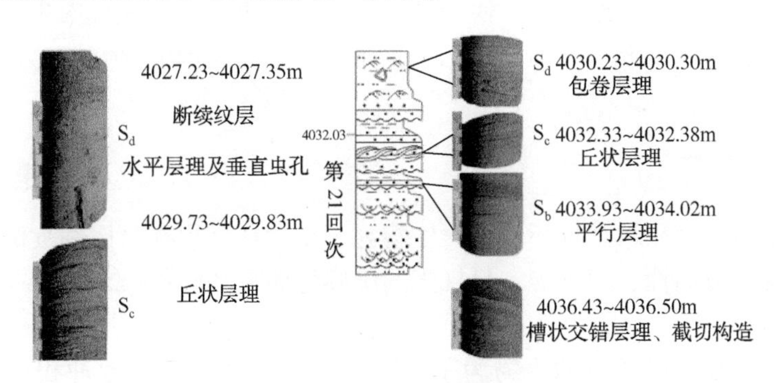

图 1-18　濮深 7 井沉积构造

代表以牵引流水流体系为主的水流层理类型有槽状、板状以及斜波状层理等。除了各种层理构造外，尚有诸如槽模、沟模、重荷模、撕裂屑、漩涡层、变形砾、直立砾石、漂浮砾石、液化锥、液化管、碟状构造、水下岩脉、水下收缩缝，以及各种再沉积组分，如暗色泥砾、破碎鲕粒、内碎屑、化石碎片、植物屑、晶片碎屑等(附录一)。

生物扰动构造也比较发育，与暗色泥岩相伴生的深水介形类、深水遗迹化石及生物扰动构造，如平行层面的水平潜穴及觅食迹等(附录一)。

膏盐的化学成因构造独具特色。包括同生作用阶段变形、成岩作用阶段变形，以及固结成岩后的变形。

(2) 桥口地区沉积构造特征。

桥口地区沙三$_{3-4}$亚段主要沉积特征：发育反映重力流特征的沉积构造，除层理类型主要见到平行层理、斜波状层理、块状层理、波纹状层理、前积滑塌生物成因构造非常发育，还见到觅食痕迹、生物扰动构造等。

① 流动成因构造。

a. 递变层理。

典型递变层理主要由砂—粉砂和泥质组成，多是重力流沉积形成的，根据递变层的内部构造特征，分为两种基本类型：第一类颗粒向上逐渐变细，它的形成主要是水介质动力由强逐渐减弱所致；第二类是细粒物质全层均有分布，可能是由于悬浮体含有各种大小不等的颗粒，在流速降低时因重力分异而整体堆积的结果(附录二)。

b. 平行层理。

平行层理主要是由平行而又几乎水平的纹层状砂和粉砂组成的，形成细微的沙脊和沙沟，平行交替排列(附录二)。由于其是在平坦床底上连续滚动的砂粒产生粗细分离而显现的平行纹层，故沿纹层面易于剥开，一般出现在急流或高能量的水动力环境中。剥离线理构造中的长形颗粒面平行水流方向分布，可指出古水流的方向(附录二)。

c. 波状层理。

波状层理其主要特征为：纹层呈对称或不对称的波状，但其总的方向平行于层面。对称的波状层理主要是沉积介质的波浪振荡运动造成的，不对称波状层理主要是单向水流的前进运动造成的，同时其叠覆层的相位错开。研究区波状层理主要形成于水介质稍浅的环境，如海岸、湖滨、河漫滩，有时潟湖中也能见到(附录二)。

d. 块状层理。

块状层理又称均质层理，不具任何纹层构造的层理，特点是内部物质较均匀，代表无分选的、快速堆积的产物。原生——快速堆积形成，为重力流沉积。次生——生物强烈扰动使沉积物原生层理完全混合破坏，常见于浅海和三角洲沉积中(附录二)。

② 生物成因构造。

a. 生物遗迹构造。

ⅰ 觅食痕迹。

觅食痕迹是指在较深水平静环境中，生物为了觅食在沉积物表面吞食沉积物时造成的痕迹，形态通常有方向性，不分支，呈规则的旋卷弯曲排列(附录二)。

ⅱ 穴居痕迹。

穴居痕迹构造是滨岸地带的生物为了捕食悬浮生物和避免水浪冲积而挖掘的管状潜穴，通常呈直管形、分岔形和“U”字形等。生物遗迹构造都是在原地形成的，不会被搬运转移，并随沉积物固结成岩而保存下来，所以是判断环境的良好标志(附录二)。

b. 生物扰动构造。

生物扰动构造是指底栖生物的活动造成沉积物层理遭到破坏，同时产生新的具生物活动特征的构造面貌(附录二)。生物扰动构造常对其他原生沉积构造产生破坏，其中斑点构造是生物扰动的良好标志。

综观东濮凹陷沙河街组三段和四段沉积砂体，无论在湖盆中央或盆地边缘都以细粒砂岩为主，岩性以粉砂岩、细砂岩为主，构成了本区油气储层的主体，仅在濒临边缘大断裂附近有少量的含砾砂岩和砾岩层，碳酸盐岩胶结物含量较高。究其原因在于凹陷周围物源区均为古生代、中生代的沉积岩系，以砂泥岩和碳酸盐岩为主，前者经剥蚀—再搬运变得更细，后者易风化、溶蚀并使得盆地中同生水介质的 Ca^{2+}、Mg^{2+} 等离子浓度增高、碱性较强，直接为砂岩的碳酸盐岩胶结作用提供了物质基础及环境条件。砂层薄、粒度细、同生孔隙水盐度较大，这是本区低渗透砂岩的基本沉积相特征，也是其成岩演化的重要决定因素。

1.3.2 粒度分析

沉积物的粒度主要是受物源和沉积环境两方面因素的控制。不同沉积环境有着不同的水动力条件，从而造成不同的粒度分布，相应形成不同的概率累积曲线。沉积物的粒度分布受沉积时水动力条件的控制，是反映原始沉积状况的直接标志，可直接提供沉积时的水动力条件。

1.3.2.1 概率累积曲线特征

（1）文东地区沙三$_{3-4}$亚段概率曲线。

研究区储层岩性以粉砂和细粉砂为主，含少量细砂和中砂，粒度概率曲线主要表现为3种形态特征。

粒度分布曲线主要分为三种类型。第一种为两段、三段型，其粒度细，分布区间小，以细砂为主，出现于波状、斜波状或块状砂岩中，以跳跃总体为主，属漫湖环境中的砂坪、混合坪沉积多具这种类型的粒度概率曲线，反映牵引流的特征。第二种类型为两段过渡，粒度粗，以中、细砂为主，分布区间大，出现于平行层理或块状层理砂岩中，以悬浮总体为主，分选较好、较粗的颗粒由于分异作用构成了分选较差的递变悬浮段(即过渡段)连接于跳跃总体与悬浮总体之间，是重力流向牵引流过渡的曲线类型，多出现在洪水水道和漫湖砂坪沉积中。第三种类型为直线型或上凸弧形，粒度区间大，分选差，悬浮总体占整个粒度分布的大部分或全部，是经典的重力流沉积的粒度概率曲线，主要出现在洪水水道沉积物中。

从濮深12井粒度概率累积分布图(图1-19)可以看出，曲线以悬浮段和跳跃段为主。悬浮段很发育，但跳跃段可以由1~3段组成，反映冲刷—回流分界的点很多。另外，跳跃段倾角大于60°，说明分选性好，这些都表现出风暴重力流的特征。

通过对文东地区沙三$_{3-4}$亚段的粒度分析资料研究结果表明：粒度概率图以两段式最为发育，主要反映重力流体系，间或有三段式反映牵引流水流机制(图1-20)。上凸弧形概率曲线细组分线段平缓，反映分选性极差；粗组分线段略陡，说明分选较好。粗—细两段曲线间呈过渡渐变关系。曲线呈上凸弧形时，粗段坡度略陡，说明粗组分在递变悬浮载荷中因重力分异作用显现了较好的分选。

（2）桥口—杜寨地区粒度曲线特征。

碎屑岩的粒度分布是搬运营力和搬运能力的度量尺度，是判别沉积时的自然地理环境及水动力条件的良好标志。本次研究主要从粒度资料图解和粒度参数分析判断水动力条件，进而研究沉积相类型。

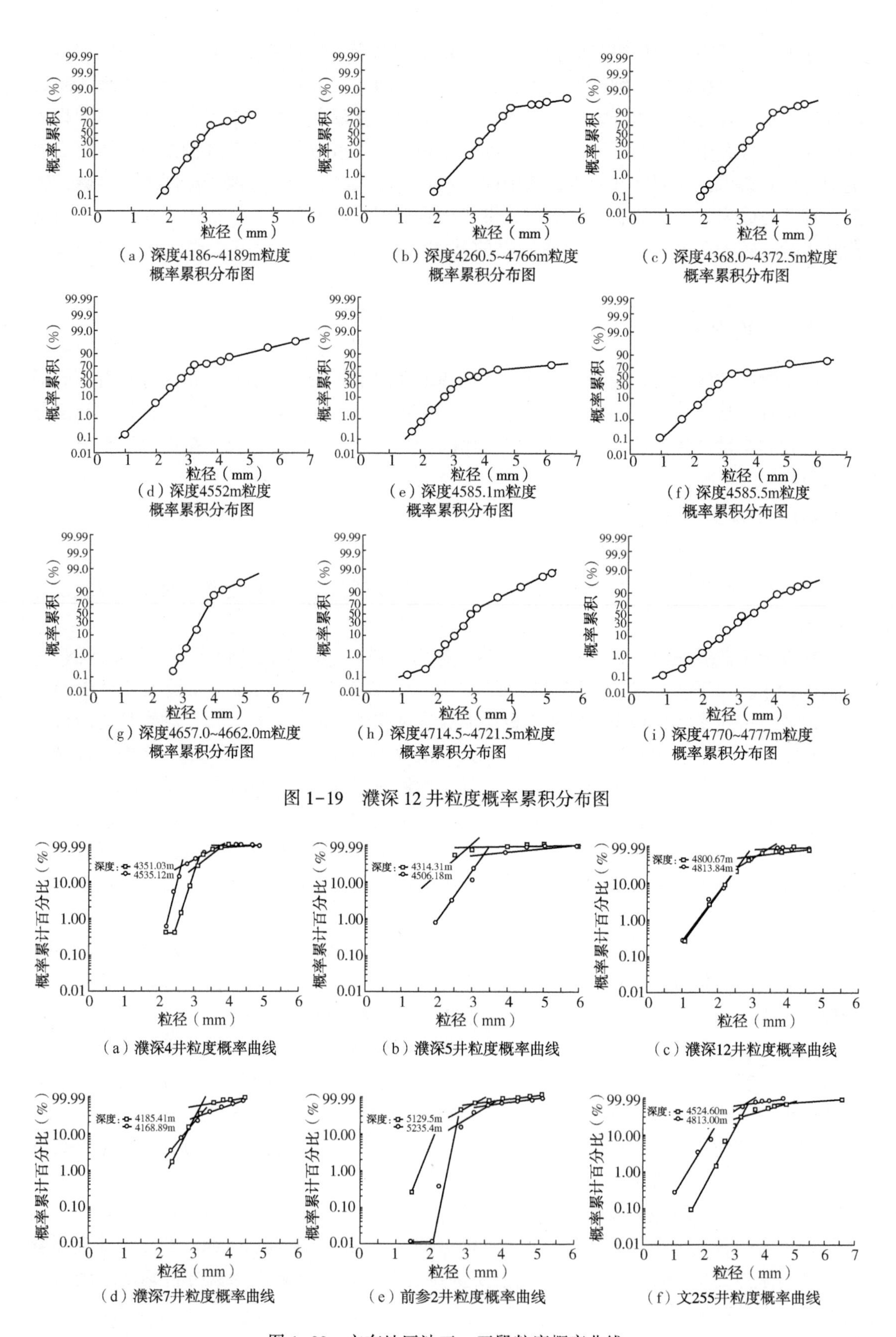

图 1-19　濮深 12 井粒度概率累积分布图

图 1-20　文东地区沙三$_{3-4}$亚段粒度概率曲线

对研究区部分井粒度样品做图分析，概率累积曲线主要有三种形态：单段弧线型、二段过渡型、二段型(图 1-21 及图 1-22)。

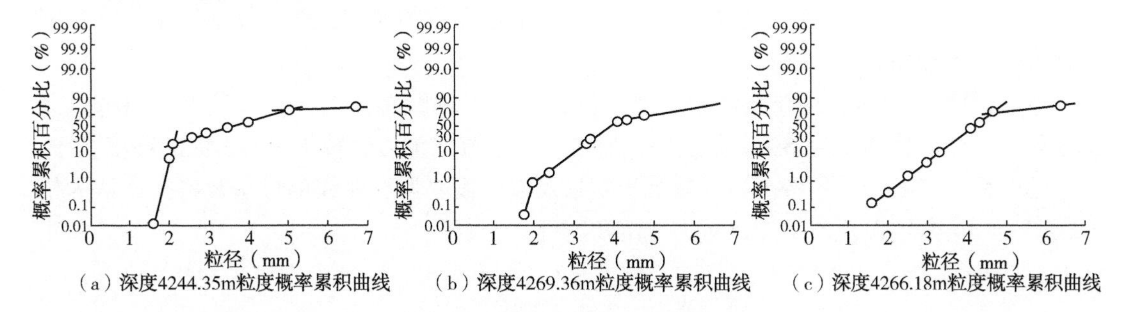

（a）深度4244.35m粒度概率累积曲线 （b）深度4269.36m粒度概率累积曲线 （c）深度4266.18m粒度概率累积曲线

图 1-21 桥 75 井粒度累积曲线

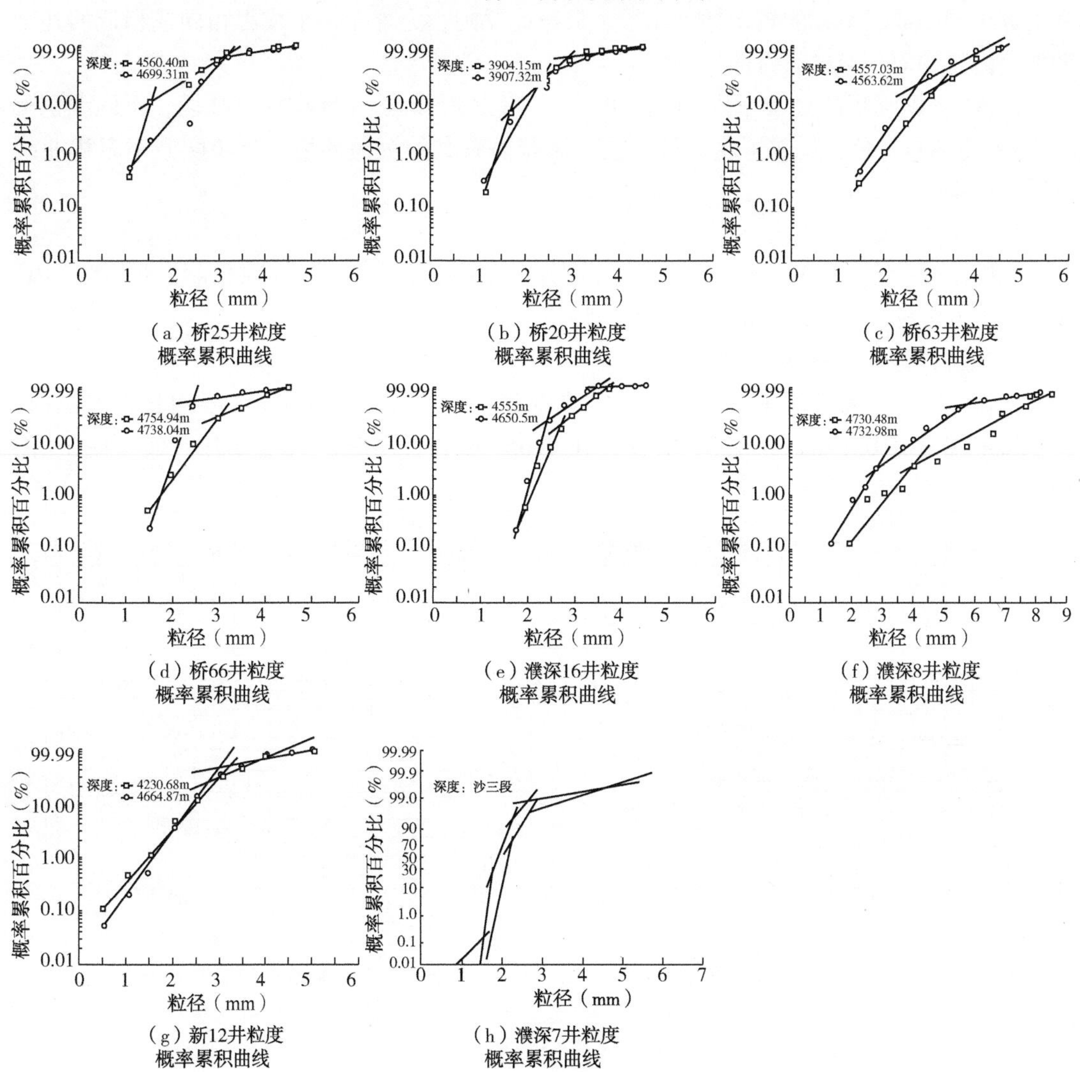

（a）桥25井粒度概率累积曲线 （b）桥20井粒度概率累积曲线 （c）桥63井粒度概率累积曲线

（d）桥66井粒度概率累积曲线 （e）濮深16井粒度概率累积曲线 （f）濮深8井粒度概率累积曲线

（g）新12井粒度概率累积曲线 （h）濮深7井粒度概率累积曲线

图 1-22 桥口地区沙三—沙四段粒度概率累积曲线

① 单段弧线型：样点之间逐渐过渡，呈一平缓上凸弧线，悬浮总体占整个粒度分布的大部分或全部，粒度区间大，分选差，是典型的重力流沉积粒度曲线，反映整体搬运、

快速堆积的特征。

② 二段过渡型：由跳跃和悬浮总体组成，在两者之间有一过渡带，含量40%左右，倾角30°~40°，出现于平行或块状层理砂岩中，是重力流的典型曲线，反映能量降低过程中伴有牵引流作用。

③ 二段型：曲线由悬浮总体和跳跃总体组成，以跳跃总体为主，含量大于60%，分选较好，悬浮总体20%~35%，分选差，形成于牵引流或重力流转化为牵引流的环境。

结合桥口气藏的沉积特征、区域沉积背景及以下概率累积曲线的形态及特征，认为桥口气藏沙三—沙四段反映了深水重力流沉积特征。

1.3.2.2 C-M图

C-M图是综合性成因图解(Passege)，是表示沉积结构和沉积作用之间关系的图解，要用近于同一成因单元的较多样品作图。根据此原则，力求在一个成因相同或相近的几个砂层组内集中取一组样品做图。

洪水-漫湖沉积的C-M图以发育QR段和RS段为特征，出现少量PQ段，不同沉积微相C-M图各具特色，反映了牵引流、重力流兼而有之的沉积环境，与粒度概率累积曲线反映的结果是一致的。

(1) 文东地区C-M图。

如图1-23所示，文东地区样点C-M图点群集中分布在平行于C-M基线的长条形内，显示发育QR段，具有典型牵引流沉积的特征。

(2) 桥口地区C-M图。

如桥20井C-M图所示分析结果，样点都集中分布在平行于C-M线的长方形图内，其粒级范围C在0.1~0.3mm，中值粒径在0.06~0.15，反映了典型重力流沉积特征(图1-24)。

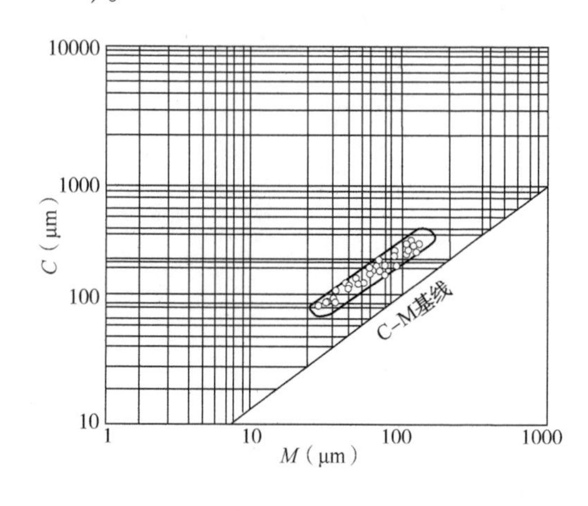

图1-23 文东地区沙三$_{3-4}$亚段C-M图

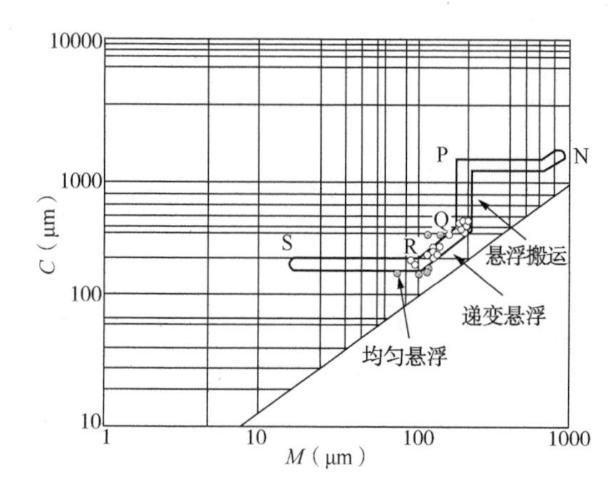

图1-24 桥20井沙三下C-M图

1.3.3 测井相分析

测井沉积相研究就是应用各种测井信息来研究沉积环境和沉积物的岩石特征。不同的沉积环境下，由于物源情况不同、水动力条件不同及水深不同，必然造成沉积物组合形式的不同，反映在测井曲线上就是不同的测井曲线形态。能显示沉积相标志的测井曲线有电阻率、自然电位、自然伽马、成像测井等。自然电位的形态、幅度、光滑程度等特征可以定性地反映岩层的岩性、粒度和泥质含量的变化以及垂向序列。

1.3.3.1 文东地区沉积微相的测井相特征

通过对研究区沙河街组沙三—沙四段测井相分析，文东地区属于深水和浅水环境交替的低位三角洲沉积体系，对各类沉积的沉积微相特征总结如下。

(1) 水下分流河道。

分流河道在水下的延伸部分，沉积物受水流和波浪的双重影响。主要由递变不明显的中细砂岩相、块状粉细砂岩相、交错层理、波状层理粉细砂岩和卵石砂岩相组成，顶部有生物扰动构造和倾斜潜穴，底部有冲刷填充构造，呈向上变细的层序。自然电位曲线为高幅箱型或钟形。在测井曲线特征方面主要表现为：自然伽马、自然电位为箱型或齿化钟形，越往上游其幅度越大。

(2) 河口坝。

以粉、细砂岩为主，见波状层理，以反韵律为主。自然伽马曲线为低值，中—厚层，曲线形态以齿化的漏斗形为特征，底部渐变，顶部突变，较为光滑，其反映水动力条件强和物源供给量增加的特征。

(3) 前缘席状砂。

以薄层细砂岩、粉砂岩为主，测井相为指状。反映水动力条件的频繁变化，单层厚度薄，但稳定性好。沉积构造方面以波状层理、波状交错层理为主，泥质条带显示水平层理。

(4) 水下分流河道间。

这是一种牵引流沉积，也可能受湖浪改造。主要由泥质粉砂岩、粉砂质泥岩及少量粉砂岩组成。主要层理构造为断续波状及波状层理。自然电位曲线表现为平直状及低幅齿状。主要包括两类沉积物，即细粒沉积物和决口扇沉积物。

① 细粒沉积物：以粉砂质泥岩、泥质粉砂岩为主，多呈薄层状，见波状层理、透镜状层理及小型波纹交错层理，含炭化碎片及植物碎片化石，多以漫溢水下分流河道组成。

② 决口扇沉积物：决口扇沉积以薄层细砂—粉砂岩为主，多具明显或略冲刷底面，以块状或小型板状、槽状层理为主。

(5) 远砂坝。

一般由较细的粉砂、泥质粉砂岩组成，以薄层粉砂岩为主，反映了河口水动力条件的频繁变化，层薄但稳定性好，在剖面中易于对比。自然电位及自然伽马曲线呈指状，偶有齿化(图 1-25)。

通过文东地区测井相模板(表 1-8)及对其测井相进行分析，对典型的沉积微相特征总结见图 1-25 和表 1-9。根据测井资料得到文东地区砂体类型分类见表 1-10。

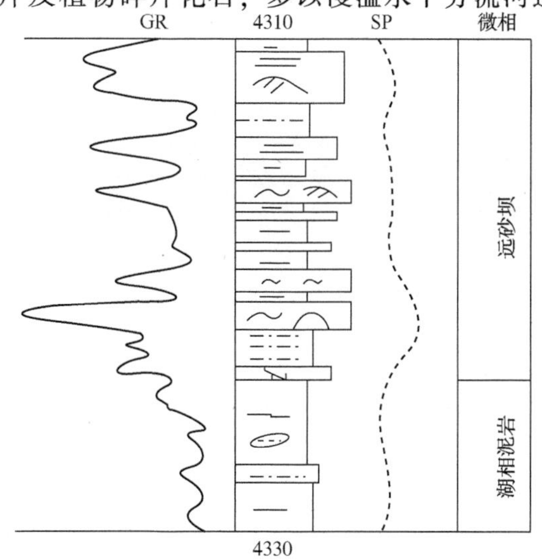

图 1-25 胡 83 井 Es_3^3 沙三中齿化测井相

表 1-8　文东地区测井相模板

相	亚相	微相	SP/GR	形态	幅度	接触关系	录井图	岩心照片
正常三角洲	三角洲前缘	水下分流河道		箱形—钟形	中高幅齿化	底部突变顶部突变或底部突变顶部渐变		
		河口坝		漏斗形	中高幅微齿化	底部渐变顶部突变		
		远沙坝		漏斗形	中幅	底部渐变顶部突变		
		指状沙坝		钟形	中幅指状	底部突变顶部突变		
		水下决口扇		箱形	中幅微齿化	底部渐变顶部渐变		
		水下天然堤		钟形	中幅	底部渐变顶部渐变		
		水下分流间湾		线形	低幅微齿化	底部渐变顶部突变		

表 1-9　文东地区各类沉积微相的测井曲线特征

类型	文250井齿化钟形曲线	濮深4井齿化漏斗状
电测曲线形态（SP）	Fm Sm St Mmg Sd Fm St Mmg St Mmg St Sm Fc St Fm 文250井	3690m Mmg Sh Fr Sh Sh Fm Mmg 3696.5m
沉积微相类型	水下分流河道	河口坝
类型	濮深4井指状曲线	濮深4井沙三下沙滩
电测曲线形态（SP）	3679.1m Mmg Fm Fr Mmg 3682m Fm	4863.2m Mmg Fm Fh Fc 4865.3m
沉积微相类型	前缘席状砂	水下分流河道间
井号	濮深8	濮深16
电测曲线形态（SP，GR）	SP GR 井深 4730m 4740m	SP GR 井深 5315m 5325m
类型	低幅，微齿化	低幅，微齿化

表 1-10　文东地区砂体类型分类

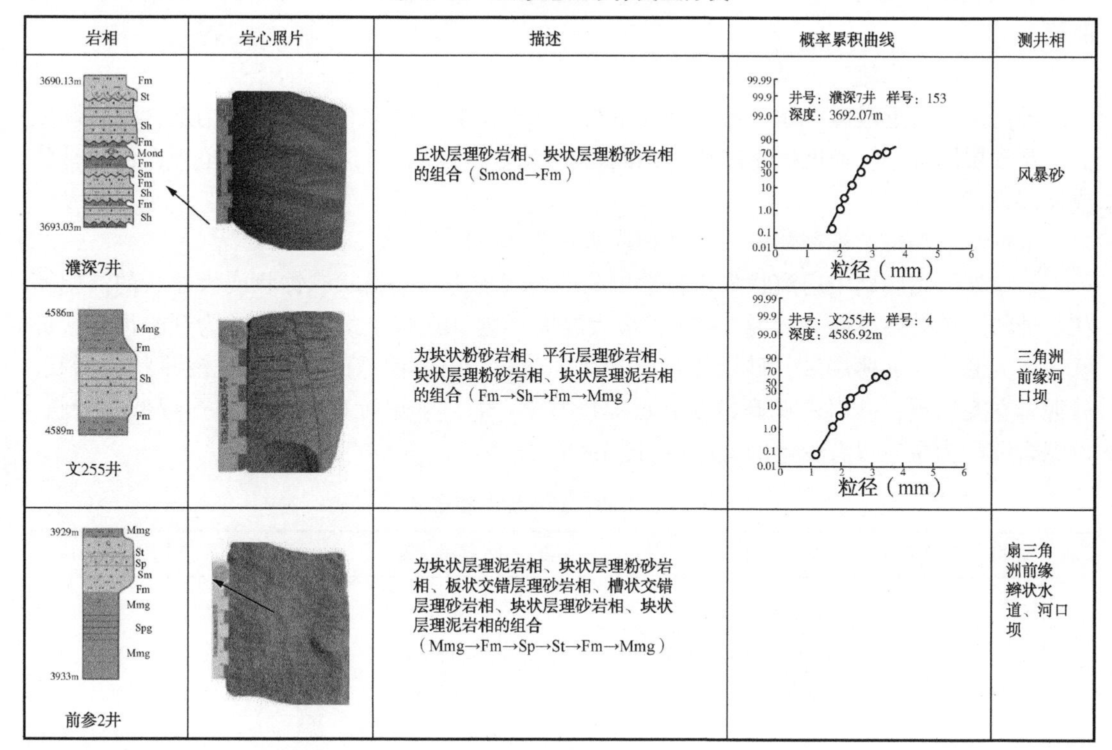

岩相	岩心照片	描述	概率累积曲线	测井相
3690.13m Fm St Sh Fm Mond Fm Sm Fm Sh Fm Sh 3693.03m 濮深7井		丘状层理砂岩相、块状层理粉砂岩相的组合（Smond→Fm）	井号：濮深7井　样号：153 深度：3692.07m 粒径（mm）	风暴砂
4586m Mmg Fm Sh Fm 4589m 文255井		为块状粉砂岩相、平行层理砂岩相、块状层理粉砂岩相、块状层理泥岩相的组合（Fm→Sh→Fm→Mmg）	井号：文255井　样号：4 深度：4586.92m 粒径（mm）	三角洲前缘河口坝
3929m Mmg St Sp Sm Fm Mmg Spg Mmg 3933m 前参2井		为块状层理泥岩相、块状层理粉砂岩相、板状交错层理砂岩相、槽状交错层理砂岩相、块状层理砂岩相、块状层理泥岩相的组合（Mmg→Fm→Sp→St→Fm→Mmg）		扇三角洲前缘辫状水道、河口坝

1.3.3.2　桥口—杜寨地区沙三中—沙三下沉积微相的测井相特征

根据沉积特征和沉积环境分析，桥口地区主要发育湖底扇、轴向重力流沉积。湖底扇沉积可进一步分为内扇、中扇和外扇亚相，轴向重力流可分为水道微相和近漫溢微相。

（1）内扇沉积。

内扇沉积包括主水道、天然堤和漫溢沉积微相，它在桥口气藏不发育。主水道以杂乱堆积的砾岩、含砾砂岩沉积为主，粒度粗、分选差、成分杂，自然伽马曲线幅度较小，在主水道外侧常发育天然堤及漫溢沉积，以粉砂和泥质沉积为主。

（2）中扇沉积。

中扇沉积位于内扇之下，主要包括辫状水道、水道间及中扇前缘沉积微相，分布范围广泛。

辫状水道：水下扇沉积最活跃的环境。由于水道经常迁移，因而沉积范围广，厚度大。自然伽马曲线呈高幅箱状、钟状或齿化的高幅箱状、钟状。

水道间：发育在辫状水道外侧，沉积物粒度偏细，主要由泥质粉砂岩和粉砂质泥岩组成，粒度概率曲线为单段的悬浮总体，自然伽马曲线为低幅钟状或齿状。

中扇前缘：位于辫状水道体系外，为中扇无水道部位，以席状典型浊积岩为特征，沉积面积大，沉积物为不同粒级的砂岩，自然伽马曲线呈齿化漏斗状或指状。

（3）外扇沉积。

外扇沉积位于中扇之外，以深灰色泥岩沉积为主，偶夹薄层粉砂岩、泥质粉砂岩，自然伽马曲线呈低幅齿状。

（4）轴向重力流水道沉积。

轴向重力流水道沉积由块状和平行层理粉砂岩或细砂岩组成，砂岩中可见漂浮砾和暗色泥岩撕裂屑，粒度概率曲线为两段—三段过渡型，自然伽马曲线呈高、中幅箱状、钟状曲线。

(5) 轴向重力流近漫溢沉积。

轴向重力流近漫溢沉积分布于轴向重力流水道两侧，底部有冲刷充填构造，泥岩厚度大，单砂层厚度小，粒度概率曲线为两段过渡型及三段型，自然伽马曲线呈中、低幅钟状或连续齿状曲线。

依据沉积相带及沉积环境，测井相模板见表 1-11。

桥口地区湖底扇中扇辫状水道自然伽马曲线表现为高幅箱状、钟状或齿化状的高幅箱状、钟状。单砂层厚度一般为 3~5m，最大厚度可达 10m 以上。水道间常为低幅齿状或钟状，为大套泥岩夹薄层砂，砂层厚度一般为 1~2m。中扇前缘为中幅齿化漏斗状或指状，砂泥岩交互出现，砂岩占比高，单砂层厚度在 2~3m。外扇沉积则表现为连续低幅齿状，以泥岩沉积为主，仅有少量的薄纱层(图 1-26)。

表 1-11 桥口地区测井相模板

相	亚相	微相	SP/GR	形态	幅度	接触关系	录井图	岩心照片
湖相	滨浅湖	滩砂		箱形—钟形	低幅	底部突变 顶部渐变		
		滨浅湖泥		线型	低幅	底部渐变 顶部突变		
	半深湖—深湖	浊积水道		箱形—钟形	中幅	底部突变 顶部突变		
		风暴沉积		箱形—钟形	中—低幅	底部突变 顶部渐变		
		半深湖泥		线型	低幅	底部渐变 顶部突变		
		深湖泥	GR	线形	低幅	底部渐变		

续表

相	亚相	微相	SP/GR	形态	幅度	接触关系	录井图	岩心照片
盐湖			GR R2.5	箱形—钟形	高幅	底部突变 顶部突变		

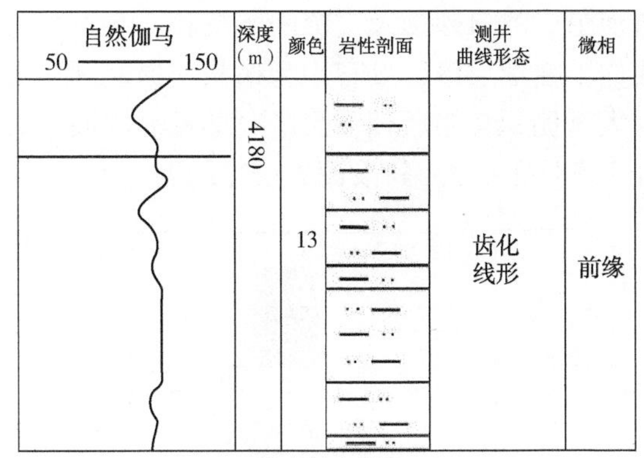

（a）外扇前缘

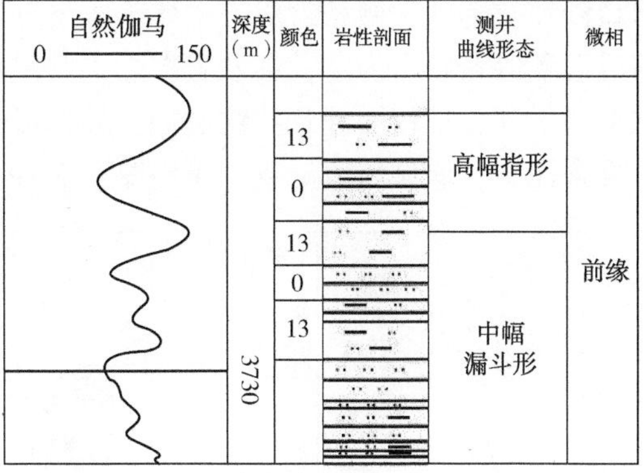

（b）中扇前缘

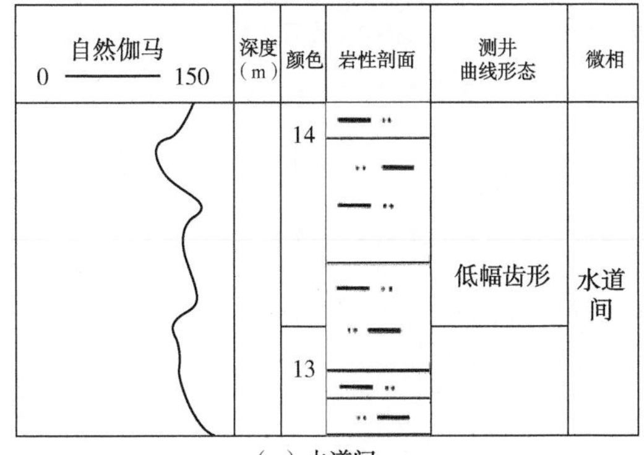

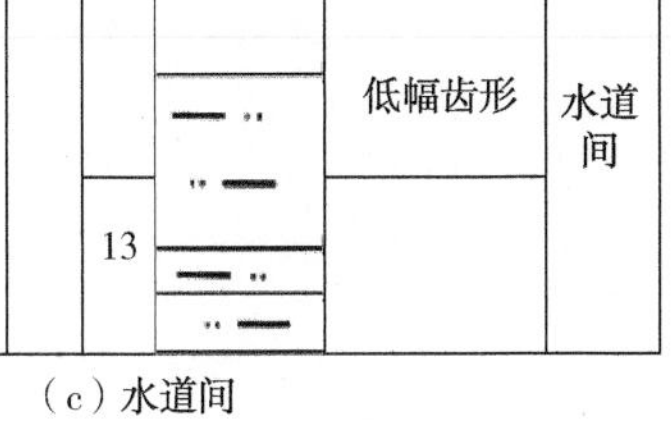

（c）水道间

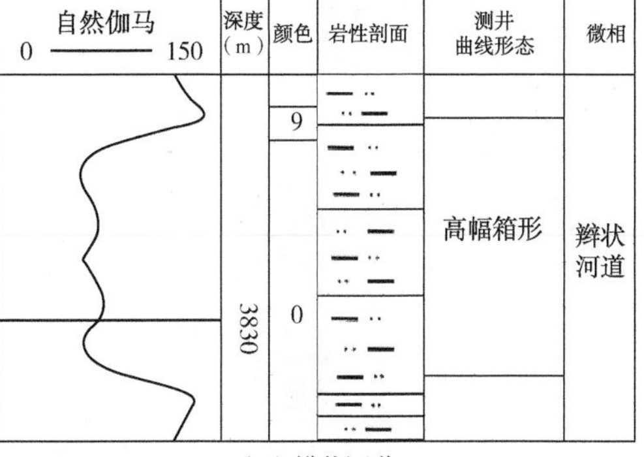

（d）辫状河道

图 1-26 桥口气藏沙三段测井相组合模式图

1.3.3.3 桥口—杜寨地区沙三下沉积微相的测井相特征

桥口地区古近系沙河街组沙三下亚段为一套碎屑岩沉积，共发育 3 种相、8 种亚相及 14 种微相，包括曲流河三角洲、湖底扇及浅湖砂坝相，各相中的亚相及微相类型见表 1-12。

表 1-12 桥口—杜寨地区沙三下沉积相分类表

沉积相	亚相	微相
曲流河三角洲	曲流河三角洲前缘 前曲流河三角洲	水下分流河道、水下天然堤、 支流间湾、河口砂坝、远砂坝 前三角洲泥
湖泊	中扇 外扇	水道沉积、水道间沉积 加积叶状体
	浅湖 半深湖	浅湖泥、浅湖砂坝 半深湖泥

（1）曲流河三角洲相。

曲流河三角洲是由曲流河进入蓄水盆地形成的三角洲，一般要求地势平坦，水流充沛。研究区曲流河三角洲仅出现前缘亚相及前三角洲亚相两部分，三角洲平原不发育。三角洲主要分布于研究区东南部，以桥 24 井最为发育，研究区南部及西部也有少量分布(图 1-27)。

① 三角洲前缘亚相：曲流河三角洲前缘由水下分流河道、水下天然堤、支流间湾、河口砂坝及远砂坝微相组成，主体为水下分流河道、河口砂坝及支流间湾沉积。水下分流河道沉积以粉砂岩为主，细砂岩次之，常组成向上变细层序，发育中型槽状交错层理、板状交错层理、平行层理及沙纹层理，局部可见大型侧积交错层理；层序底部见冲刷面，其上常含泥砾，偶见滞留砾石，单层厚 0.5~9m 不等[图 1-27(a)及图 1-27(b)]。

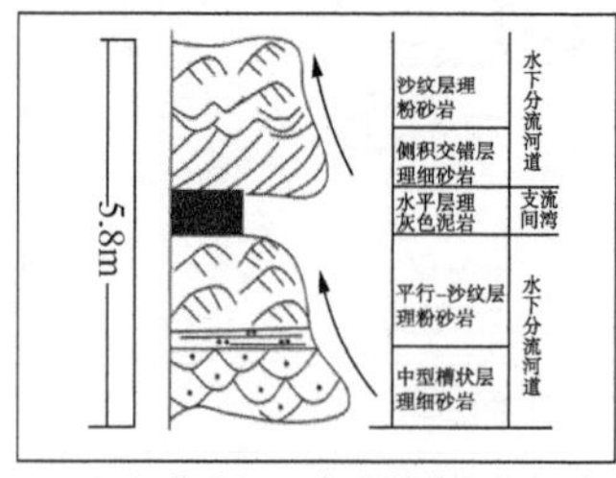

（a）曲流河三角洲前缘沉积层序（桥20井3902.5~3908.7m）

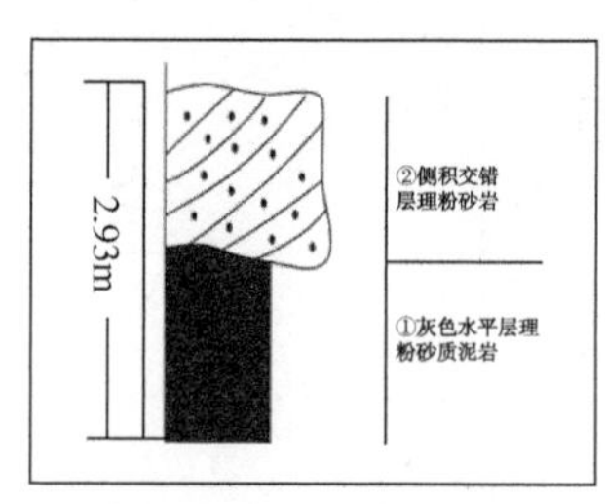

（b）曲流河三角洲前缘沉积层序（桥24井4190.65~4193.58m）

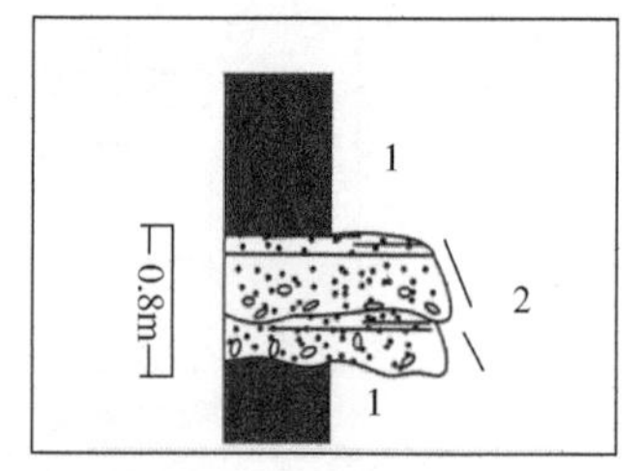

（c）湖底扇沉积层序（桥16井3978~3978.8m）
1—灰黑色泥岩（原地沉积）；2—浅灰色含泥砾细砂岩、粉砂岩（浊流沉积）

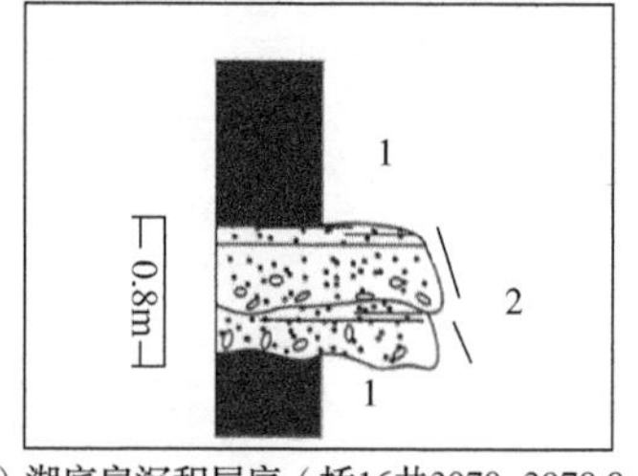

（d）湖底扇沉积层序（桥16井3978~3978.8m）
1—灰黑色泥岩（原地沉积）；
2—浅灰色含泥砾细砂岩、粉砂岩（浊流沉积）

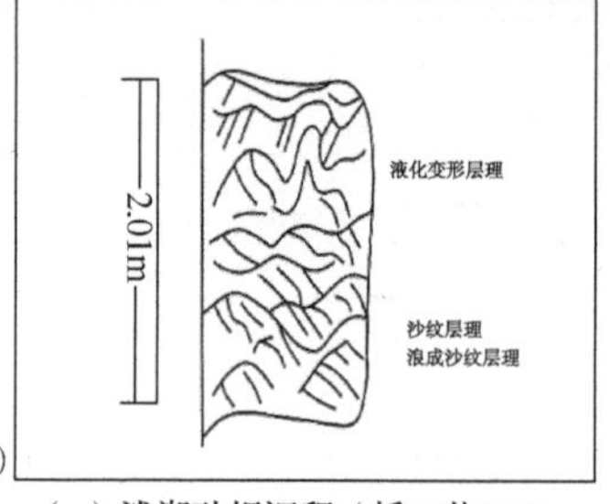

（e）浅湖砂坝沉积（桥33井3750~3752.86m）

图 1-27　桥口地区沙三下亚段各亚相沉积图

② 前三角洲亚相：由前三角洲泥微相构成，其岩性为绿灰色、灰色泥岩、粉砂质泥岩，发育水平层理，含动、植物化石碎片。

（2）湖底扇相。

湖底扇为浊流搬运碎屑物质至深湖(海)区呈扇状分布的沉积体，本区湖底扇分布于深湖区，主要分布于研究区东北部，桥 16 井区沙三下亚段下部亦有分布，可分为内扇、中扇和外扇三个亚相。本区湖底扇类型主要为深湖原地沉积和浊流沉积两种类型。

① 深湖原地沉积：以颜色深、沉积物细为特征；在湖泊最深处，细粒碎屑物质垂直降落沉积，其岩性为深灰、灰黑色泥岩，发育水平层理，与浊流沉积呈频繁互层出现，组成中扇水道间和外扇沉积。

② 浊流沉积：本区浊流沉积以粒度细、单层厚度薄为特征；其岩性以薄-中层粉砂岩、泥质粉砂岩为主，中、细砂岩少量，为低密度浊流沉积类型；中、细砂岩见于桥 16

井3974~3980m井段，单层厚2~3m，由多个A、B段组合的鲍马序列组成。上述沉积类型主要分布于内扇及中扇水道，部分分布于外扇，与深湖原地沉积的暗色泥岩组成频繁互层。

(3) 湖泊相。

本区湖泊相可划分出浅湖、半深湖及深湖三个亚相，本区未见滨湖亚相，微相类型见表1-10，主要分布于研究区西北至西南部，半深湖、深湖亚相则分布于研究区东北至东南部。

浅湖亚相泛指浪基面至枯水之间的浅水地带，浅湖亚相水虽浅，但始终位于水下，波浪和湖流作用较强，属弱还原到弱氧化环境，该沉积类型在本区十分发育[图1-27(a)及图1-27(b)]。

半深湖亚相、深湖亚相总体来说在本区不太发育，平面上主要分布于研究区的桥61井附近及研究区的东部地区。

不同砂体形态反映不同沉积相特征，根据研究区测井曲线形态，对钻遇桥口地区沙三下段地层的所有井进行了测井相的仔细研究，把测井曲线形态分为箱形、钟形、漏斗形，相应的沉积微相分为湖底扇水道、水下分流河道、河口砂坝、远砂坝等(表1-13)。因桥口地区砂体类型资料比较少，因此以桥20井为代表进行分析(表1-14)。

表1-13　桥口地区各类沉积微相的测井曲线特征

类型	桥37井箱形曲线	桥63井箱形曲线
电测曲线形态	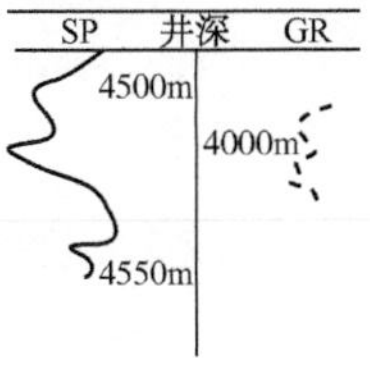 SP 井深 GR 4500m 4000m 4550m	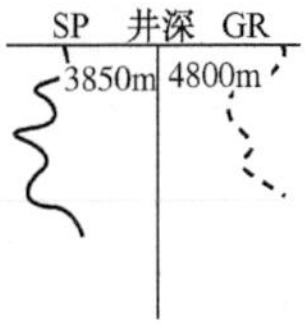 SP 井深 GR 3850m 4800m
沉积微相类型	湖底扇水道、三角洲前缘水下分流河道为主，河口砂坝、浅湖砂坝偶见	
类型	桥25井钟形曲线	桥33井漏斗形曲线
电测曲线形态	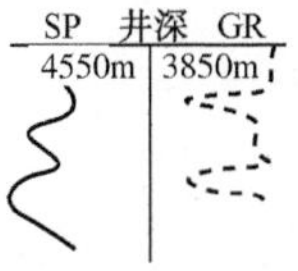 SP 井深 GR 4550m 3850m	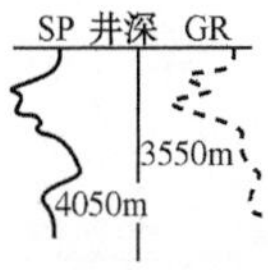 SP 井深 GR 3550m 4050m
沉积微相类型	三角洲前缘水下分流河道	三角洲前缘河口砂坝沉积
类型	桥20井	
电测曲线形态	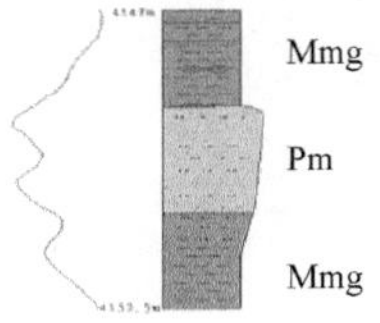 Mmg Pm Mmg 桥20井	
沉积微相类型	轴向重力流近漫溢沉积	

表 1-14　桥口地区主要砂体类型

岩相	岩心照片	描述	概率累积曲线	测井相
3902.43 St Sp Sm Mpg Fh Fm St Sm Sp Sm Fm 3909 桥20井		为块状砂岩相、板状交错层理砂岩相、槽状交错层理砂岩相、粉砂岩相及水平层理泥岩相的组合（Sm→Sp→St→Fm→Mpg）		扇三角洲前缘辫状水道

1.3.3.4　文东—桥口砂体构型

（1）文东地区砂体构型。

采用传统的地层及砂体划分和对比方法研究文东厚油层时(图 1-28)，厚油层多呈横向成片分布的特点，但通过厚油层内部结构解剖之后不难发现其内部复杂的结构非均质性。基于研究区测井相特征及砂体类型，通过濮深 19 井、文 243 井及文 260 井之间的对比，绘制了文东地区厚油层剖面结构分析图(图 1-29)。

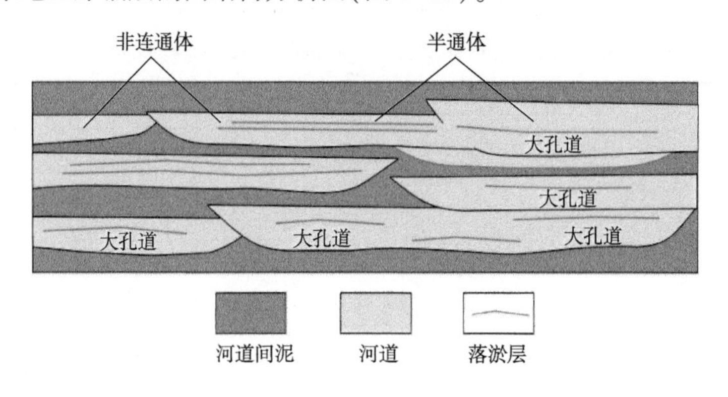

图 1-28　厚油层结构模式图

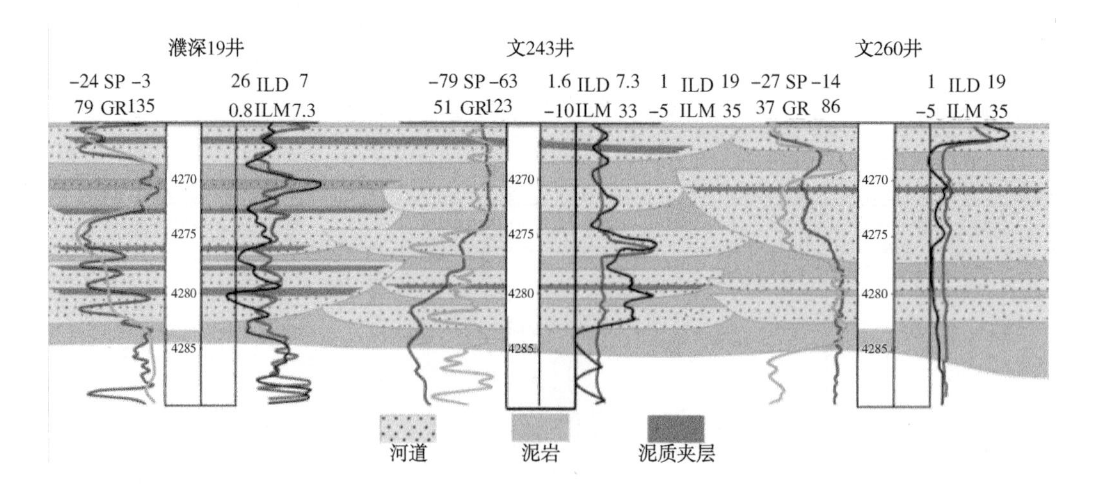

图 1-29　文东地区厚油层剖面结构分析图

(2) 桥口地区砂体构型。

采用传统的地层及砂体划分和对比方法研究桥口—杜寨厚油、气层时，厚油、气层多呈横向成片分布的特点，但通过厚油层内部结构解剖之后不难发现其内部复杂的结构非均质性。基于研究区测井相特征及砂体类型，通过桥 63 井、桥 60 井、濮深 8 井之间的对比，绘制了桥口—杜寨地区厚油、气层剖面结构图(图 1-30)。

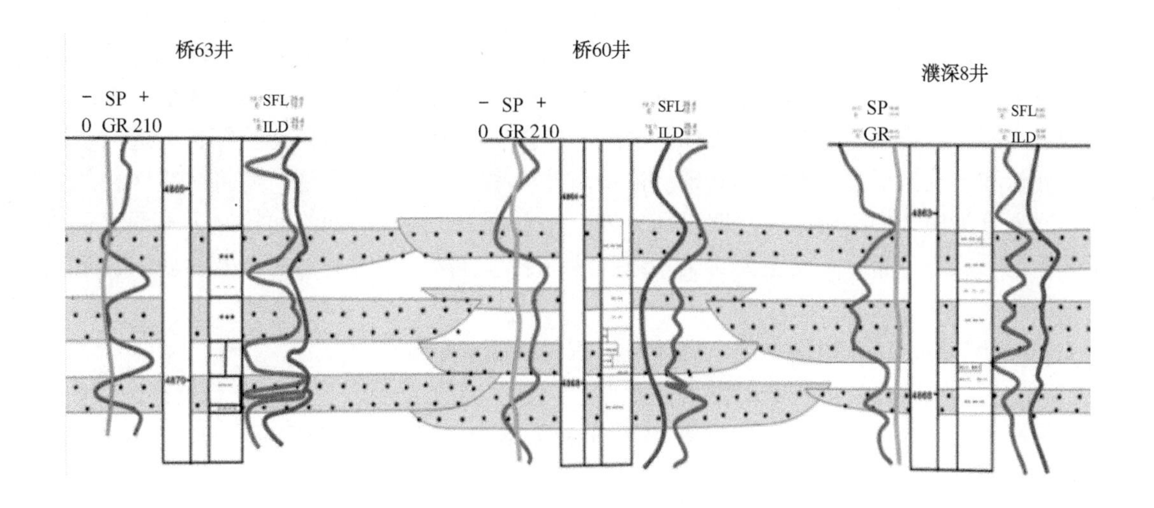

图 1-30 桥口—杜寨地区厚油、气层剖面结构图

1.4 砂体展布及沉积微相研究

1.4.1 文东地区岩相古地理及沉积体系

1.4.1.1 岩相古地理图的编制

在编制古地理图之前，必须要了解等时地层单元内的地层厚度、砂岩厚度及砂岩百分含量的变化，并结合相关的测井相、地震属性及前人研究成果进行综合研究。其中，地层厚度及砂岩厚度平面分布图可直观地提供有关砂体成因类型及其时空展布规律等质信息，具体编图方法及思路如下(刘宝珺和曾允孚，1985)：

(1) 综合分析东濮凹陷构造—沉积演化史，结合前人研究成果，对研究目的层段进行单井层序地层划分，了解各层序沉积时期的地层展布情况；

(2) 对收集到的研究区钻井资料进行详细的物源区域分析和沉积相划分，并统计沙三下相应各层序的地层厚度、砂砾岩厚度及其百分含量等数据；

(3) 在综合分析前人及相关课题的地震相、地震地层及岩相古地理研究成果的基础上，编制研究区各层序的地层等厚图、砂砾岩等厚图，此两类图件所反映的地质特征应保持一致；

(4) 在沉积相模式的指导下，以地层厚度平面图、砂砾岩厚度平面分布图为依据，对单井相中编图单元的层位进行沉积相的综合分析，主要包括岩石的沉积构造、测井曲线形态及过井剖面的地震相特征等，确定编图层位的优势沉积相类型，以及相对应的地层及砂砾岩厚度的变化范围，取与优势相类型的砂砾岩厚度平均值相近的等值线为其边界线，编制相对应的沉积亚相平面展布图；

（5）综合分析研究区内沉积相和岩相古地理的演化规律，评价层序地层格架内的有利储集相带，同时也为分析其组合条件、控制因素、分布规律等提供可靠的沉积相和岩相古地理依据，并可进一步对有利目标或区块进行预测和评价。

1.4.1.2 文东地区沙三下亚段岩相古地理特征

根据上述绘图原则及研究任务与目的，编制了文东地区沙三下亚段各层序的部分经钻井揭露的地层等厚图、砂岩等厚图及沉积相图，以及沙四段的地层对比图、地层等厚图及沉积微相图，较详细地分析了各沉积相类型、砂体平面展布和几何形态特征，为进一步的储层评价和有利储层预测奠定了基础。依据高分辨率层序地层学原理，可将研究区目的层沙三段划分为两个中期旋回，沙四段划分为上、下两个亚段，不同旋回控制了不同沉积体系砂体的形成与分布。本次主要对文东地区沙三下$_{1-3}$、沙三下$_{4-5}$旋回时期及沙四上、下亚段进行研究。

（1）沙三下$_{1-3}$沉积时期地层、砂体及沉积相平面展布特征。

研究区沙三下$_{1-3}$旋回沉积时期岩性主要以灰色、深灰色泥岩与浅灰色粉细砂岩-细砂岩不等厚互层，盐岩发育，以三角洲-湖泊沉积体系为主。在地层展布上，显示出中央薄，四周较厚的盆地格局(图 1-31)。沉积相分布特征为：凹陷西部斜坡带胡状集区辫状河三角洲前缘发育呈朵叶状分布；在研究区北部发育正常三角洲前缘沉积，其物源来自盆地北部；其次在文留南部地区正常三角洲前缘较发育。中央隆起带的文留地区为本时期盐岩发育的主要地区；本时期滨浅湖在盆地内广泛分布。

本时期湖域面积较小、湖体最浅，研究区物源供给充足，砂体较发育，因此砂岩厚度及砂岩百分含量总体较高存在多个高值区(图 1-32)。本时期盆地北部一带，西部斜坡带胡状集，文东南部濮深 12 井一带为三角洲前缘沉积体系发育区，为有利的储层发育相带(图 1-33)。

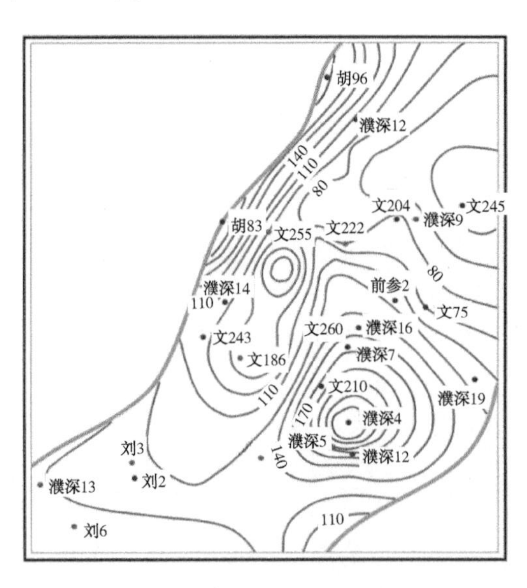

图 1-31　文东沙三下$_{1-3}$亚段地层厚度等值线图

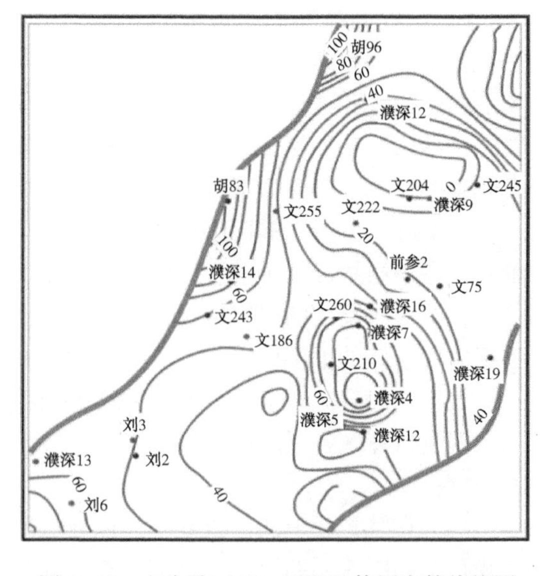

图 1-32　文东沙三下$_{1-3}$亚段砂体厚度等值线图

（2）沙三下$_{4-5}$沉积时期地层、砂岩及沉积相平面展布特征。

该时期为沙三下$_{4-5}$水位由最大开始缓慢下降的时期，砂体分布范围较沙三下$_{1-3}$时期有所减小，但总的分布格局未有大的变化。岩性仍以灰色、深灰色泥岩与浅灰色粉砂岩、粉细砂岩-细砂岩不等厚互层为主，盐岩发育，沉积体系未发生大的变化，为三角洲-湖泊沉积；地层分布上，仍表现出中央沉积厚度薄四周低的盆地分布趋势(图1-34)；其岩相古地理格局及相带展布特征为：西部斜坡带胡状集、辫状河三角洲前缘呈裙带状发育；文东及南部刘庄地区正常三角洲前缘较发育，南部地区为多物源汇聚区且砂岩百分含量高(图1-35)，北部物源主要来自盆地的北部；本时期盐岩较Sq1沉积时期盐岩沉积范围向北有所迁移，主要分布于中央隆起带文留地区，同时滨浅湖在研究区广泛发育。

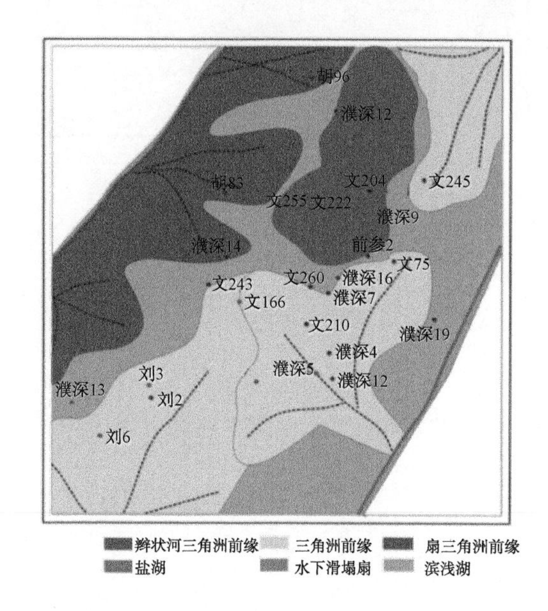

图1-33　文东沙三下$_{1-3}$亚段沉积相平面图

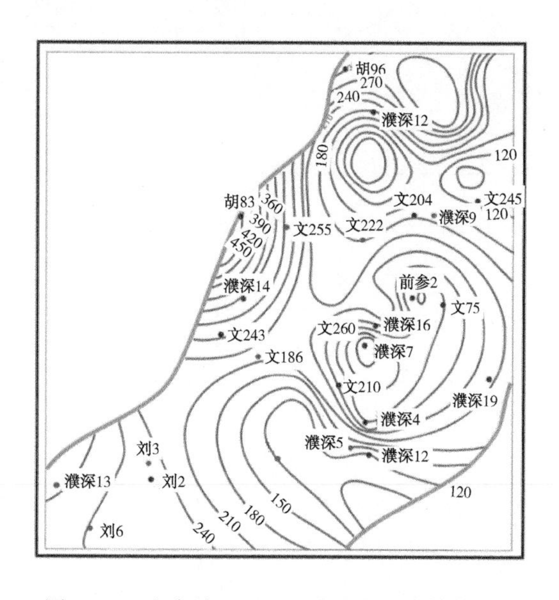

图1-34　文东沙三下$_{4-5}$亚段地层厚度等值线图

本时期研究区北部一带、西部斜坡带胡状集、文东南部濮深12井一带为三角洲前缘沉积体系发育区，均是有利储层发育相带(图1-36)。

1.4.1.3　文东沙四段沉积相及地层展布状况

（1）文东地区沙四段沉积相。

在文东地区自北而南选取前参2井和濮深7井进行沙四段地层对比(图1-37)，从对比结果看，沙四上亚段地层比沙四下亚段地层普遍要薄，沙四上地层厚度为81～199m，而且沙四上亚段地层自北而南明显变薄。如文东南部的濮深7井和前参2井，厚度分别为96m和81m，地层减薄近100m。减薄的原因是沙三下$_4$亚段盐岩层穿时分布，盐岩沉积南厚北薄，沉积中心位于濮深7井区，向北变为砂泥岩；沙四下亚段地层在文东地区尚未钻穿，据地震资料推测沙四下亚段地层厚度在濮深7井和前参2井可达470m左右。

选择文东地区钻遇沙四下亚段的井进行对比，结合三维地震资料编制本区沙四上亚段、沙四下亚段及沙四段地层等厚图(图1-38—图1-40)，沙四段砂体厚度等值线图及其百分比图(图1-41及图1-42)，整体上文东地区沙四段地层存在南厚北薄规律。

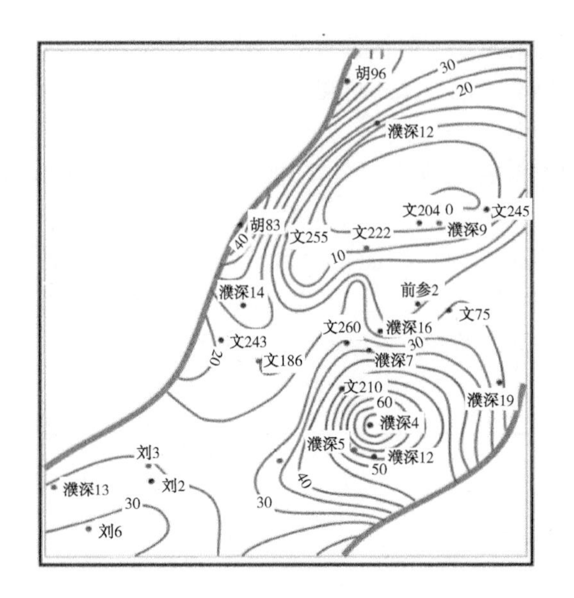

图 1-35　文东沙三下$_{4-5}$亚段砂体厚度等值线图

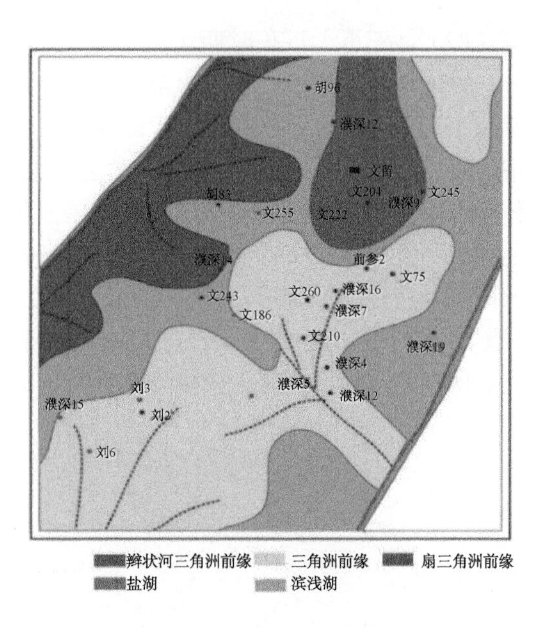

图 1-36　文东沙三下$_{4-5}$亚段沉积相平面图

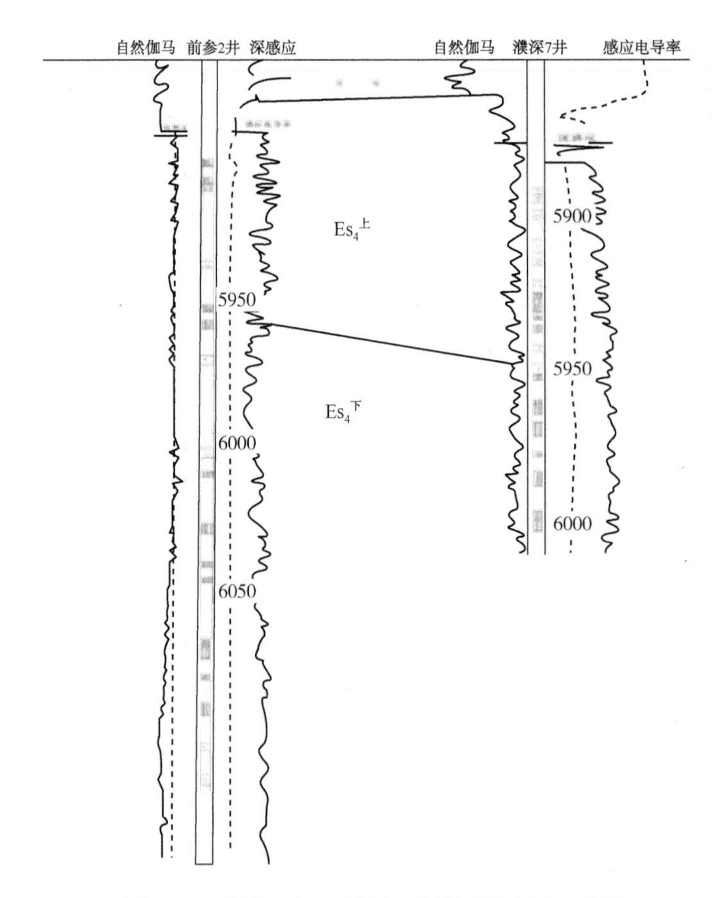

图 1-37　前参 2 井—濮深 7 井沙四段地层对比图

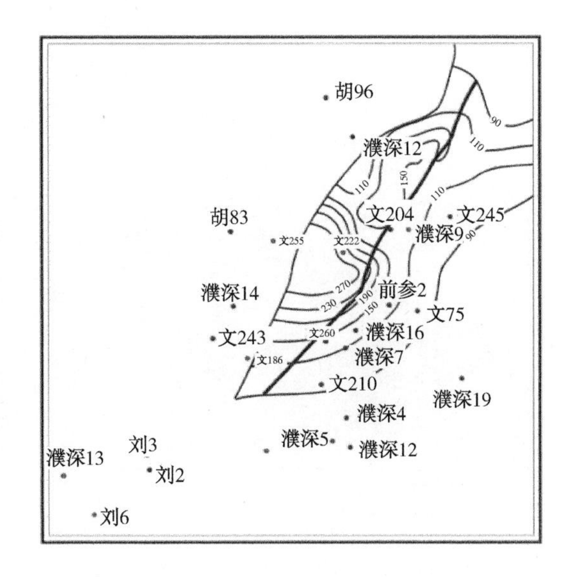

图 1-38　文东沙四上亚段地层等厚图

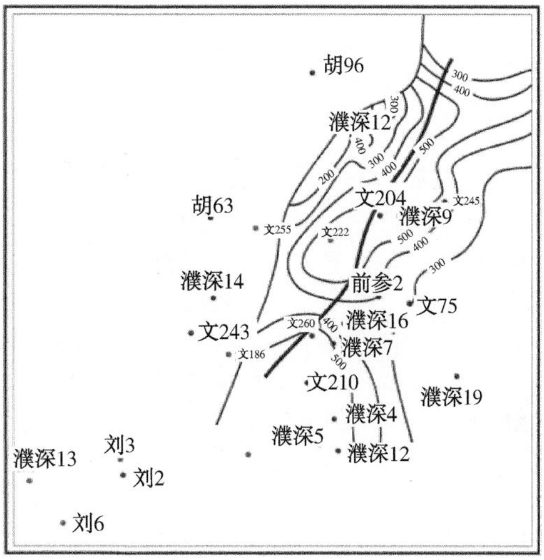

图 1-39　文东沙四下亚段地层等厚图

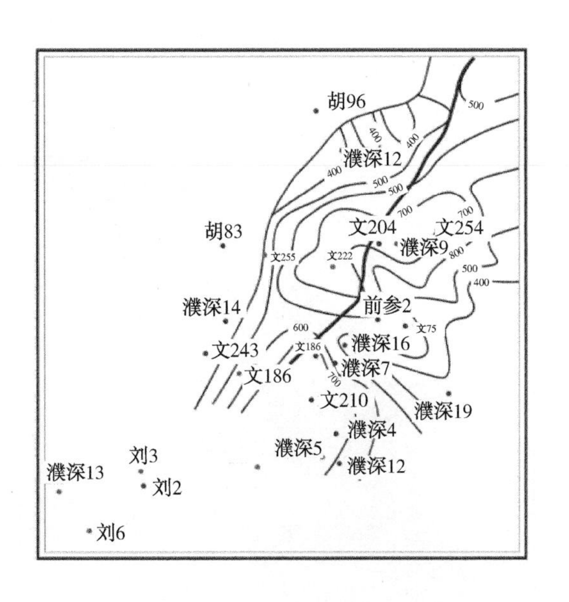

图 1-40　文东沙四段地层等厚图

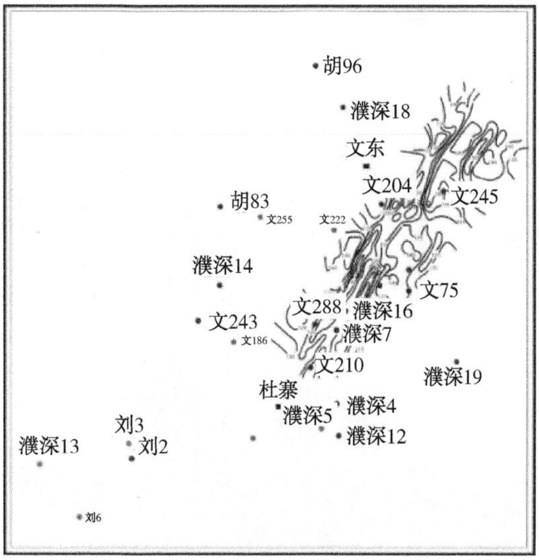

图 1-41　文东沙三段砂体厚度等值线图

文东地区处在中央隆起带东侧缓坡上，沙四下亚段以滨浅湖和半深湖重力流沉积物为主，滨浅湖亚相主要分布在文留中央隆起带上，而浅湖及半深湖亚相主要分布于文东地区。沙四上亚段以较深湖和半深湖重力流沉积为主，较深湖重力流沉积主要分布于中央隆起带的文留地区，半深湖重力流沉积主要分布于文东地区。文东沙四上、沙四下亚段沉积相图如图 1-43 与图 1-44 所示。

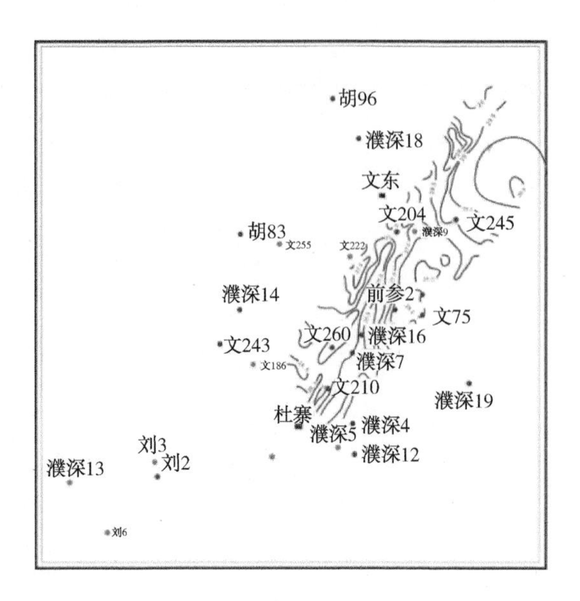

图 1-42　文东沙四段砂体厚度百分比图

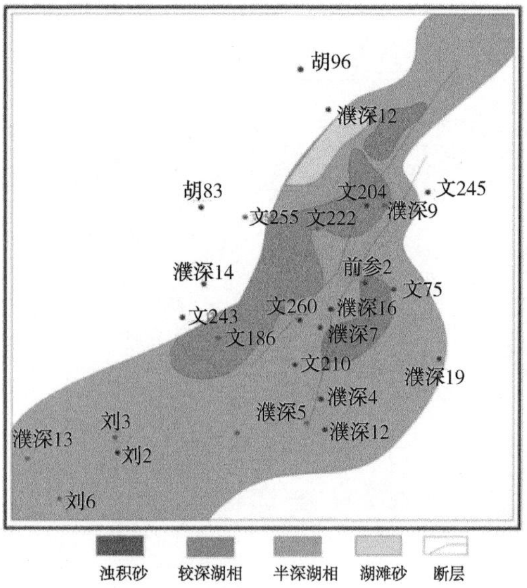

图 1-43　文东地区沙四上亚段沉积相图

（2）砂体分布规律。

① 湖底扇相。

研究区沙四段发育深水湖底扇相，主要砂体有 3 种类型：主水道砂体、支水道砂体和漫溢砂体(图 1-45)。

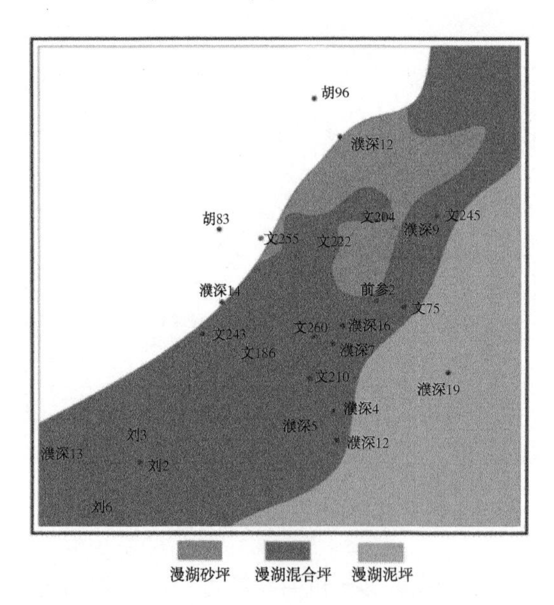

图 1-44　文东地区沙四下亚段沉积相图

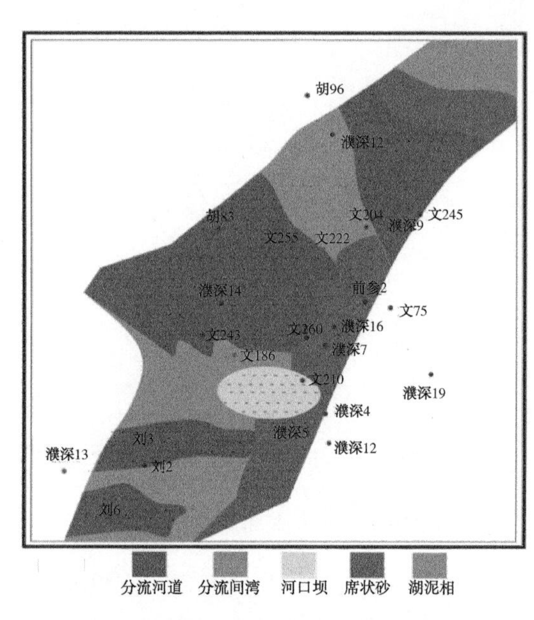

图 1-45　文东地区沙四段湖底扇微相平面图

a. 主水道砂体：岩性以细砂岩、中砂岩为主，粒序变化不明显，发育块状层理、平行层理，少见递变层理，底部常见强烈侵蚀而成的泥砾，泥砾粗，最大直径可达 6～7cm。砂岩底部槽模、重荷模、冲刷充填构造发育，以正旋回为主，一般厚度大于 4m。

b. 水道砂体：以细砂、粗粉砂沉积为主，主要发育块状层理和平行层理，顶部少见变形层理，顶面与泥岩常呈突变接触。垂向上以正旋回为主，一般厚 2~4m。

c. 漫溢砂体：主要由粉砂、泥质粉砂沉积组成，粒序向上变细，发育平行层理、同生变形构造、波状层理及小型槽状交错层理、小型板状交错层理，砂岩厚度一般小于 1m。

2）三角洲前缘相。

研究区沙三段发育三角洲前缘亚相，主要发育 3 种砂体类型：水下分流河道砂体、河口坝砂体和前缘席状砂(图 1-46)。

① 水下分流河道砂体：单层厚 5~10m，岩性为细砂岩、粉砂岩，具平行层理及交错层理；分选中等，成分成熟度中等，石英含量为 53.4%~67.5%，长石含量为 25%~34.1%，岩屑含量为 3.7%~13.6%；粒度概率曲线为两段式及过渡两段式，跳跃总体发育；测井曲线特征为齿化钟形或箱形。

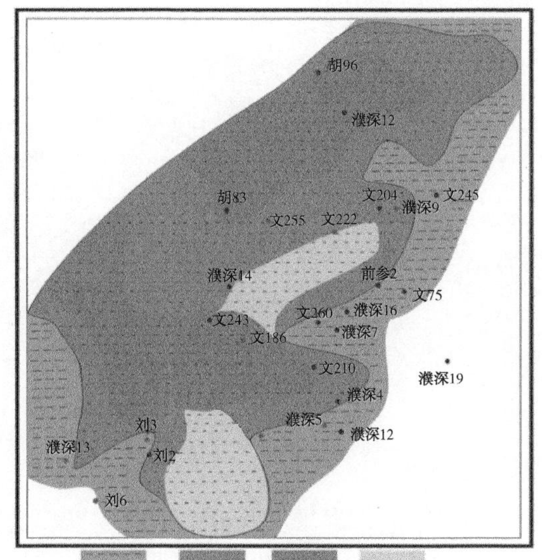

图 1-46　文东地区沙三段湖底扇微相平面图

② 口坝砂体：单层厚 6~10m，岩性为细砂岩、粉砂岩，具有向上变粗粒序，具块状层理、斜层理、交错层理等，含泥砾和炭化植物碎片；分选较好，成分成熟度中等，石英含量为 53.6%~68.9%，长石含量为 24%~43.7%，岩屑含量为 2.2%~12%；粒度概率曲线主要为两段式及过渡两段式，见少量三段式，跳跃总体发育；测井曲线特征为齿化漏斗形。

③ 前缘席状砂：单层厚 1~2m，岩性为细砂岩、粉砂岩，测井曲线特征为指状。

1.4.2　桥口地区岩相古地理及沉积体系

1.4.2.1　桥口地区砂体分布

黄河南地区深层沙三$_4$ 亚段沉积时期，中央隆起带尚未形成，地形南高北低，西南部有一个较大三角洲沉积，桥口构造南部处于前三角洲亚相，并逐渐进入半深湖—深湖沉积环境。在东部兰聊断层下降盘存在多个小物源的三角洲沉积。杜寨断层上升盘的浅水地区发育辫状河三角洲前缘沉积，杜寨断层下降盘水体突然加深，进入深湖、半深湖沉积环境，在各小物源辫状河前端形成较多的深水浊积砂体和滑塌浊积扇。

本次在储量研究中根据计算单元的要求，把桥口东翼划分了 9 个砂组，做了砂岩等厚图，精细研究了其储层展布和其对油气藏的影响，其砂岩分布特征如下(图 1-47)。

沙三$_3$ 亚段Ⅰ砂组：受南部物源和西北物源控制较强，东北物源和东南物源发育强度减弱。东北物源和东南物源只影响桥口构造东翼。桥 59—桥 33 井区砂岩厚度约 30m，桥 25—桥 20 井砂岩厚 20m 左右。东南翼桥 60 井砂岩厚 30m 左右(图 1-47a)。

沙三$_3$ 亚段Ⅱ砂组：东北翼物源更加发育，东南翼物源规模较少，东翼大部分地区受东北翼物源控制，并且此时有了来自西北方向物源的注入。东北翼桥 59 井区砂岩厚度达

40多米，东南翼桥60井发育砂岩26.6m，这两物源交汇处的桥20井砂岩厚度12.4m。南部物源影响处的桥33—新12井砂岩厚度30m左右。南部物源处与东北物源交汇处的桥16井区砂岩厚度15m左右。东北物源的注入使濮深10井以北地区砂岩十分发育，厚度达60m以上(图1-47b)。

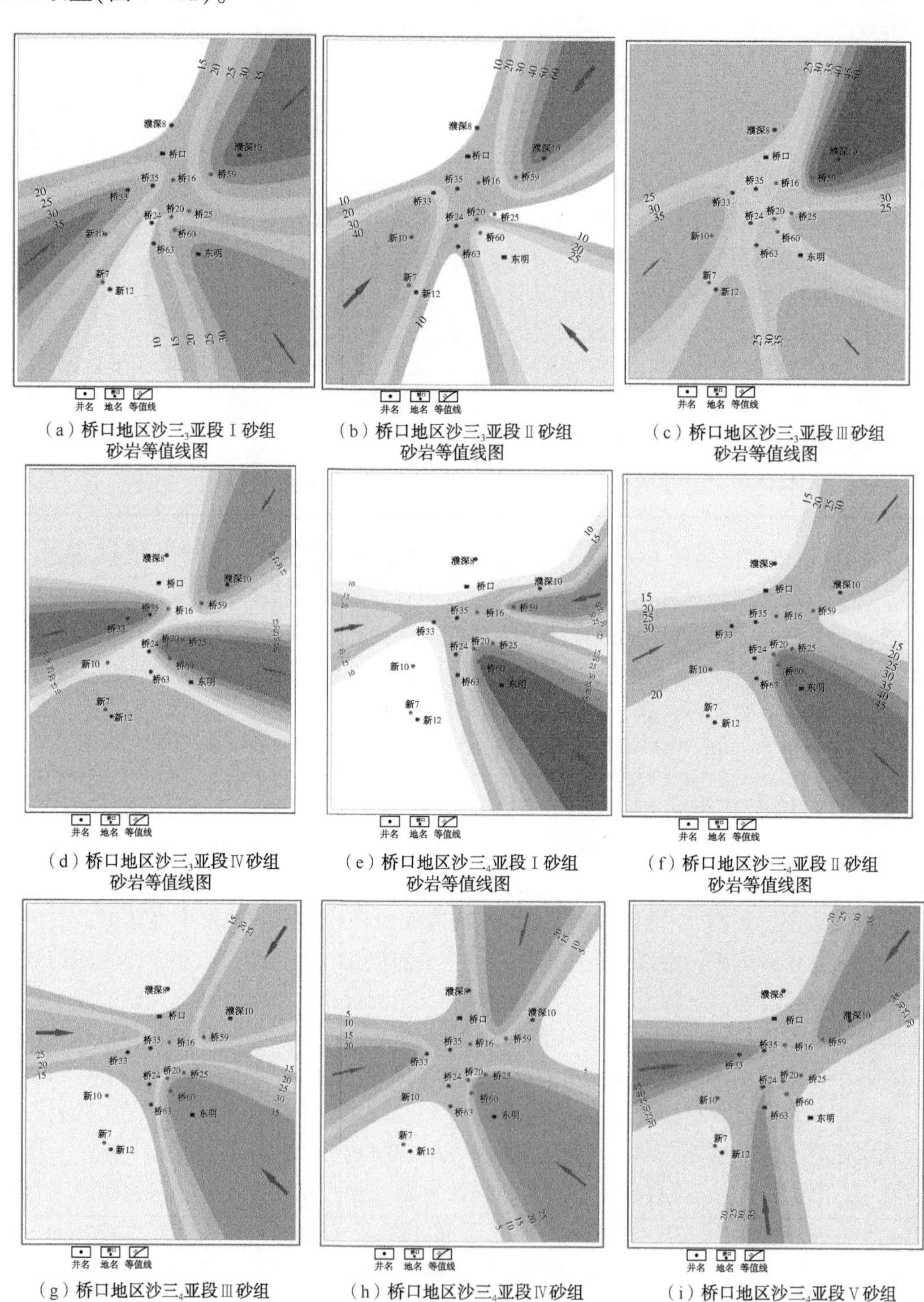

(a)桥口地区沙三$_3$亚段Ⅰ砂组砂岩等值线图

(b)桥口地区沙三$_3$亚段Ⅱ砂组砂岩等值线图

(c)桥口地区沙三$_3$亚段Ⅲ砂组砂岩等值线图

(d)桥口地区沙三$_3$亚段Ⅳ砂组砂岩等值线图

(e)桥口地区沙三$_4$亚段Ⅰ砂组砂岩等值线图

(f)桥口地区沙三$_4$亚段Ⅱ砂组砂岩等值线图

(g)桥口地区沙三$_4$亚段Ⅲ砂组砂岩等值线图

(h)桥口地区沙三$_4$亚段Ⅳ砂组砂岩等值线图

(i)桥口地区沙三$_4$亚段Ⅴ砂组砂岩等值线图

图1-47　桥口地区沙三$_{3-4}$亚段砂岩等值线图

沙三$_3$亚段Ⅲ砂组：也受三个物源影响，但东北翼物源控制较强，东南翼物源较弱。东北翼低部位桥59井区砂岩厚度45m以上，高部位桥16井区砂岩厚20多米。东南翼物源处桥20砂岩厚30多米，翼部桥60井砂岩厚29m，桥25井砂岩更薄，约25m。南部物源桥33井区砂岩30m。三物源交汇处在桥35井东边，砂岩厚度小于25m(图1-47c)。

沙三$_3$亚段Ⅳ砂组：表现为明显受三个物源影响。东南翼桥25井—桥60井区砂岩厚度约40m，向高部位迅速减薄，桥20井区砂岩厚度33m左右，桥60井更薄，仅30m。东北翼桥59井区砂岩厚约28m。南部物源处桥35井砂岩厚约36m，桥16井砂岩厚度20m(图1-47d)。

沙三$_4$亚段Ⅰ砂组：砂组东北翼物源发育，物源交汇处向南迁移，在桥20井、桥25井附近，砂岩厚20~30m。东北翼桥59井砂岩厚度达42.8m，东南翼桥60井砂岩厚度达45.2m。由东翼向高部位砂岩迅速减薄，桥63井砂岩厚度低于20m。南部物源不明显(图1-47e)。

沙三$_4$亚段Ⅱ砂组：表现为东南翼乔良屯物源十分发育。桥60井区砂岩厚度达48m，向高部位逐渐减弱，桥20井—桥25井一带砂岩厚度30m。南部物源不十分明显，桥35井区砂岩厚度不超过30m。东南部物源也不发育，濮深10井砂岩厚25m左右。桥59井区处于东北翼和东南翼物源交汇处，砂岩厚度约20多米(图1-47f)。

沙三$_4$亚段Ⅲ砂组：受来自东部两个物源影响较大。东南翼桥60井砂岩厚度达37.4m，其高部位的桥25井—桥20井区砂岩厚20多米，东北翼桥59井区砂岩厚度26m多。物源交汇区向西转移，在桥16井—桥35井区砂岩厚度仅10多米(图1-47g)。

沙三$_4$亚段Ⅳ砂组：也明显受三物源控制，桥60井—桥25井区砂岩厚30m，桥20井区减薄至20m。东北翼桥59井区砂岩厚约20m，桥口构造顶部和南部桥35井以西砂岩厚20~30m。在三个物源交汇的桥35井—桥16井区砂岩厚度较小，小于10m(图1-47h)。

沙三$_4$亚段Ⅴ砂组：砂岩钻遇井少，但其明显受三个物源的影响。桥口东南翼受乔良屯物源控制，桥60井—桥25井区砂岩厚度达20多米，向桥20井区砂岩减薄厚15m左右。东北翼受白庙物源影响，由低部位向高部位减薄，桥59井区砂岩厚度达30多米。南部受来自西南物源影响。桥35井区砂岩厚度30多米(图1-47i)。

从储层分布情况可以看出桥口地区砂岩十分发育，早期受三个物源不同程度的控制，晚期逐渐有西北物源的注入。在此次研究区的桥口东翼主要受来自东部的乔良屯和白庙物源的影响，它们在桥口地区向构造高部位砂岩迅速减薄，形成了许多砂岩的上倾尖灭，从而在桥口构造东翼封堵、聚集了较多晚期运移来的油气，在桥口东翼形成了现在深层沙三$_{3-4}$段的石油和天然气富集。桥口东翼深层油气藏为构造岩性油气藏。

1.4.2.2 桥口地区沉积微相展布特征

以测井相组合模式为基础，结合其他构造演化和古地形分析，桥口地区表现为多物源方向沉积的特点。根据气藏含气情况，将沙三中亚段10—沙三下亚段7砂组细分为33个沉积单元，以其中11个天然气较富集的沉积单元为编制单位，完成了各沉积单元微相展布。

(1)沙三中亚段10砂组4沉积单元：10砂组4沉积单元一般厚15~20m。该沉积期主要发育湖底扇中扇水道和中扇前缘沉积(图1-48)。桥59块为中扇前缘沉积，沿桥59井—桥16井自东北向西南推进。桥20块和桥60块可划分出南北两个中扇水道，北部一条沿桥25井区分布，南部一条沿桥60井、桥63井一带分布。

（2）沙三中亚段10砂组5沉积单元：10砂组5沉积单元一般厚20~25m。该时期沉积特征与10砂组4沉积单元相似。桥59块仍表现出中扇前缘的沉积特征，砂体厚度变大，与4沉积单元相比，砂岩厚度变大，为进积型沉积，反映来自东北方向的物源逐渐变强。桥24块也表现出进积型沉积特征，普遍发育中扇水道沉积。

（3）沙三中亚段11砂组2沉积单元：11砂组2沉积单元地层一般厚20~25m。该沉积期桥59块仍为中扇前缘沉积，为进积型沉积，砂岩分布范围大，厚度也大。桥25块和桥20块北部扇体不发育，北部总体为中扇前缘沉积，南部扇体仍很发育，在桥60井以南表现为中扇水道的沉积特征。

（4）沙三下亚段1砂组2沉积单元：1砂组2沉积单元地层一般厚35~45m。该沉积期整个桥口气藏基本上处于中扇前缘沉积环境。桥25块和桥60块靠近来自物源的中扇水道，因此砂岩厚度较大。桥25块广泛发育中扇前缘沉积，桥60井区靠近中扇水道，沉积厚度很大，其他井区远离水道。沉积砂体厚度较薄。

（5）沙三下亚段2砂组3沉积单元：2砂组3沉积单元地层一般厚20~30m。该沉积期桥59块远离物源的中扇前缘沉积，反映了水体较深、单层厚度小、砂体分布范围小的特征。桥60块—桥20块南北两个扇体也表现出退积型沉积特征，在桥20块高部位南北两个扇体都为中扇水道沉积，砂体厚，单层厚度也大。在桥59块则表现出中扇前缘的沉积特征，砂体厚度小，单层厚度也小(图1-49)。

（6）沙三下亚段2砂组5沉积单元：2砂组3沉积单元地层一般厚30~40m。该沉积期表现为进积型沉积特征。桥16块主体为中扇前缘沉积，但距离水道较近，边部桥59井已表现为中扇水道的沉积特征。桥20块两个扇体都向北迁移，北部扇体发育，分布范围大，南部扇体不发育，沉积厚度薄。

（7）沙三下亚段3砂组3沉积单元：3砂组3沉积单元地层一般厚30~40m。该沉积期桥59井区表现为中扇水道沉积，向西南延伸，则为广阔的中扇前缘沉积。桥20块南北两个扇体都不发育，北部扇体仅在桥25井水道沉积，南部扇体在桥63井一带为中扇水道沉积，其他地区都表现为中扇前缘沉积。

（8）沙三下亚段4砂组3沉积单元：4砂组3沉积单元地层一般厚25~35m。该沉积期桥59块为中扇前缘沉积，远离中扇水道，砂体厚度薄。桥20块北部扇体表现为中扇前缘，南部扇体也仅在桥60井表现为中扇水道，砂体厚度大。其他地区则为广阔的中扇前缘，沉积的砂体单层厚度小，分布范围大。

（9）沙三下亚段5砂组2沉积单元：5砂组2沉积单元地层一般厚25~40m。该沉积期桥59块为中扇前缘沉积。桥20块南北两个扇体都比较发育，北部扇体在桥25井区发育，分布范围大；南部扇体分布范围小，但沉积的中扇水道砂体厚度较大，主要发育在桥60井区。

（10）沙三下亚段6砂组2沉积单元：6砂组2沉积单元地层一般厚25~40m。该沉积期表现为退积型沉积特征。桥59块主体仍为中扇前缘沉积，但距离中扇水道较近，边部濮深8井下部砂体已表现出中扇水道的沉积特征。桥20块北部扇体发育，中扇水道分布在桥25井一带；南部扇体水道分布范围小，主要在桥60井一带。这两个中扇水道继承性发育，沉积厚度大。

（11）沙三下亚段7砂组1沉积单元：7砂组1沉积单元地层一般厚25~40m。该沉积期桥59块为中扇前缘沉积，距离中扇水道较远，砂体分布范围小，厚度一般为2~3m。桥

20 块北部扇体发育，中扇水道分布在桥 25 井一带，水道砂体厚度大，分布范围广。南部扇体水道分布范围小，主要在桥 60 井一带。

总体上，桥口气藏主要发育湖底扇沉积，平面上主要发育三个扇体。扇体展布受南部桥良屯物源和东部白庙物源控制。在桥 59 块的桥 16 井—桥 59 井—濮深 10 井一带发育一扇体，受来自白庙物源方向的影响，本区距离白庙物源较远，主要发育中扇前缘沉积。在桥 20 块发育南北两个扇体，其物源都来自东南部桥良屯方向：北扇体分布在桥 25 井—桥 20 井一带，中扇辫状水道和中扇前缘发育，分布范围较小，由下至上扇体略向南迁移；南扇体分布在桥 24 井—桥 63 井一带，同样是发育中扇辫状水道和中扇前缘，该扇体非常发育，分布在桥 20 块构造较高部位，分布范围广泛，由下至上扇体逐渐扩大并向南迁移。

纵向上，桥口气藏从沙三下亚段 7 砂组—沙三中亚段 10 砂组，湖底扇的发育有较好的继承性，三个扇体的发育位置和总的展布方向变化不大，扇体相互叠置，但受物源和沉积环境变化的影响，在不同沉积时期，扇体具迁移性，水道位置略有摆动，扇体发育规模也有变化。

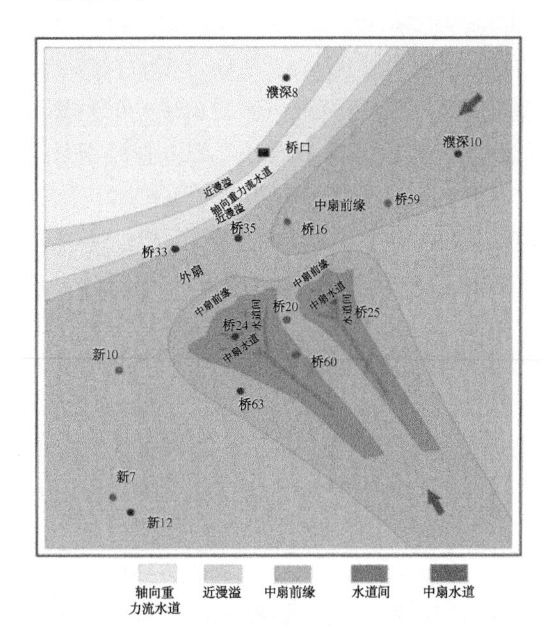

图 1-48　桥口地区沙三中亚段 10 砂组 4 沉积微相展布图

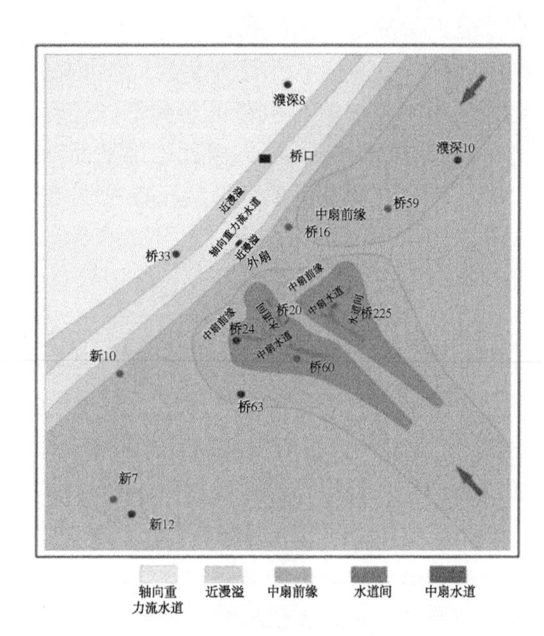

图 1-49　桥口地区沙三下亚段 2 砂组 3 沉积微相展布图

2 微(纳)米级孔喉定量表征

储层微观孔隙结构是指储集岩中孔隙和喉道的几何形状、大小、分布及其相互连通关系，是影响储层储集物性的重要因素。特别是对于以纳米级孔喉(孔隙与喉道)为主的致密砂岩储集体，孔喉微观结构更是决定其孔渗特征的重要因素。因此，准确全面表征储层微观孔喉结构已成为致密储层研究的重要内容。

目前储层微观孔喉表征的方法很多，包括间接测量的气体吸附法、压汞法和直接观测的扫描电镜、聚焦离子束(FIB)等方法。其中，气体吸附法可测定岩石比表面积、孔径大小，但无法测定封闭微孔，且对比表面积较小的致密岩石测定误差较大；压汞法可快速准确测量岩石孔隙度、孔径等参数，但仅适用于相互连通微孔，测试微孔尺寸范围有限，主要为3.6~1nm；扫描电镜可观测不同尺度二维微孔形貌、孔喉大小，如利用场发射扫描电镜可获取孔径大于5nm的微孔二维平面图像，但对于孔喉的三维分布和孔喉连通情况等信息无从获取。要全面了解微观孔喉三维空间分布特征，则主要依靠聚焦离子束技术与X射线(CT)三维成像技术，前者利用离子束在亚微观尺度对岩石不断剥蚀扫描获取一系列高分辨率二维图像，最终将若干二维图像进行数值重构，获取岩石微观结构的几何特征，如孔喉分布及其特殊形状。但聚焦离子束技术由于剥蚀岩石区域较小，属于微米级别区域观察，并且花费时间较长，成本较高，且有损扫描，难以广泛应用于孔喉尺寸范围跨越纳米—微米多尺度的致密砂岩储层。X射线断层成像技术(Radiation X-Ray Computed Tomography，X-CT)为近年发展起来的一种利用X射线对岩石样品全方位、大范围快速无损扫描成像，最终利用扫描图像数值重构孔喉三维结构特征的技术方法。该技术可针对不同尺寸样品进行微米—纳米CT分析，获取纳米、微米与毫米级多尺度孔喉结构特征，精确定位不同孔喉在样品中的准确位置，避免传统压汞法、气体吸附法等间接测量结果仅反映孔喉结构整体信息，无法反映致密储层微观孔喉分布非均质性特征的弊端。针对致密砂岩储层以纳米级孔喉为主，兼有微米级孔喉，孔喉直径一般为300~2000nm，喉道呈席状、弯曲片状，连通性较差的微观孔喉结构特征，采用Xradia公司实验室光源显微成像纳米级CT(Nano-CT，最大分辨率50nm)与微米级CT(Micro-CT最大分辨率0.7μm)相结合的方法，全面表征致密砂岩储集层微观孔喉结构。微米级孔喉系统，指孔喉直径在1mm~1μm，纳米级孔喉指孔喉直径小于1μm。

2.1 实验原理与方法

2.1.1 X-CT装置与实验原理

Xradia公司实验室光源显微成像纳米CT与微米CT装置工作能量分别为8keV与150keV，采用X光光学透镜显微成像技术，属于超高分辨率无损伤立体重构显微成像研究方法。其光学原理为：实验室 X 光经过光学透镜聚焦照射到样品上，由物镜波带片进行放大成像，再由 CCD(Charge-coupled Device，电荷耦合元件)图像传感器采集图像。在波带片后焦平面上加上位相环，还可得到衬度更高的泽尼克相位成像。纳米 CT 与微米 CT 实际三维空间最大分辨能力分别为 50nm 与 0.7μm。同时，其利用透镜聚焦光学放大原理使其具有了高分辨率和高衬度，为其准确刻画致密储集层孔喉系统提供了可能。

2.1.1.1 微米 CT 测试原理

X 射线微米级 CT 是利用锥形 X 射线穿透物体，通过不同倍数的物镜放大图像，由 360°旋转所得到的大量 X 射线衰减图像重构出三维的立体模型。利用微米级 CT 进行岩心扫描的特点在于：不破坏样本的条件下，能够通过大量的图像数据对很小的特征面进行全面展示。由于 CT 图像反映的是 X 射线在穿透物体过程中能量衰减的信息，因此，三维 CT 图像能够真实地反映出岩心内部的孔隙结构与相对密度大小。

典型的 X 射线 CT 布局系统如图 2-1 所示，X 射线源和探测器分别置于转台两侧，锥形 X 射线穿透放置在转台上的样本后被探测器接收，样本可进行横向、纵向平移和垂直升降运动，以改变扫描分辨率。当岩心样本纵向移动时，距离 X 射线源越近，放大倍数越大，岩心样本内部细节被放大，三维图像更加清晰，但同时可探测的区域会相应减小；相反，样本距离探测器越近，放大倍数越小，图像分辨率越低，但是可探测区域增大。样本的横向平动和垂直升降用于改变扫描区域，但不改变图像分辨率。放置岩心样本的转台本身是可以旋转的，在进行 CT 扫描时，转台带动样本转动，每转动一个微小的角度后，由 X 射线照射样本获得投影图。将旋转 360°后所获得的一系列投影图进行图像重构后得到岩心样本的三维图像。与传统 X 射线成像相比，X 射线 CT 能有效地克服传统 X 射线成像由于信息重叠引起的图像信息混淆。

2.1.1.2 微米 CT 测试仪器

欧勒姆公司所使用的微米 CT 测试仪器为 Xradia 公司产的 MicroXCT-200 型微米 CT 扫描仪，仪器照片如图 2-2 所示，仪器的基本参数见表 2-1。

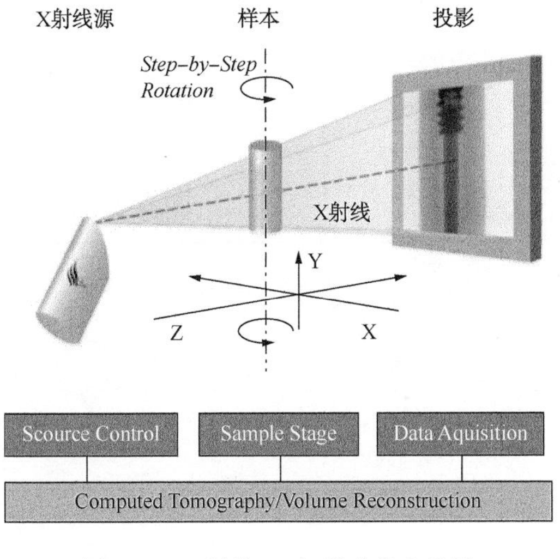

图 2-1 X 射线 CT 扫描成像布局图

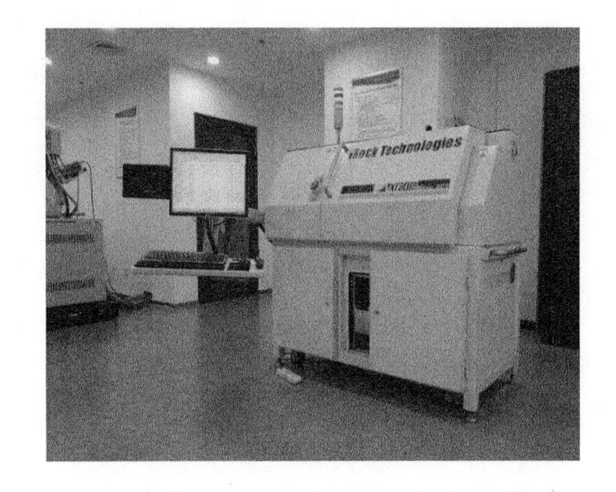

图 2-2 Xradia MicroXCT-200 微米 CT 扫描仪

表 2-1 仪器基本性能参数

参数	测试范围
样本大小	1~70mm(样本直径)
电压	40~150kV
分辨率	0.5~35μm
功率	1~10W

2.1.1.3 纳米 CT 测试原理

纳米 CT 与微米 CT 测试原理基本相同，不同之处是纳米 CT 的光源是平行光，旋转角度为 180°，如图 2-3 所示。纳米 CT 的 X 射线在到达样本之前会经过一个光路校准器，从而将发散的锥形 X 射线压缩、校准成平行光路，平行的 X 射线在穿透样本以后到达物镜进行光学放大，物镜中光感粒子将 X 射线转换成可见光信号传输到接收器，接收器将光信号转换成电信号进而输出。即利用平行 X 射线穿透样品，扫描过程中 180°旋转样品，通过探测器接收衰减后能量图像(吸收衬度成像和相位衬度成像)，利用 X 射线衰减图像重构出三维立体模型。

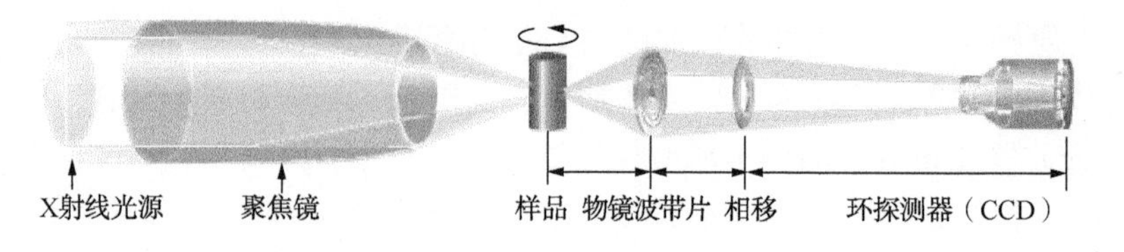

图 2-3 纳米 CT 扫描成像布局图

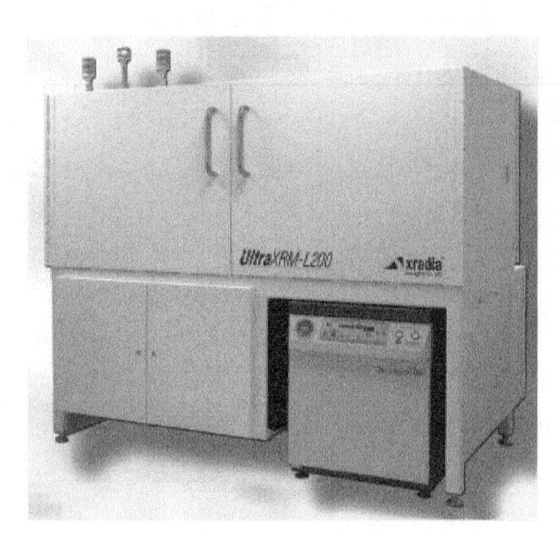

图 2-4 Xradia Ultra-XRM-L200 型纳米 CT 扫描仪

2.1.1.4 纳米 CT 测试仪器

欧勒姆公司所使用的纳米 CT 测试仪器为 Xradia 公司产的 Ultra-XRM-L200 型纳米 CT 扫描仪，仪器照片如图 2-4 所示，仪器的基本参数见表 2-2。

表 2-2 纳米 CT 基本参数

参数	测试范围
样本大小	65μm(样本直径)
电压	35kV
分辨率	65nm
功率	0.88W

2.1.2 样品制备

本次研究实验样品均取自同一超深致密砂岩储层，样品基础资料如表 2-3、图 2-5 所示。

表 2-3　测试样品基础资料

样品编号	样品直径（cm）	样品长度（cm）	岩石密度（g/cm^3）	孔隙度（%）	渗透率（$10^{-3}\mu m^2$）
A227	2.5	4.3	2.27	13.80	6.18
Y199	2.5	3.9	2.37	10.900	0.411
C46	2.5	4.1	2.35	11.50	0.29
J71	2.5	4.2	2.34	12.50	0.23

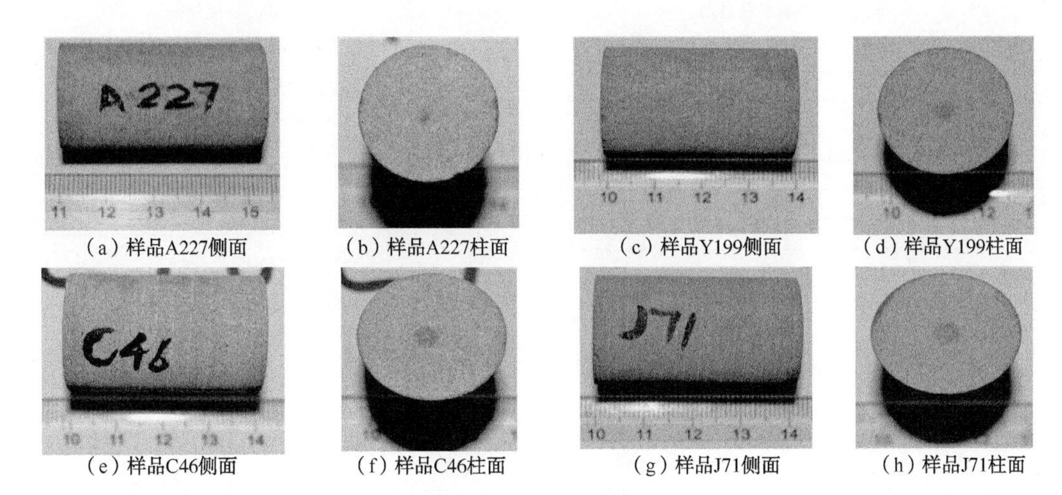

（a）样品A227侧面　（b）样品A227柱面　（c）样品Y199侧面　（d）样品Y199柱面

（e）样品C46侧面　（f）样品C46柱面　（g）样品J71侧面　（h）样品J71柱面

图 2-5　样品照片

对相同致密砂岩样品进行压汞测试与场发射扫描电镜分析。恒速压汞分析各样品微/纳米级喉道累积频率及孔喉体积组成如表 2-4、图 2-6 与图 2-7 所示。由表 2-4、图 2-6 与图 2-7 可知，特低渗透样品 A227 连通孔喉体积中微米级孔喉体积相对比重为 75.56%，纳米级孔喉体积相对比重为 24.44%；超低渗透样品 Y199、C46、J71 连通孔喉体积中纳米级孔喉相对比重增多，依次为 84.28%、93.85%、95.21%，表明渗透率越低，纳米级孔喉体积所占比重越高。

表 2-4　各样品喉道半径累积分布及孔喉体积组成

样品编号	r_z（μm）	R_{max}（μm）	p_d（MPa）	喉道频率累积（%）		微米级孔喉体积占比（%）		毫米级孔喉体积占比（%）		S_{Hgmax}（%）
				微米级	纳米级	绝对	相对	绝对	相对	
A227	9.920	7.763	0.095	100	0	53.183	75.56	17.205	24.44	70.388
Y199	0.263	0.990	0.742	77.49	22.51	10.327	15.72	55.359	84.28	65.686
C46	0.107	0.619	1.188	0.67	99.33	3.957	6.15	60.359	93.85	64.316
J71	0.223	0.683	1.076	4.50	95.50	2.680	4.80	53.196	95.21	55.875

注：微米级孔喉指喉道半径在 1mm~1μm，纳米级孔喉指孔喉直径小于 1μm；S_{Hgmax}—最大进汞饱和度，%；R_{max}—最大连通喉道半径，μm；r_z—主流喉道半径，μm；p_d—排驱压力，MPa。

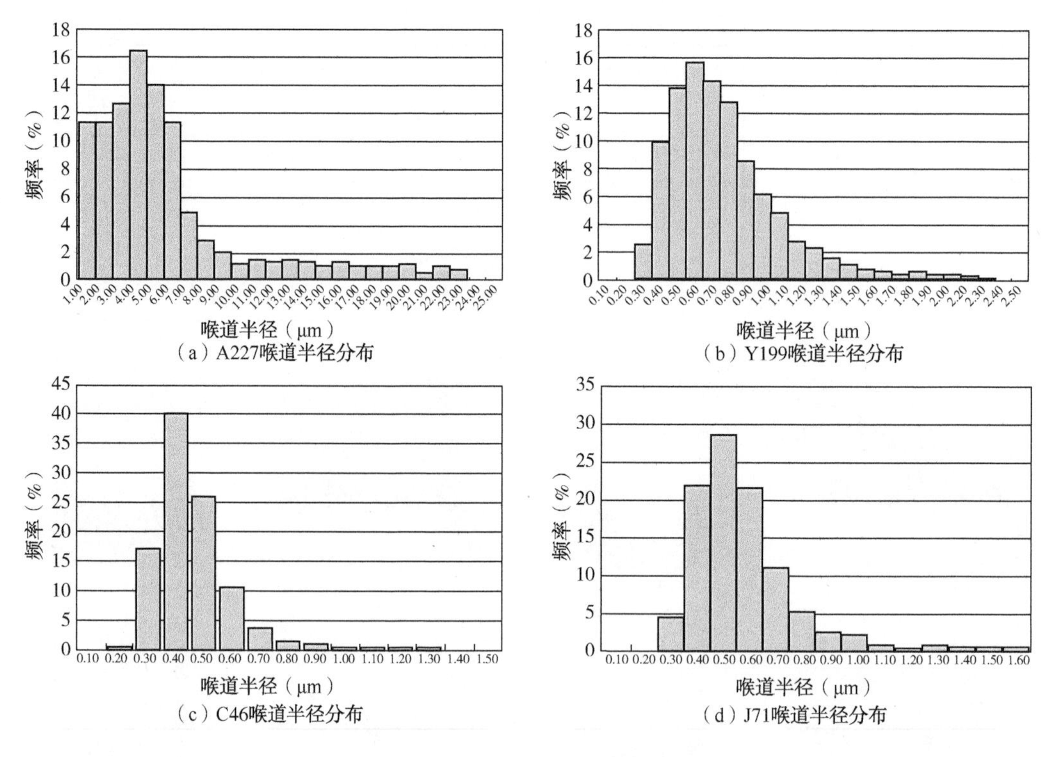

图 2-6　恒速压汞样品喉道半径分布图

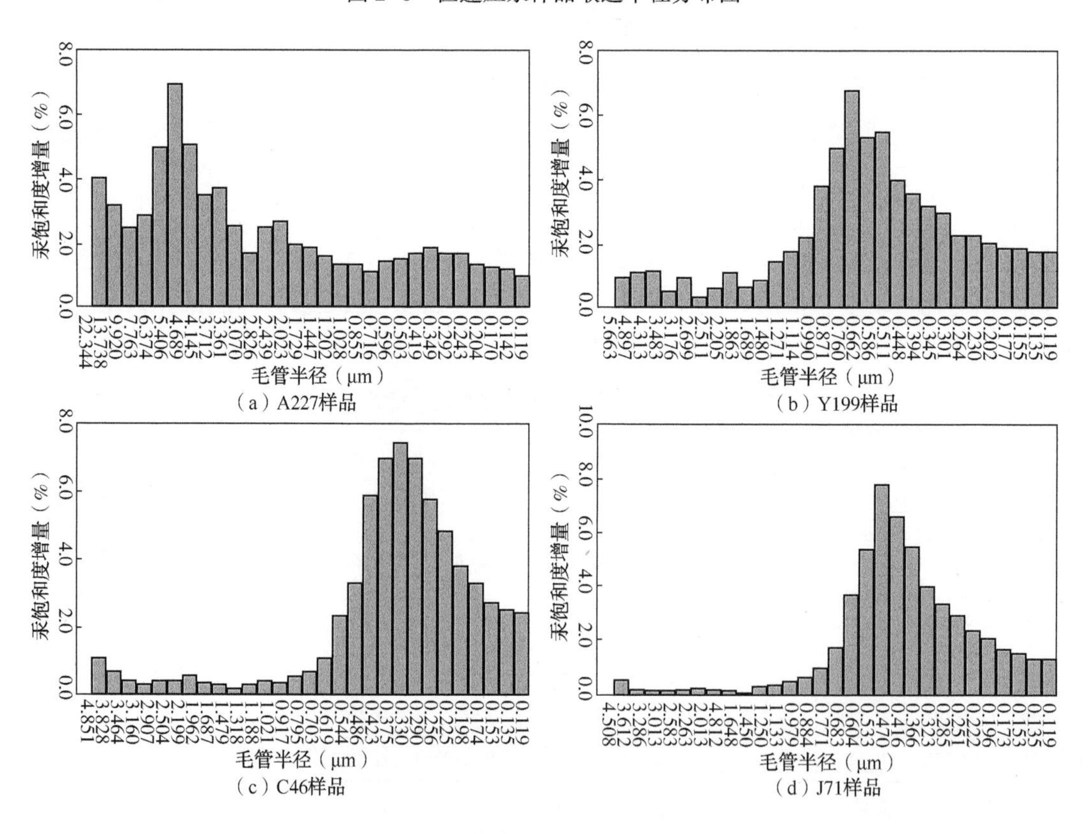

图 2-7　毛管半径与汞饱和度增量图

2.2 样品测试

首先将样本进行切割、抛光喷碳，然后在电镜下观察其内部黏土及矿物的形态、含量及位置，然后在兴趣区域钻取直径为0.5mm的微米CT子样进行微米CT扫描，最后在确保纳米CT即将要扫描的兴趣区域在微米CT子样中，然后进行激光切割从而进行纳米CT扫描。

工作思路(图2-8)：利用低分辨率微米尺度X-CT扫描获取2.54cm直径岩心样内部各成像单元灰度图像，真实反映微米级别孔喉结构特征(如裂缝、孔隙、微裂缝、次生溶蚀孔及均质、非均质性等)，并根据样品孔喉发育程度，制备多个直径为65μm的样品进行高分辨率纳米尺度扫描，重构纳米级微观孔喉三维结构模型。利用微米尺度和纳米尺度三维孔喉模型计算出2.54cm与65μm的直径样品孔隙度、渗透率及微孔尺寸分布等参数，为准确全面重构孔喉空间模型提供依据。

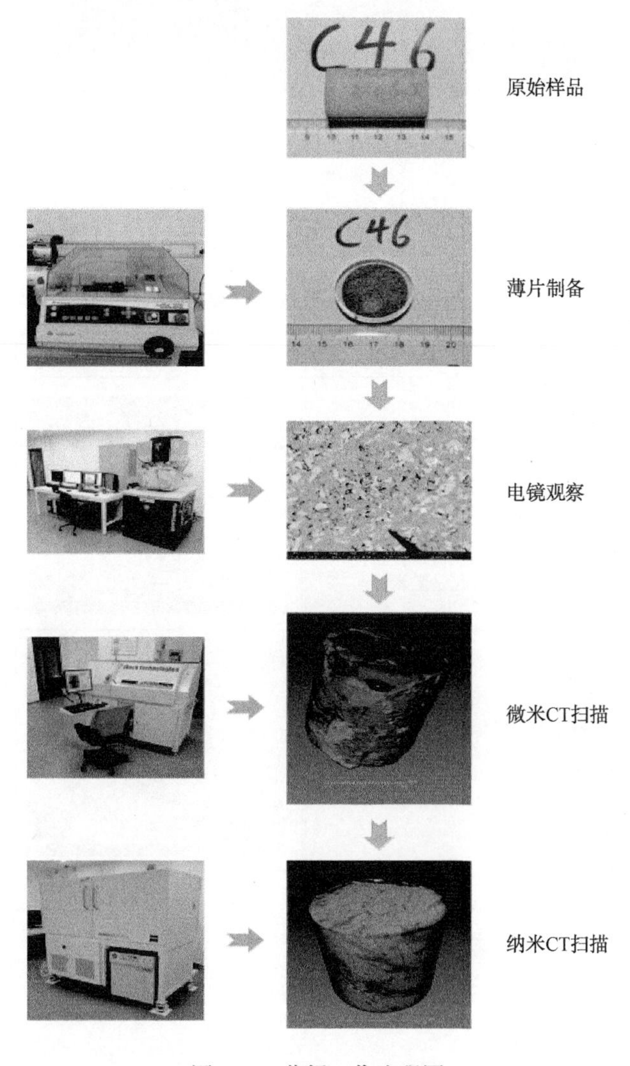

图2-8 分析工作流程图

2.2.1 聚焦离子束扫描电镜(FIB-SEM)测试原理

由扫描电镜的一次电子源激发出的一次电子在与样品表面矿物的原子核碰撞后形成一个与一次电子能量相当的小角度弹回背散射电子，背散射电子最直接反映物质的原子核质量大小，原子量越大被弹射回的背散射电子能量越大，从而在灰度图像上的表现为灰度值越大的物质(图像上越亮的物质)其原子量越大，同时代表其相对密度越大(图 2-9)。

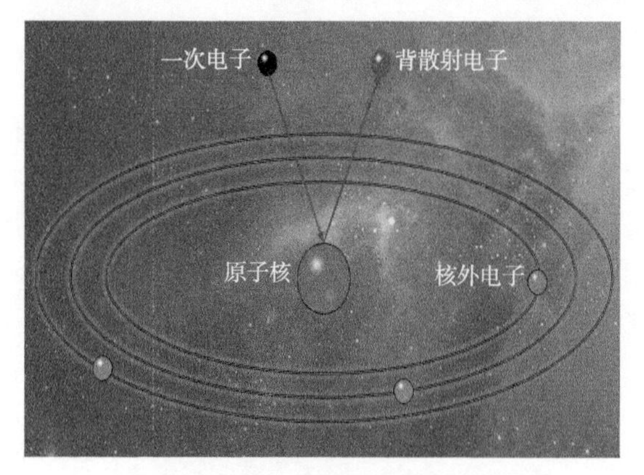

图 2-9　背散射电子原理图

2.2.2 电镜观察结果

聚焦离子束扫描电镜观察结果，见表 2-5。

表 2-5　聚焦离子束扫描电镜照片(FIB-SEM)

电镜照片	描述	电镜照片	描述
	样品:Y199 主要形态：微量孔隙被绿泥石填充，长石溶蚀现象明显，孔隙之间主要以粒间缝连接，主体孔隙中无填充物，少量绿泥石包壳。溶孔是微米级		样品:C46 主要形态：大量孔隙被绿泥石、高岭石填充，无明显溶蚀现象，压实作用强烈，无明显有效连通裂隙及孔隙结构
	样品:J71 主要形态：少量孔隙中有黏土填充，大部分孔隙中无填充，碳酸盐岩胶结明显且其中的溶蚀孔和微裂缝较发育		样品:A227 主要形态：孔隙间无明显黏土矿物填充，溶蚀孔发育明显，碳酸盐间微裂缝明显，孔隙中可见微量绿泥石包壳

2.3 CT 扫描测试结果

2.3.1 微米 CT 扫描结果

首先选取直径 2.54cm 的圆柱体砂岩进行微米尺度 CT 低分辨率扫描，扫描视场

2.54cm，分辨率 5μm。微米 CT 扫描各样本、子样本尺寸及扫描分辨率见表 2-6，共扫描二维图征 3894 张。

表 2-6　样本制备、扫描尺寸及分辨率

序号	样本编号	精细扫描		
		扫描尺寸(mm)	分辨率(μm)	图片张数
1	A227	0.5	1.49	975
2	Y199	0.5	1.49	980
3	C46	0.5	1.49	962
4	J71	0.5	1.49	977

由二维扫描图像，在微米尺度下微孔结构在空间分布存在明显非均质性，样品不同位置微孔大小、形状、发育程度差异较大，如图 2-10 至图 2-13 所示。

2.3.1.1　微米级二维孔喉结构特征

根据致密砂岩微观孔喉数量、形状及分布特征，将储层分为 3 种类型：(1)无孔喉发育型结构，该类储层中微观孔喉不发育，基本未见任何孔喉，二维切片局部表现为致密层(图 2-10—图 2-13)；(2)微观孔喉发育型结构，该类型储层以微孔为主，呈椭球状孤立分布，多为发育在矿物颗粒之间的溶蚀微孔，大小为 20~200μm(图 2-10—图 2-13)；(3)微裂缝发育型，以发育微裂缝为主，微观孔喉不甚发育，颗粒界线明显，微裂缝宽度为 5.00~15.00μm，平面延伸 300μm 左右(图 2-10—图 2-13)。

2.3.1.2　微米级三维孔喉结构特征

选取样品中微孔喉集中发育区域(二维切片数量 962~980)，在微米 CT 扫描尺度下，利用 360°二维图像进行三维数值模拟，分析微孔喉大小、分布及其相互连通关系等三维结构特征(图 2-10—图 2-13)。

(1)孔喉尺寸及形态：微观孔喉大小不一，可测量微米级孔喉直径为 5.5~40.0μm，三维空间内整体呈孤立状，局部呈条带状。(2)孔喉分布：微孔喉垂向分布不均，呈层状，局部较发育，微孔喉富集区域表现为条带状，多围绕颗粒分布，属颗粒间溶蚀微孔。(3)孔喉连通性：直径较小的微观孔喉不连通，呈孤立状，但条带状微米级孔喉具有一定连通性，在三维空间表现为管束状连接特征，具有一定沟通微孔的能力。

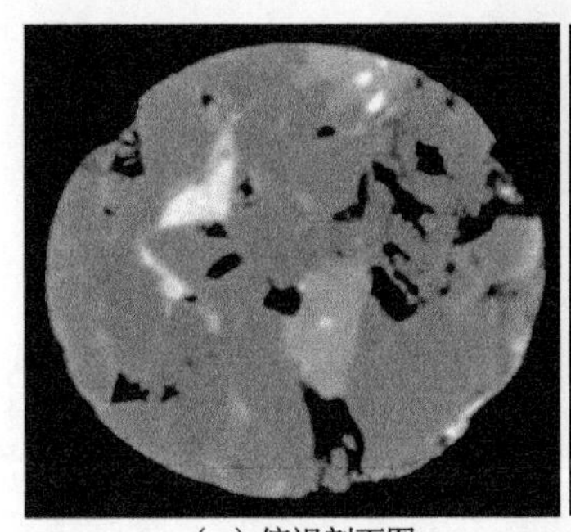
(a) 俯视剖面图

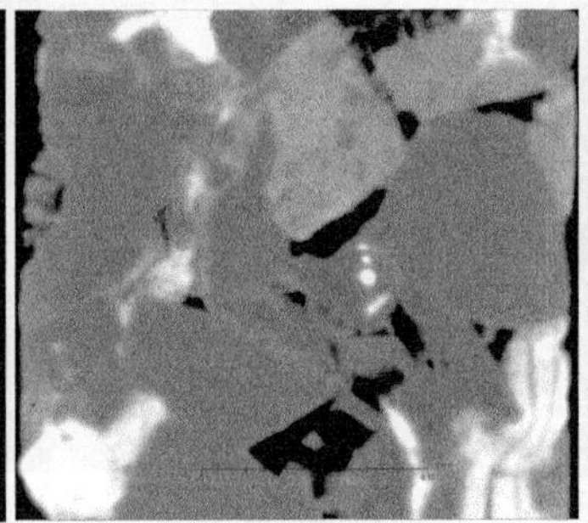
(b) 正视剖面图

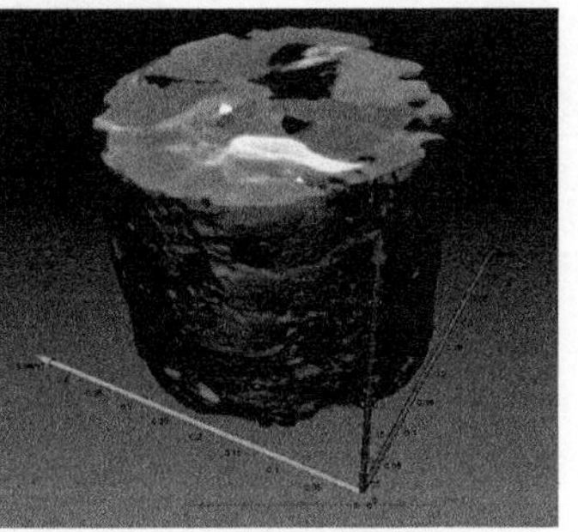
(c) 三维效果图

图 2-10　A227 微米 CT 扫描灰度图像

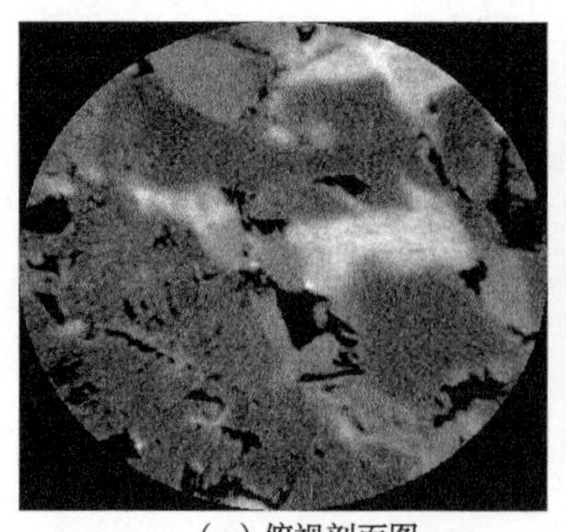
(a) 俯视剖面图

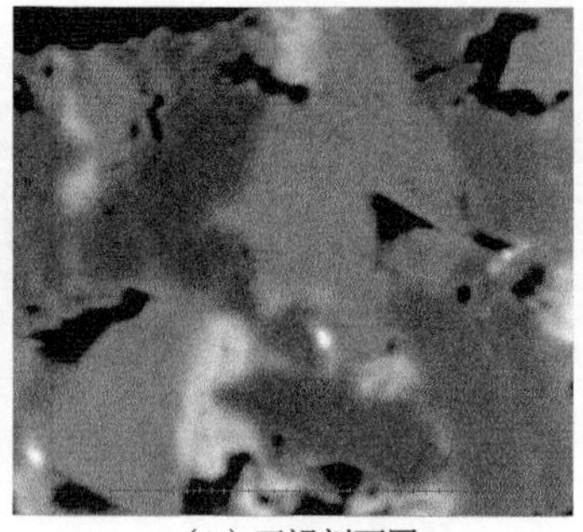
(b) 正视剖面图

(c) 三维效果图

图 2-11　Y199 0.5mm 微米 CT 扫描灰度图像

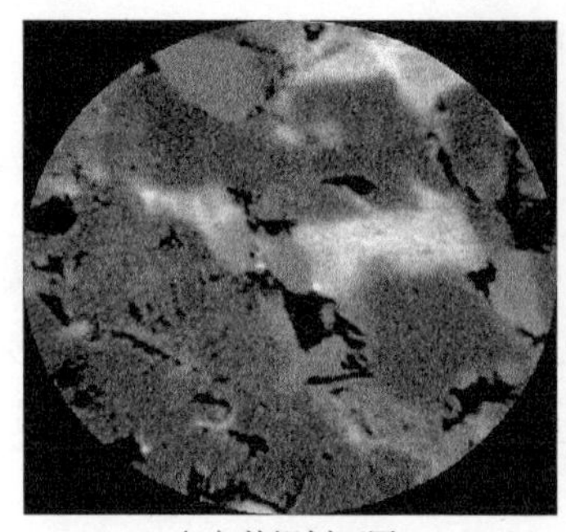
(a) 俯视剖面图

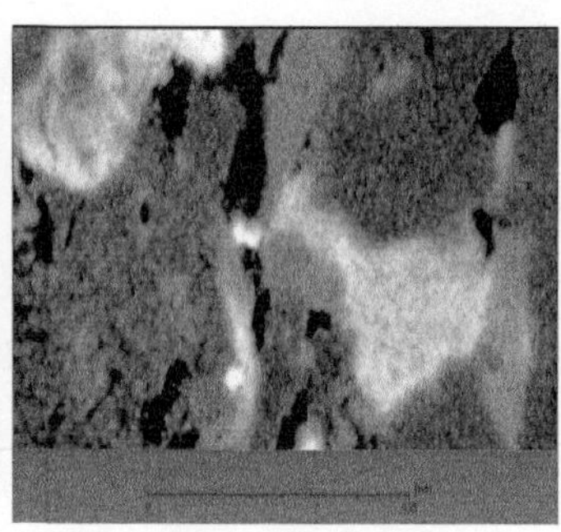
(b) 正视剖面图

(c) 三维效果图

图 2-12　C46 0.5mm 微米 CT 扫描灰度图像

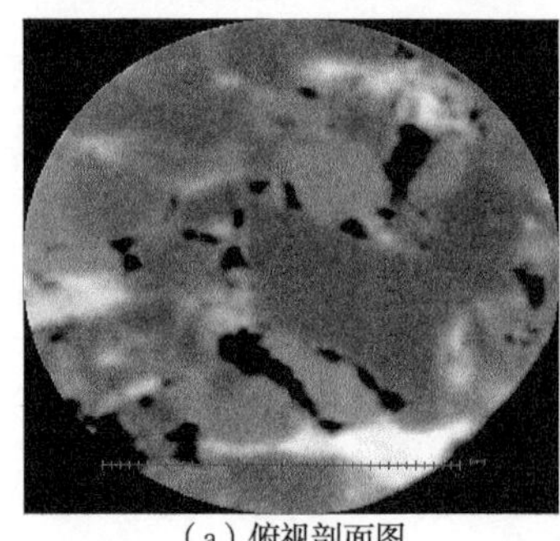
(a) 俯视剖面图

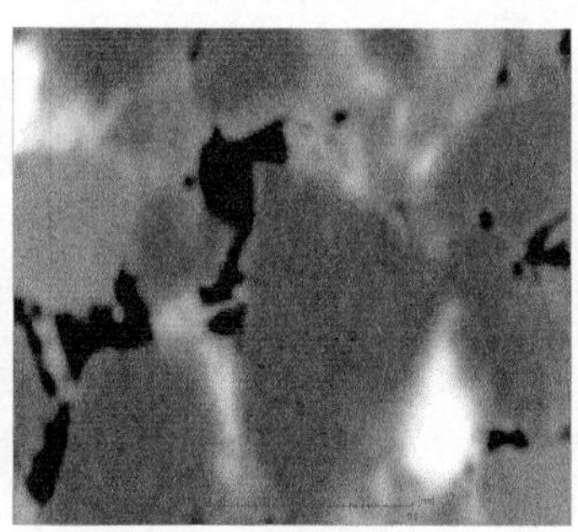
(b) 正视剖面图

(c) 三维效果图

图 2-13　J71 0.5mm 微米 CT 扫描灰度图像

2.3.2　纳米 CT 扫描结果

2.3.2.1　纳米级二维孔喉结构特征

(1) 二维图像分析与处理。

利用 ImageJ 软件的图像分割(Segmentation)技术，对重构出的三维微米级 CT 灰度图像进行二值化分割，划分出孔隙与颗粒基质，得到可用于孔隙网络建模与渗流模拟的分割图像(Segmented Image)。对 CT 扫描数据进行切片，得到横向和纵向的灰度图像，通过 Avizo 软件提取孔隙图像并进行三相分隔，如图 2-14—图 2-17 所示。

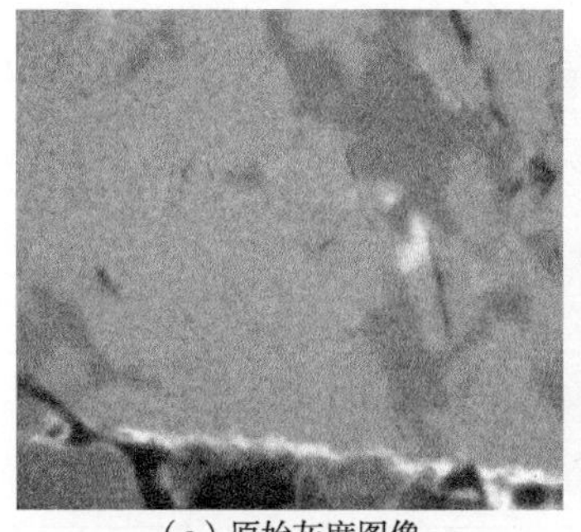
（a）原始灰度图像

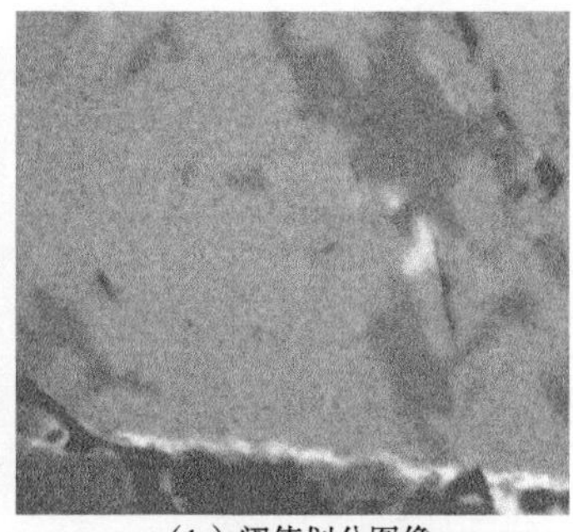
（b）阈值划分图像

（c）二值化图像

图 2-14　A227 纳米 CT 扫描图像处理

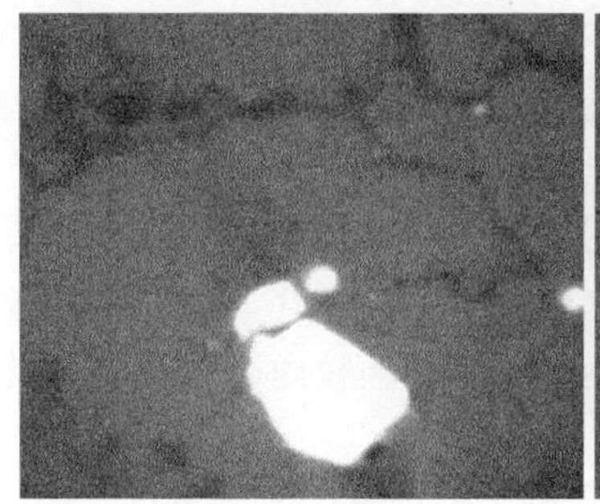
（a）原始灰度图像

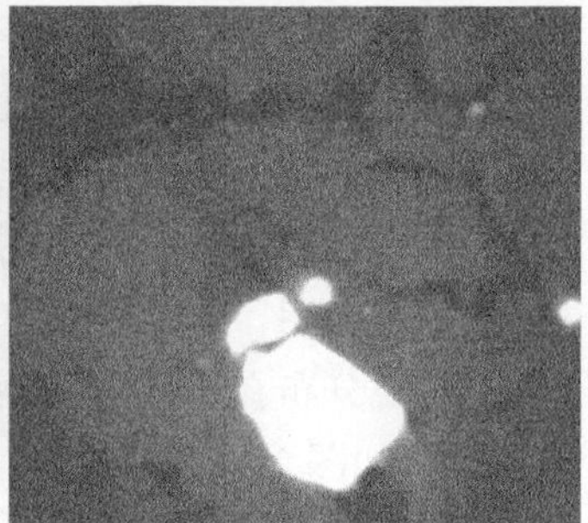
（b）阈值划分图像

（c）二值化图像

图 2-15　Y199 纳米 CT 扫描图像处理

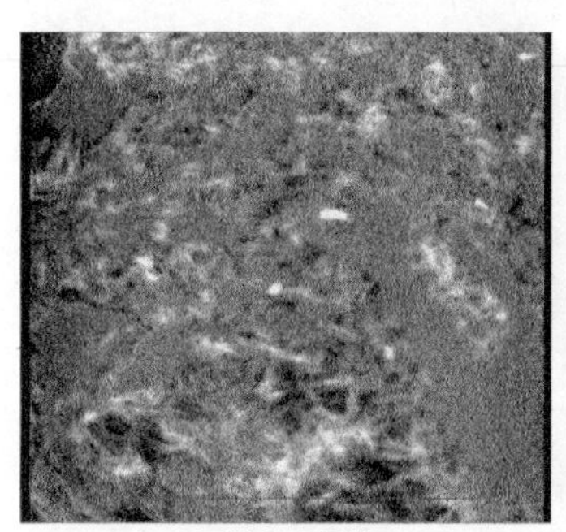
（a）原始灰度图像

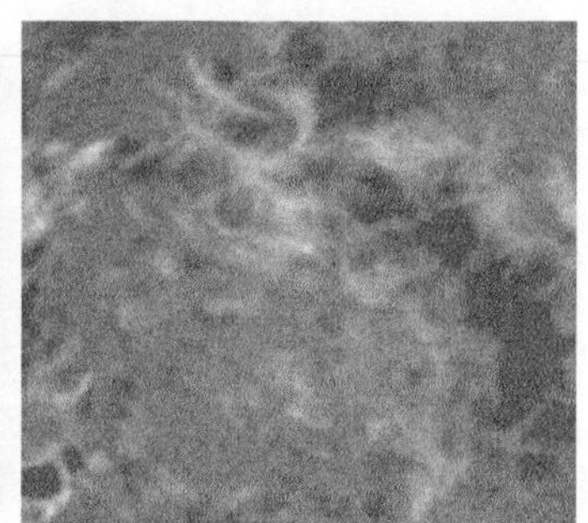
（b）阈值划分图像

（c）二值化图像

图 2-16　C46 纳米 CT 扫描图像处理

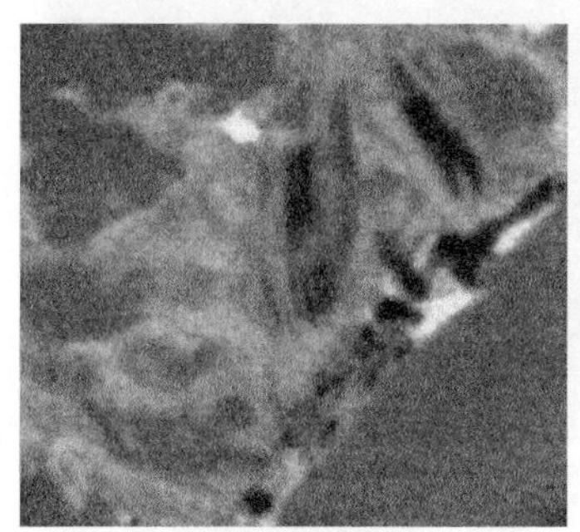
（a）原始灰度图像

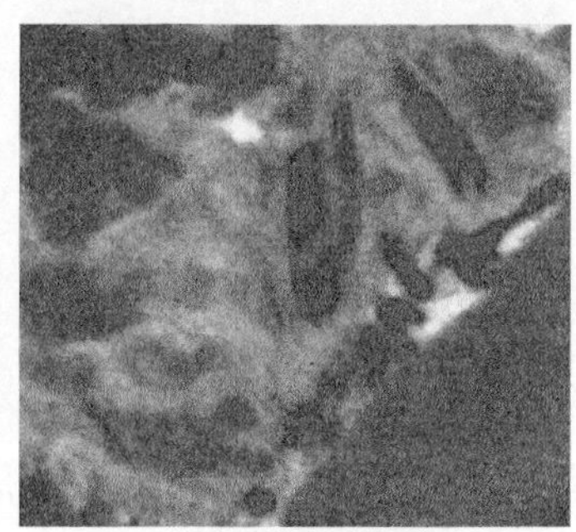
（b）阈值划分图像

（c）二值化图像

图 2-17　J71 纳米 CT 扫描图像处理

（2）纳米级二维孔喉结构特征。

针对微米尺度CT扫描结果，制备直径为65μm的多个样品进行纳米级CT扫描，扫描视场为65μm，获取分辨率为65nm的4072张二维切片图像，分析纳米级孔喉结构特征（表2-7）。

表2-7 纳米CT测试结果

序号	样本编号	纳米扫描		
		扫描尺寸(μm)	分辨率(nm)	图片张数
1	Y199	65	65	1014
2	C46	65	65	1019
3	J71	65	65	1019
4	A227	65	65	1020

孔径最发育样品的二维扫描图像分析表明，样品中纳米级孔喉整体发育，局部存在微米级孔喉，微孔呈弯曲状、条带状，主要分布在矿物颗粒内部，属于颗粒内微孔或晶内微孔。孔喉直径大小主要为0.4~1.5μm，如图2-18—图2-21所示。

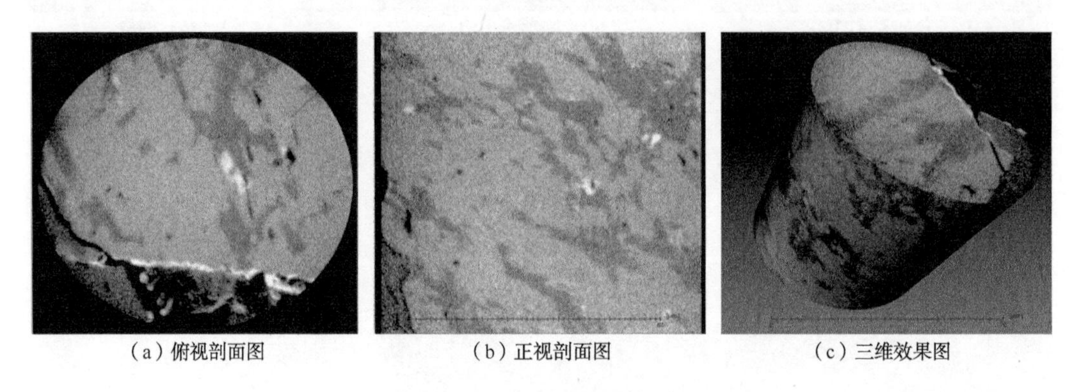

（a）俯视剖面图　（b）正视剖面图　（c）三维效果图

图2-18　A227纳米CT扫描灰度图像

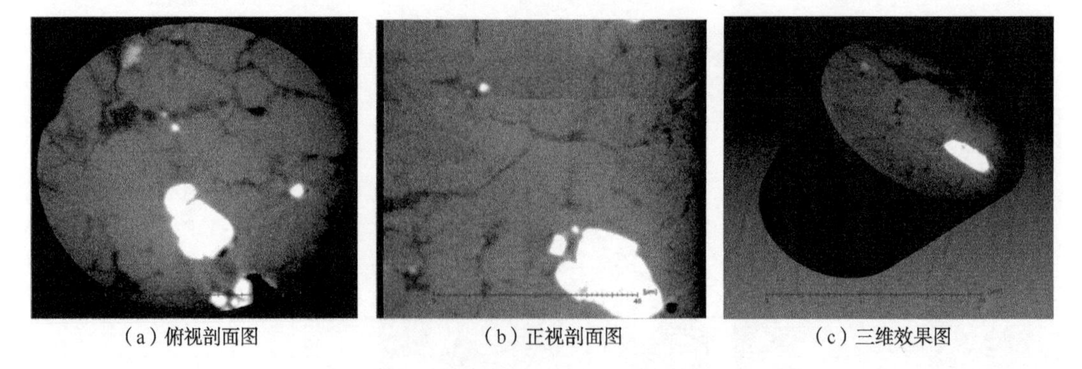

（a）俯视剖面图　（b）正视剖面图　（c）三维效果图

图2-19　Y199纳米CT扫描灰度图像

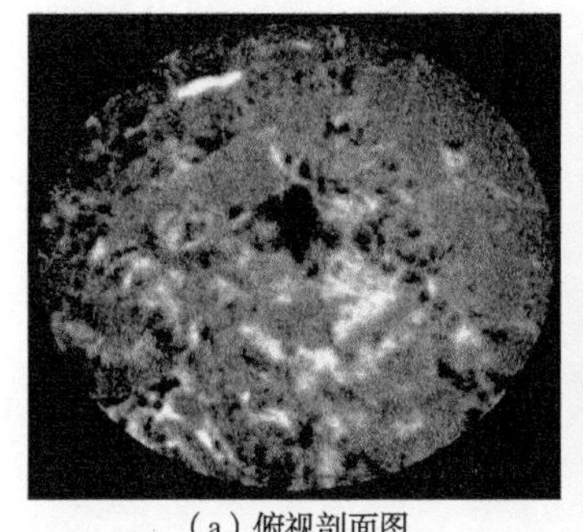
(a)俯视剖面图

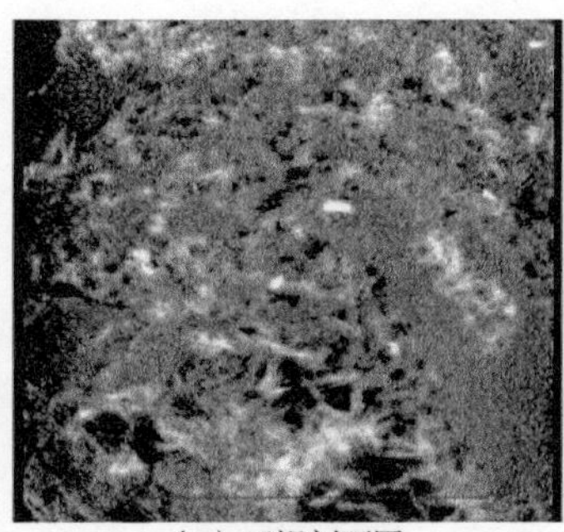
(b)正视剖面图

(c)三维效果图

图 2-20　C46 纳米 CT 扫描灰度图像

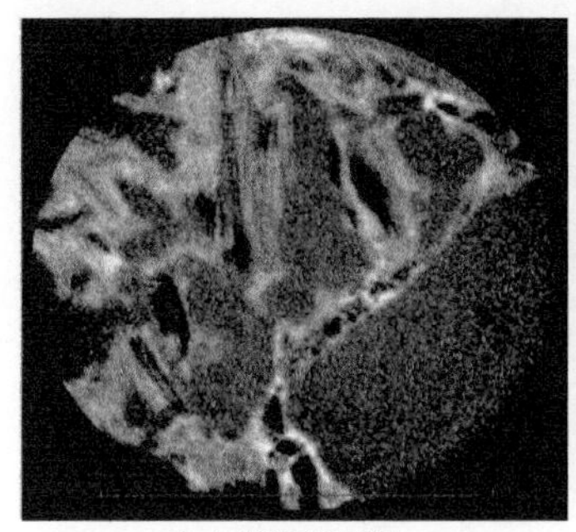
(a)俯视剖面图

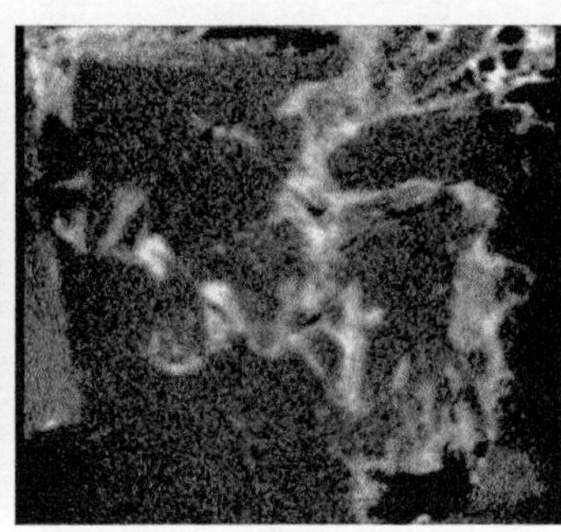
(b)正视剖面图

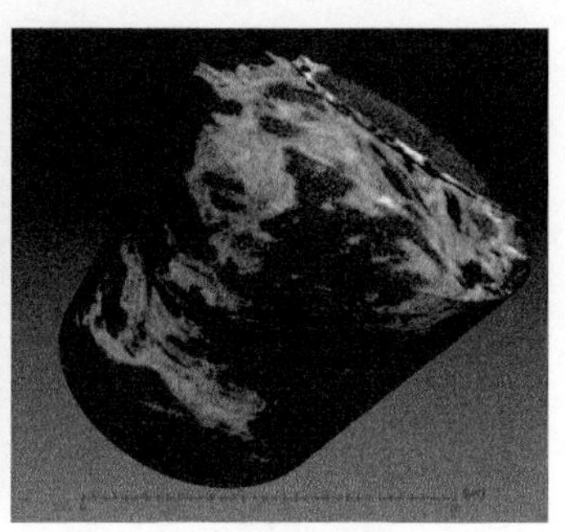
(c)三维效果图

图 2-21　J71 纳米 CT 扫描灰度图像

2.3.2.2　纳米级三维孔喉结构特征

对扫描图像进行重构后，得到微样本三维灰度图像。通过 CT 扫描图像时，由于 CT 图像的灰度值反映的是岩石内部物质的相对密度，因此，CT 图像中明亮的部分认为是高密度物质，而深黑部分则认为是孔隙结构。利用 Avizo 软件通过对灰度图像进行区域选取、降噪处理，将孔隙区域用红色渲染；将图像分割与后处理提取出孔隙结构之后的二值化图像，其中黑色区域代表样本内的孔隙，白色区域代表岩石的基质。

三维可视化的目的在于将数字岩心图像的孔隙与颗粒分布结构用最直观的方式呈现。通过 Avizo 三维可视化工具进行数据可视化，简易、直观地表述及模拟。利用 Avizo 提供的强大的数据处理功能，不仅可以表现出岩心三维立体的空间结构，同时还可以利用 Avizo 的数值模拟功能实现岩心内部油藏流动的动态模拟展示。在 Avizo 中的"Image Segmentation"选项中选取适当的分割方法可以将实际样本中的不同密度的物质按照灰度区间分割，并直观地呈现各组分的三维空间结构(其中可以将这些三维立体结构旋转、切割、透明等各种效果呈现)，如图 2-22—图 2-25 所示。

根据纳米尺度 CT 扫描二维图像数值重构三维模型，其纳米级三维微观孔喉结构主要特征如下。

① 孔喉大小及形态：孔喉直径主要为 0.4~1.5μm(图 2-22—图 2-25)，其中直径小于 1μm 的纳米级微孔数量增多，纳米级孔喉相互叠加，孔喉几何形态为管状、球状，同时也存在直径大于 2μm 的微米级孔喉(图 2-22—图 2-25)。

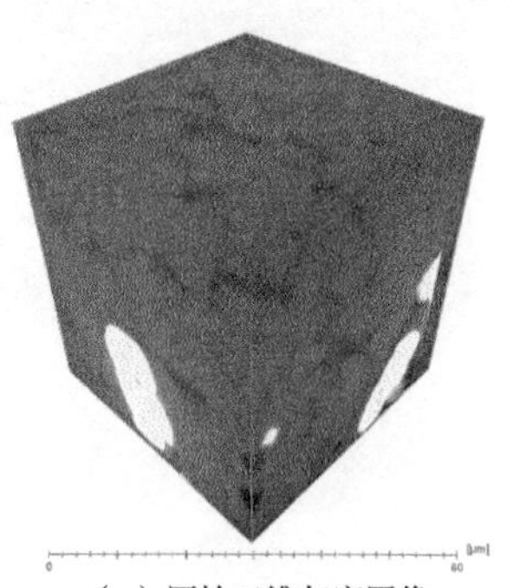

（a）原始三维灰度图像

（b）原始三维孔隙空间

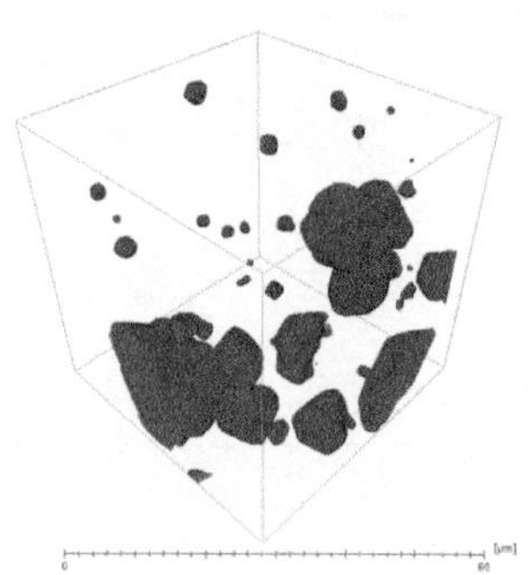

（c）原始三维高密度矿物结构

图 2-22　Y199 纳米 CT 扫描结果三维可视化

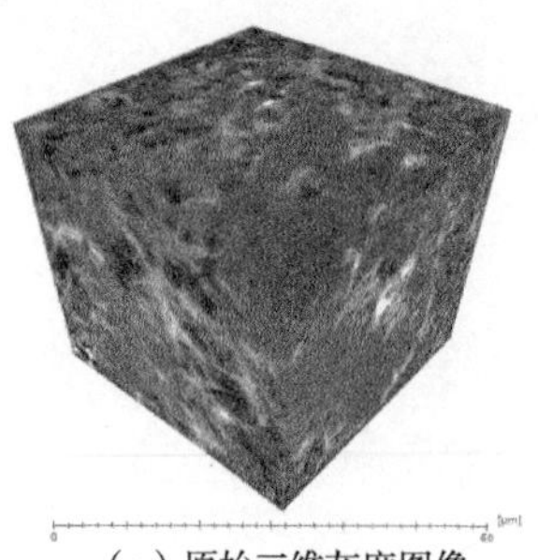

（a）原始三维灰度图像

（b）原始三维孔隙空间

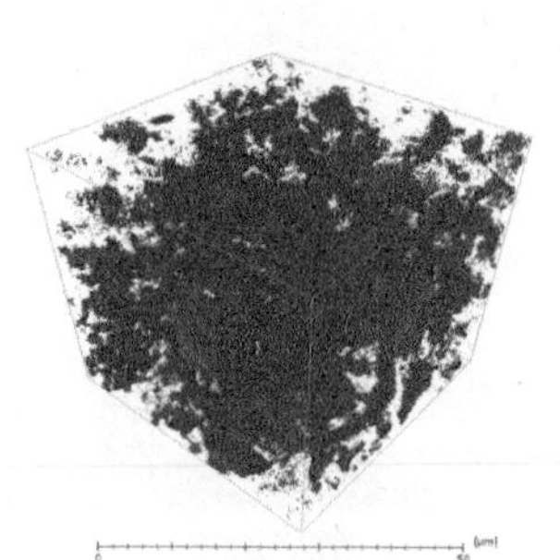

（c）原始三维高密度矿物结构

图 2-23　C46 纳米 CT 扫描结果三维可视化

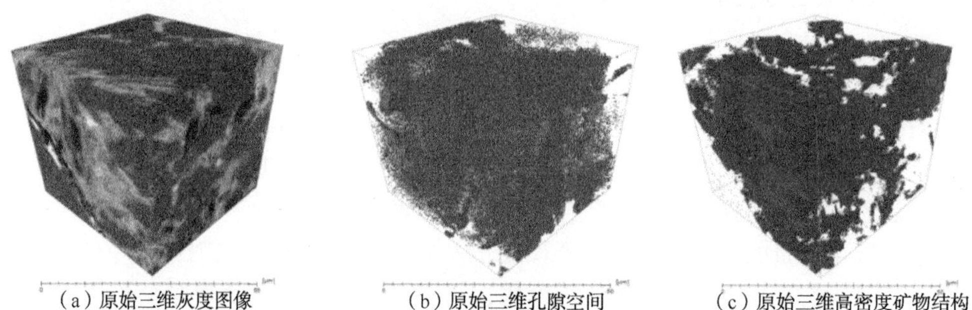

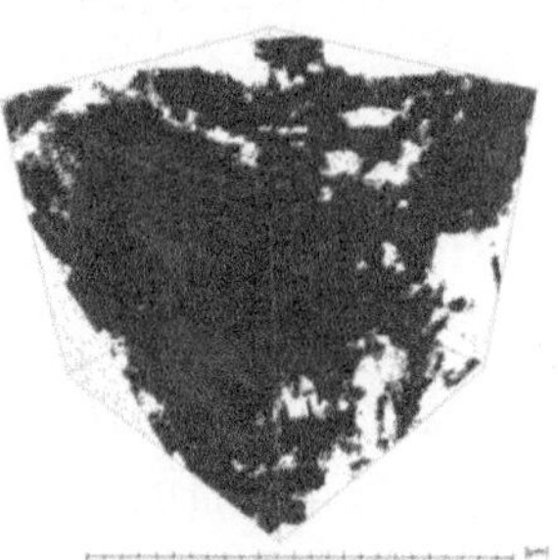

（a）原始三维灰度图像　（b）原始三维孔隙空间　（c）原始三维高密度矿物结构

图 2-24　J71 纳米 CT 扫描结果三维可视化

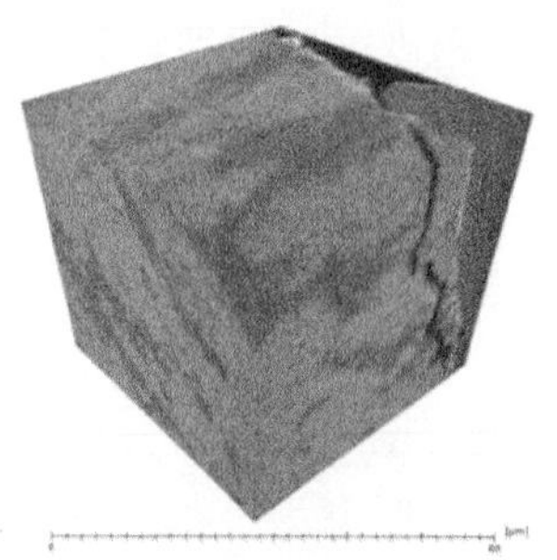

（a）原始三维灰度图像

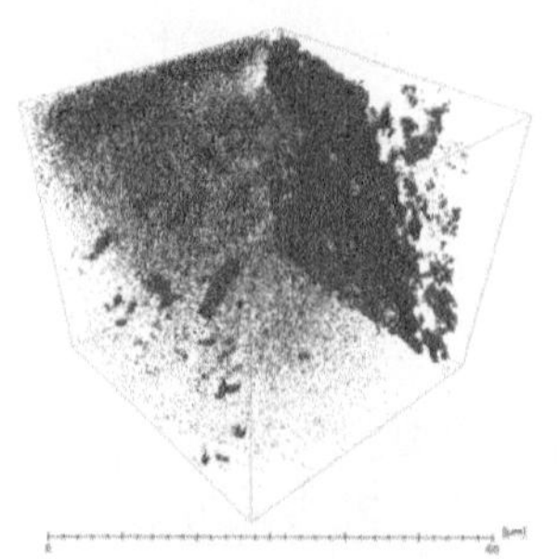

（b）原始三维孔隙空间

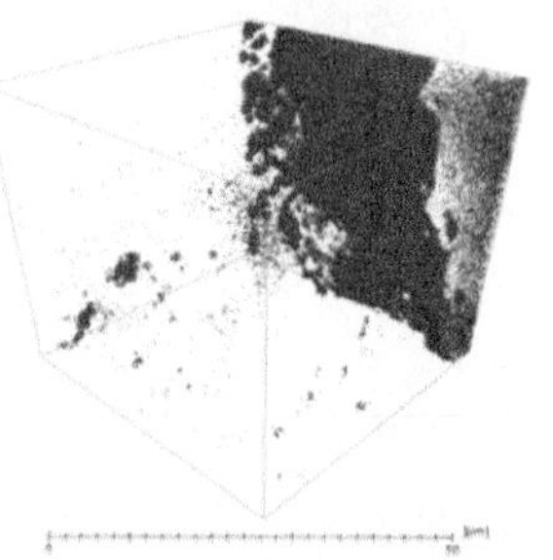

（c）原始三维高密度矿物结构

图 2-25　A227 纳米 CT 扫描结果三维可视化

② 孔喉分布：纳米级微孔呈微小球状、短管状，分布于矿物颗粒(晶体)内部或表面，应多属于颗粒内微孔或晶内微孔；微米级微孔多呈较粗大的管状、条带状，多围绕颗粒分布，属颗粒间溶蚀微孔。

③ 孔喉连通性：微米级管状微孔具有较好的连通性，是沟通较大微孔的主要通道；纳米级球状微孔连通性较差，在三维空间呈孤立状，多仅作为储集空间；纳米级短管状微孔具有一定连通性，与微米级管状微孔和邻近孤立球状纳米微孔具有一定连通性，兼具喉道与孔隙的双重功能(图 2-22—图 2-25)。

2.3.3 物性参数计算

2.3.3.1 纳米 CT 扫描结果

纳米 CT 各样品单位体积岩样有效孔喉半径比个数如图 2-26—图 2-29 所示。

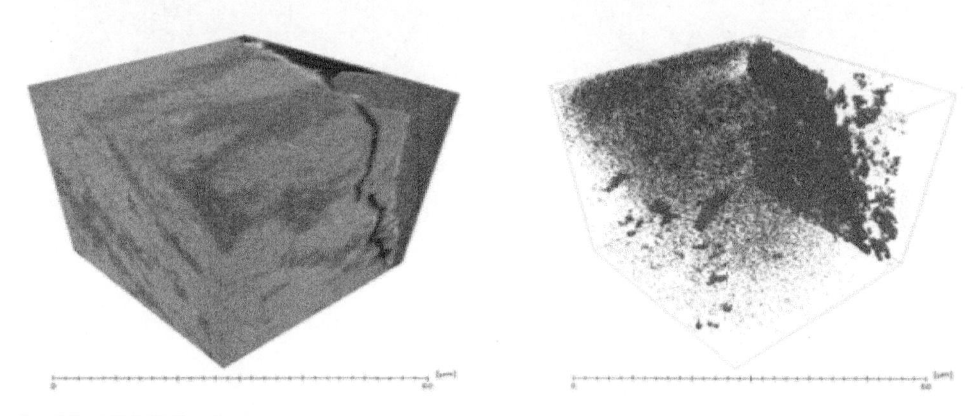

图 2-26 A227 纳米 CT 扫描结果图

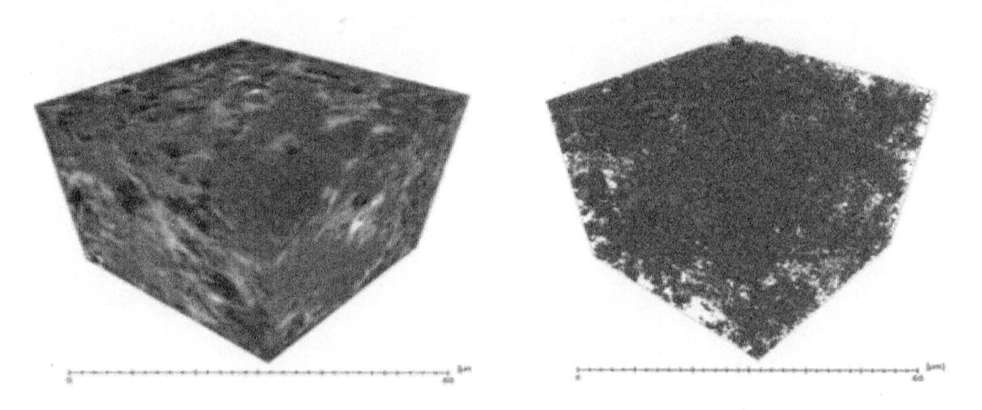

图 2-27 C46 纳米 CT 扫描结果图

(1) A227 纳米 CT 扫描结果。

模型尺寸 42.25μm×42.25μm×42.25μm

孔隙总个数 25569

喉道总个数 56983

单位体积孔喉个数比 2.23μm^{-3}

(2) C46 纳米 CT 扫描结果。

模型尺寸 42.25μm×42.25μm×42.25μm

孔隙总个数　25727

喉道总个数　38226

单位体积孔喉个数比　1.49μm^{-3}

（3）J71 纳米 CT 扫描结果。

模型尺寸　42.25μm×42.25μm×42.25μm

孔隙总个数　33248

喉道总个数　40756

单位体积孔喉个数比　1.23μm^{-3}

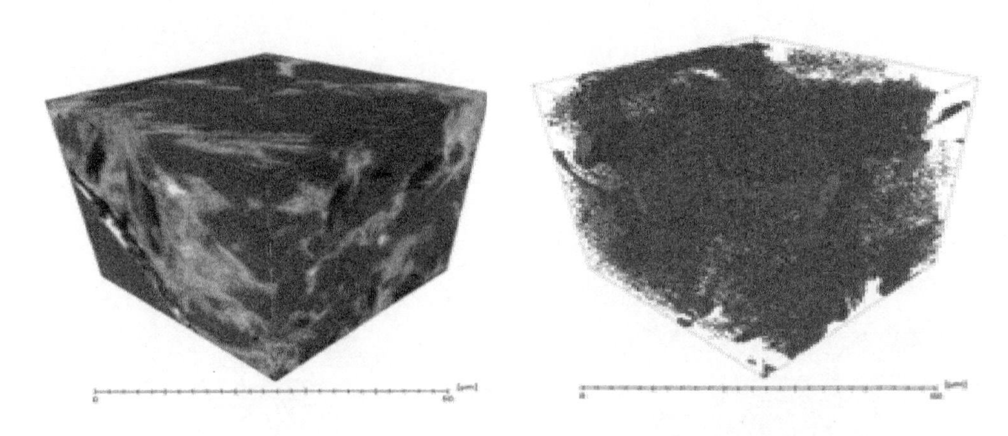

图 2-28　J71 纳米 CT 扫描结果图

图 2-29　Y199 纳米 CT 扫描结果

（4）Y199 纳米 CT 扫描结果。

模型尺寸　42.25μm×42.25μm×42.25μm

孔隙总个数　30915

喉道总个数　63958

单位体积孔喉个数比　2.07μm^{-3}

2.3.3.2　纳米 CT 扫描结果孔喉半径分布曲线

纳米 CT 各样品孔喉直径（半径）分布频率如图 2-30—图 2-33 所示。

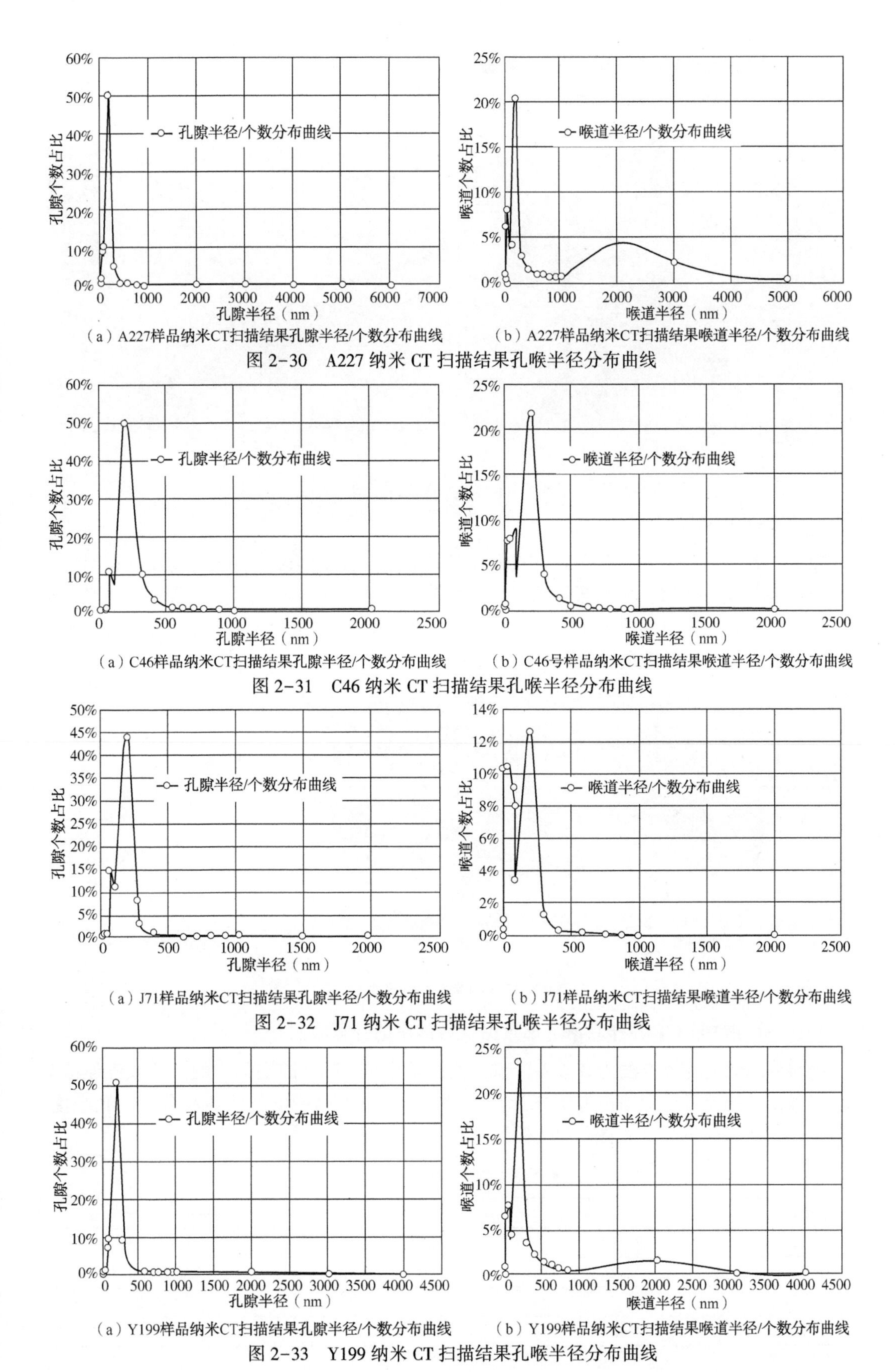

（a）A227样品纳米CT扫描结果孔隙半径/个数分布曲线　（b）A227样品纳米CT扫描结果喉道半径/个数分布曲线

图 2-30　A227 纳米 CT 扫描结果孔喉半径分布曲线

（a）C46样品纳米CT扫描结果孔隙半径/个数分布曲线　（b）C46号样品纳米CT扫描结果喉道半径/个数分布曲线

图 2-31　C46 纳米 CT 扫描结果孔喉半径分布曲线

（a）J71样品纳米CT扫描结果孔隙半径/个数分布曲线　（b）J71样品纳米CT扫描结果喉道半径/个数分布曲线

图 2-32　J71 纳米 CT 扫描结果孔喉半径分布曲线

（a）Y199样品纳米CT扫描结果孔隙半径/个数分布曲线　（b）Y199样品纳米CT扫描结果喉道半径/个数分布曲线

图 2-33　Y199 纳米 CT 扫描结果孔喉半径分布曲线

2.3.3.3 微(纳)米 CT 各样品孔隙度数据及孔隙度的计算方法

(1) 在原始的灰度图像的基础上进行去除噪声(图 2-34)。

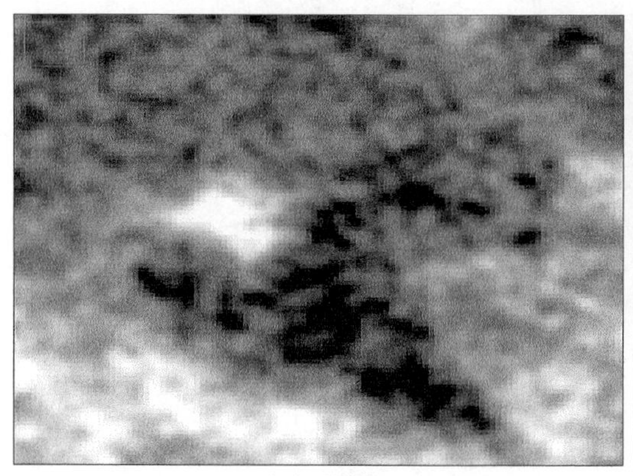

(a) 平滑前　　(b) 平滑后

图 2-34　平滑前后对比图

(2) 图像阈值分割。

根据 X 射线衰减原理在样品内部的灰度值差异为样品的实际样品内部物质的相对密度差，黑色部分代表孔隙，亮色部分代表高密度矿物。在分割结果的图像上通过统计黑色部分占整张面的百分比得到单张图像上的孔隙度，通过对一个样品的所有切片进行统计平均得到实际样品的三维孔隙度(图 2-35)。

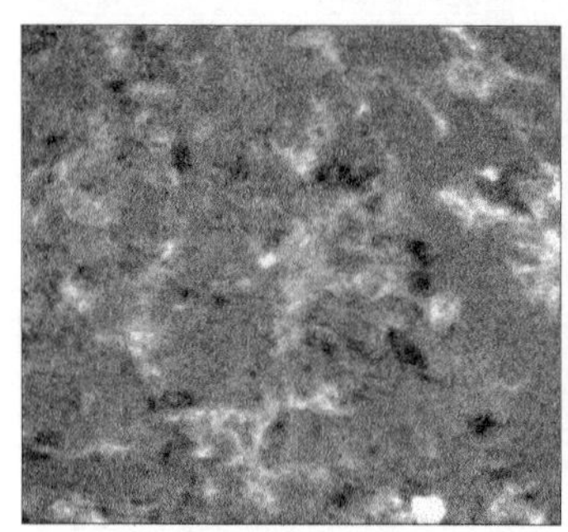

(a) 平滑后图像

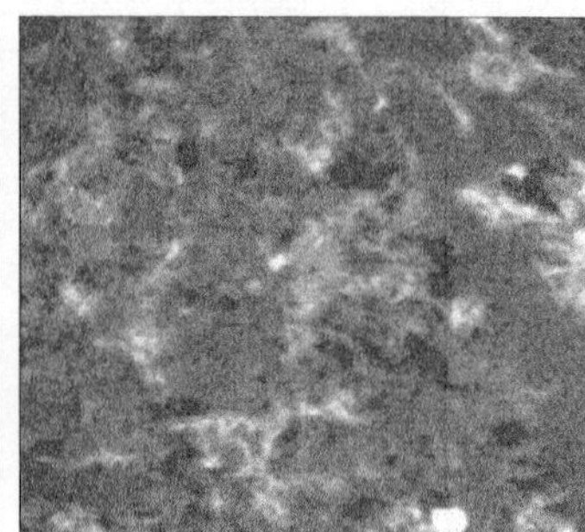

(b) 阈值选择

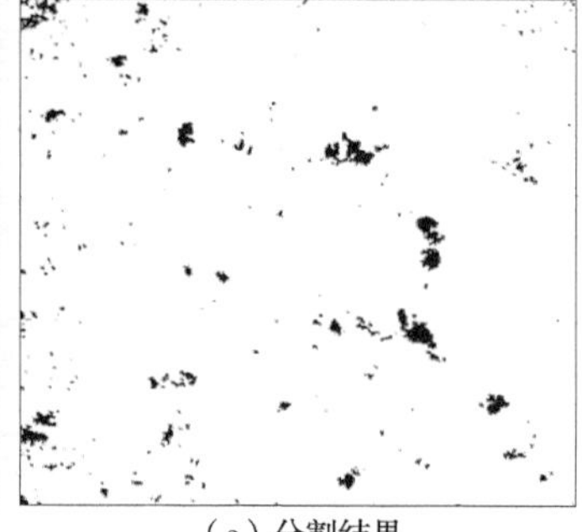

(c) 分割结果

图 2-35　纳米 CT 扫描图像

2.3.3.4 微(纳)米 CT 各样品渗透率数据及渗透率的计算方法

绝对渗透率的计算方法为有限差分法，通过模拟在实际孔隙空间内的液体或气体流动在入口和出口的流量达到平衡方法来计算。微(纳)米 CT 高密度物质体积分数、孔隙度、渗透率计算结果如表 2-8 及图 2-36 所示。

表 2-8　物性参数计算结果

样品号	高密度矿物(%)	孔隙度(%)	渗透率($10^{-3}\mu m^3$)
A227	2.02	6.95	0.828
C46	6.70	4.44	0.00065
J71	10.32	3.52	模型不连通
Y199	4.99	5.55	0.115

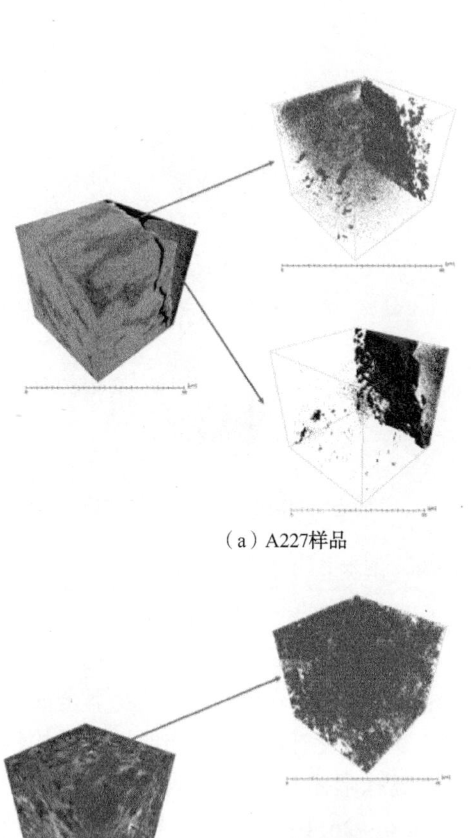

孔隙度：6.95%

高密度矿物含量：2.02%

（a）A227样品

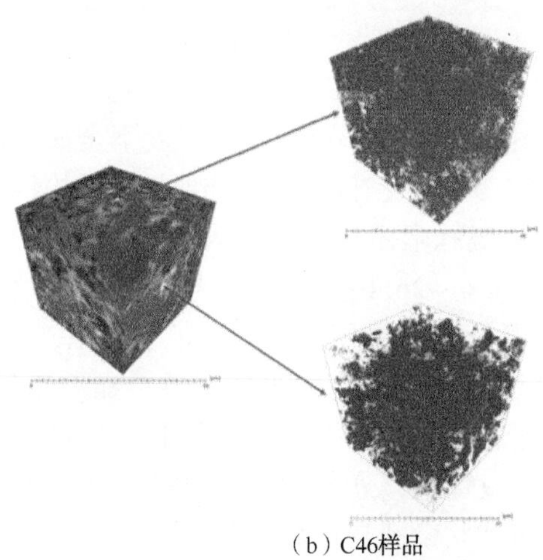

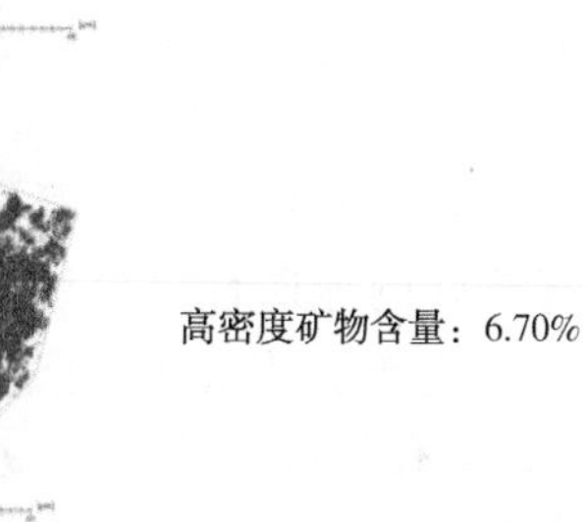

孔隙度：4.44%

高密度矿物含量：6.70%

（b）C46样品

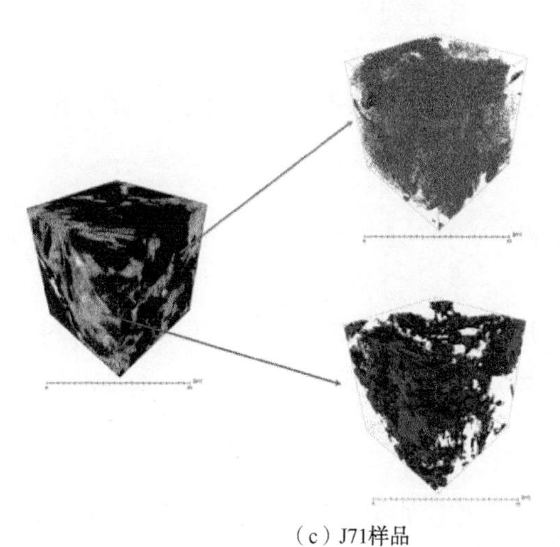

孔隙度：3.52%

高密度矿物含量：10.32%

（c）J71样品

图 2-36　纳米 CT 扫描结果图

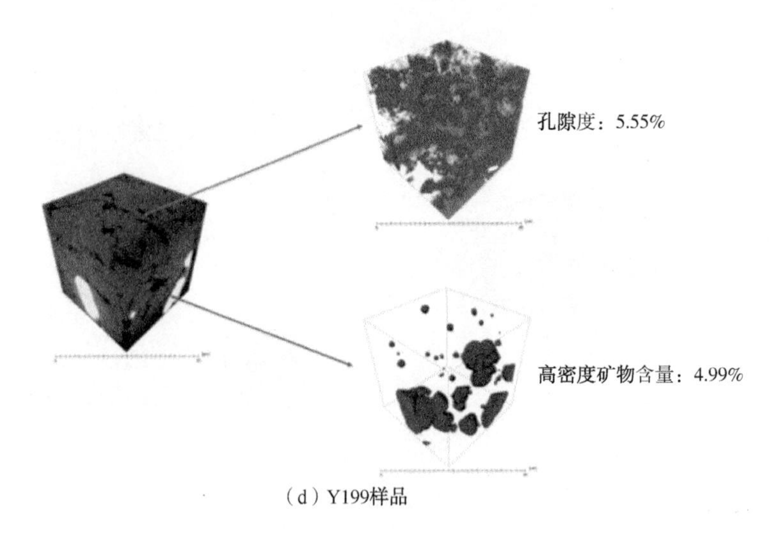

（d）Y199样品

图 2-36　纳米 CT 扫描结果图(续)

2.3.4　结论

利用微米、纳米多尺度 CT 三维重建技术，可在不同尺度下全面表征致密砂岩储层孔喉结构特征，明确储层微孔隙形状、大小、空间分布、连通性等结构特征。

研究区超深层致密砂岩储层微观孔喉不同尺度结构特征分别表现为：在微米尺度下，微孔大小不一，孔喉直径为 5.4～26.0μm；三维空间中微孔整体在垂向分布不均，呈孤立状，局部发育条带状微孔，多围绕颗粒分布；孔喉在三维空间表现为束管状形态，具有较好的连通性，是沟通较大微孔的主要通道；在纳米尺度下，纳米级微孔数量增多，纳米级孔喉相互叠加，孔喉几何形态为管状、球状，直径主要为 0.4～1.5μm；纳米级微孔呈微小球状、短管状，分布于矿物颗粒(晶体)内部或表面，应多属于颗粒内微孔或晶内微孔；纳米级球状微孔连通性较差，三维空间呈孤立状，多仅作为储集空间；纳米级短管状微孔具有一定连通性，与微米级管状微孔和邻近孤立球状纳米微孔具有一定连通性，兼具喉道与孔隙的双重功能。纳米、微米多尺度 CT 三维重建技术为准确认识致密储层微观孔喉特征提供了依据，为纳米油气储层孔喉结构研究探索了新方法。

2.4　储层孔喉特征参数

针对文东—桥口地区，主要应用铸体图像技术、高压压汞技术探讨了深层砂岩油藏储层孔喉参数特征，并对孔喉参数进行了定量预测。

2.4.1　储层物性特征

统计文东—桥口沙河街组物性数据，得到孔隙度、渗透率的相关关系(图 2-37)。分析图 2-37，渗透率与孔隙度总体呈指数函数的正相关关系。随孔隙度的增大，渗透率参数也增大。孔隙度分布范围有限，渗透率分布范围较宽。储层样品孔渗关系的差异在于储层微观孔隙结构特征的不同。统计储层物性参数与填隙物含量的相关关系(图 2-38)，可知储层物性参数与填隙物含量有较好的相关性，填隙物含量与渗透率参数的相关性好于其与孔隙度参数的相关性。这也说明储层物性参数中渗透率参数较孔隙度参数敏感，与图 2-37 孔隙度参数分布范围有限、渗透率参数分布范围较大相吻合。表征储层物性的孔隙度、渗透率两参数存在较大差异。孔隙度既不限制于砂岩孔隙系统壁上小规模粗糙度所给予流体的拖曳作用，也不限制于砂岩内两点间流体必须流经的长度，这两者或两者之一的变化均能改变渗透率而不改变孔隙度。这就是研究中经常发现，同样孔隙度具有不同的渗透率以及孔隙度变化较小而渗透率变化较大的现象。

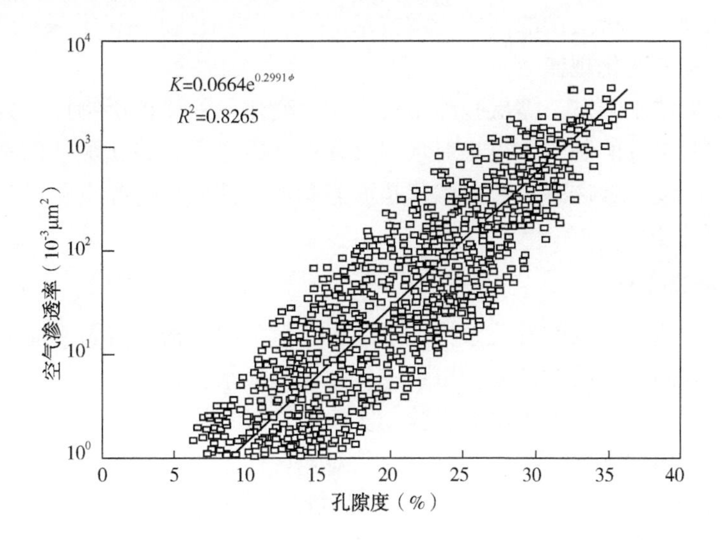

图 2-37　孔隙度与渗透率的关系

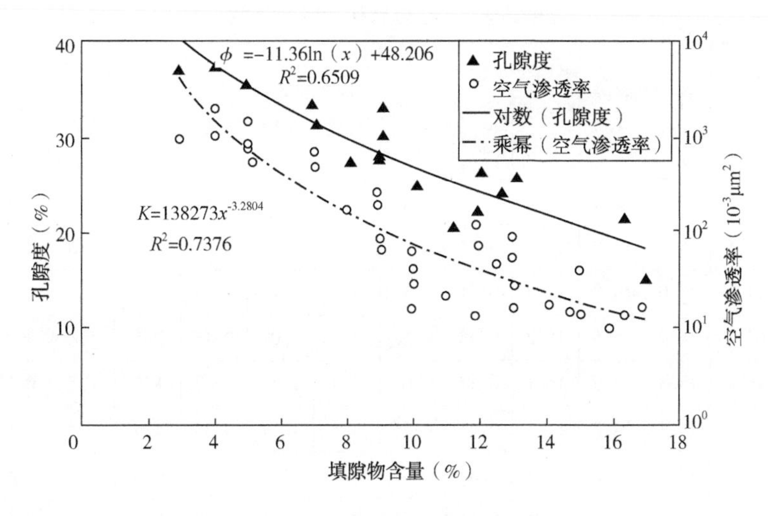

图 2-38　储层岩石填隙物含量与物性参数关系

2.4.2　孔喉类型

岩心样品铸体薄片、普通薄片镜下观测结果表明，岩石孔隙、喉道类型多样，分布不均匀，孔、喉大小相差悬殊。孔隙类型主要有残余粒间孔、溶孔、晶间孔。喉道类型主要有缩径型喉道、点状喉道、片状喉道三种。

2.4.3 孔喉特征参数

储层孔隙结构是油藏微观物理研究的核心内容，是油藏驱油效率的主要控制因素。通过对实验样品水驱前后孔喉特征参数的研究可以反映油藏注水开发中孔隙结构的变化规律。目前，研究油藏储层孔隙结构的方法很多，通常可分为直接观测法和间接分析法两大类。

本研究以东濮凹陷文东、桥口油气田沙河街组为研究对象，应用直接观测法中的铸体图像分析技术和间接分析法中的高压压汞技术(毛管压力曲线)探讨了深层砂岩油藏注水开发中储层孔隙结构的变化规律。

油藏经过长期注水开发，储层孔隙结构将发生变化，致使储层物性参数发生变化。限于实验设备和实验条件的制约，很难对水驱过程中储层岩石动态孔隙结构特征参数进行监测。水驱前后孔隙度、渗透率参数虽然仅是静态参数，其变化情况也能反映注水开发中储层岩石孔隙结构的变化。

2.4.3.1 孔隙喉道变化

岩石孔隙、喉道大小及配置关系构成了储层孔隙空间结构。岩石水驱尤其是经不配伍水的驱替，岩石孔隙空间结构的变化可由铸体图像资料来反映。

研究中开展了7块样品的水驱油实验。实验前，对7块样品均做了铸体图像分析，限于样品数量和后续研究需要，水驱实验后，仅对4块样品进行了铸体图像分析。基于铸体图像分析方法的局限性，为增加分析结果的可对比性，铸体薄片均取自岩石样品注水端，注水前后孔隙结构特征参数变化见表2-9。

表2-9 水驱前后孔隙结构参数

样号	顺序	空气渗透率($10^{-3}\mu m^2$)	孔隙度(%)	面孔率(%)	平均孔隙半径(μm)	平均比表面(μm^{-1})	平均形状因子	平均孔喉比	平均配位数	均质系数	分选系数	平均喉道宽度(μm)	相对分选系数	最大孔隙半径(μm)	最大喉道宽度(μm)
A	前	74.1	18.0	12.2	29.9	0.27	0.62	5.5	0.76	0.50	13.9	10.9	0.47	59.7	21.9
	后	79.5	18.2	14.0	24.9	0.35	0.75	5.3	1.11	0.36	13.9	9.5	0.56	69.3	26.3
B	前	4.71	14.0	14.2	17.2	0.41	0.52	5.7	1.11	0.45	9.2	6.1	0.53	38.2	13.5
	后	4.62	14.4	15.5	15.2	0.38	0.58	5.6	1.09	0.43	7.5	5.4	0.5	35.3	12.6
C	前	9.76	18.3	15.7	16.1	0.37	0.64	4.9	1.01	0.47	8.5	6.5	0.53	34.1	13.9
	后	8.63	18.1	14.3	14.3	0.43	0.56	5.2	1.11	0.38	6.9	5.5	0.48	37.7	14.4
D	前	48.3	20.1	9.2	30.1	0.31	0.63	7.2	1.10	0.50	16.5	8.4	0.55	60.3	16.7
	后	63.4	24.0	11.5	34.1	0.31	0.61	7.1	1.25	0.43	21.6	9.6	0.63	79.3	22.4
E	前	32.3	17.4	11.5	17.1	0.34	0.58	5.3	1.01	0.46	9.1	6.5	0.53	37.2	14.1
F	前	99.8	26.7	18.9	17.4	0.34	0.55	4.4	0.97	0.49	9.5	7.9	0.54	35.4	16.1
G	前	416	27.4	15.5	19.9	0.31	0.64	5.2	1.02	0.49	10.2	7.6	0.51	40.5	15.5

(1) 水驱对孔隙的影响。

由图像分析资料的均质系数和平均孔隙半径可以计算最大孔隙半径(图2-39a)。分析发现，水驱前后最大孔隙半径曲线具有明显的发散特征。水驱后，不同样品的最大孔隙半径均比水驱前最大孔隙半径大，并具有随岩石渗透率增大而增大的趋势。水驱前后平均孔隙半径曲线呈交织状，特低、低渗透储层样品，水驱后平均孔隙半径有不同程度的减小；低渗透以上储层样品，水驱后平均孔隙半径增大。就所有实验样品而言，水驱前后平均孔隙半径变化幅度均小于最大孔隙半径变化幅度。水驱前后，随样品渗透率的增大，最大孔隙半径、平均孔隙半径均增大，但最大孔隙半径曲线斜率均大于同期平均孔隙半径曲线斜率。这从另一方面也反映水驱对岩石最大孔隙半径影响较大，对岩石平均孔隙半径影响较小。特低、低渗透样品水驱后最大孔隙半径增大，平均孔隙半径减小，可知水驱过程中小孔隙半径减小。油藏注水开发中，水驱对较大孔隙、较小孔隙影响较大(较大孔隙孔隙半径增大，较小孔隙孔隙半径减小)，对中等大小孔隙影响较小。

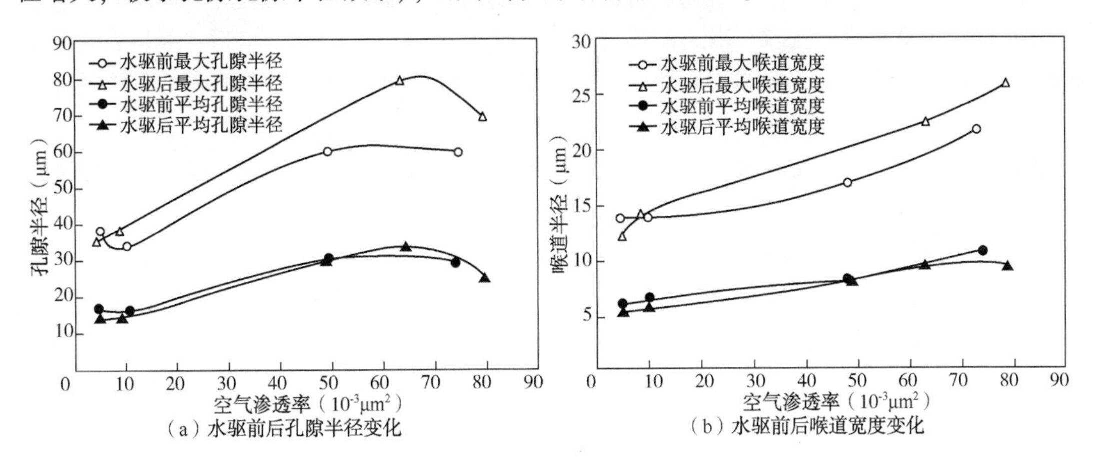

图 2-39 水驱前后孔隙、喉道半径变化曲线

分析出现此种现象的原因，东濮凹陷文东—桥口油气田储层岩石胶结类型大都为孔隙式胶结，黏土矿物多分布于颗粒彼此接触的粒间孔隙内，之所以是大孔隙，是因为孔隙内的黏土矿物相对较少。由扫描电镜资料可知，书页状、手风琴状的高岭石常与少量伊利石以斑点式附着在孔隙壁面，当伊利石遇到不配伍的地层水发生水化膨胀，导致高岭石脱落，且由于喉道较大高岭石容易运移，从而导致孔隙进一步增大；小孔隙中黏土矿物含量相对较高，水敏矿物水化膨胀虽然也能使高岭石脱落，但水敏矿物的水化膨胀同样使孔隙更细小，但不一定都能产生黏土矿物运移，而使黏土矿物滞留在较小孔隙或细小喉道处。

(2) 水驱对喉道的影响。

由岩石平均孔喉比和最大孔隙半径可以计算岩石的最大喉道半径或最大喉道宽度(图 2-39b)。由图 2-39b 可知，比较水驱前后岩石最大喉道宽度和平均喉道宽度，整个曲线特征与孔隙半径的变化特征极为相似：水驱后，不同样品的最大喉道均比水驱前最大喉道宽度大，并具有随岩石渗透率增大而增大的趋势；而水驱对岩石的平均喉道宽度影响不大。

喉道与孔隙的划分仅仅是依据岩石骨架颗粒间的配置形态而定的，因此岩石中不同孔隙、喉道的大小也都是相对的。渗流过程中，大孔—大喉网络、喉道的渗流速度相对较高，对高岭石的冲刷作用较强，微粒运移更容易发生而不致引起堵塞，大量的颗粒运移必定造成喉道的进一步扩大；而较小的孔、喉系统中，脱落的颗粒不容易发生运移，形成的颗粒堵塞使渗流速度更小，进一步减小了颗粒运移的可能。

（3）水驱对孔喉配置关系的影响。

储层岩石孔喉比、孔喉配位数等参数能反映岩石孔隙、喉道的配置关系。由表 2-9 可知，水驱前后储层岩石平均孔喉比变化很小。水驱后，储层岩石孔喉配位数略有提高，这说明颗粒形成的堵塞现象并不能完全堵塞喉道，只能引起喉道变小。实验室条件下，不可能引起岩石孔、喉配置关系的改变。

（4）水驱对孔隙非均质性的影响。

水驱对岩石大孔隙有改造作用，水驱更容易冲刷岩石的大喉道，依此推测水驱后储层岩石空气渗透率应有大幅度提高，而实际测试结果是有升有降(表 2-9)，但幅度都不大。这个结果似乎和上述认识存在矛盾？

孔隙度、渗透率是储层宏观物性特征参数，是岩石孔隙结构特征的集中体现。但岩石的渗透率主要反映储层孔隙、喉道的连通状况，其大小由连通的喉道控制。因岩石孔隙结构的错综复杂和孔喉系统的非均质性，岩石中大孔大喉不可能贯通岩石的全部，渗透率反映的是岩石宏观、平均渗流能力。水驱前后岩石渗透率变化不大，说明水驱后岩石平均孔喉通道的渗流能力没有发生大的变化。而水驱所形成的大孔、大喉只能引起岩石孔喉系统非均质程度的增强。

基于铸体图像分析资料，描述岩石孔隙均匀程度的参数主要有均质系数、分选系数、相对分选系数。水驱前后储层岩石样品均质系数、分选系数、相对分选系数变化情况如图 2-40 所示。

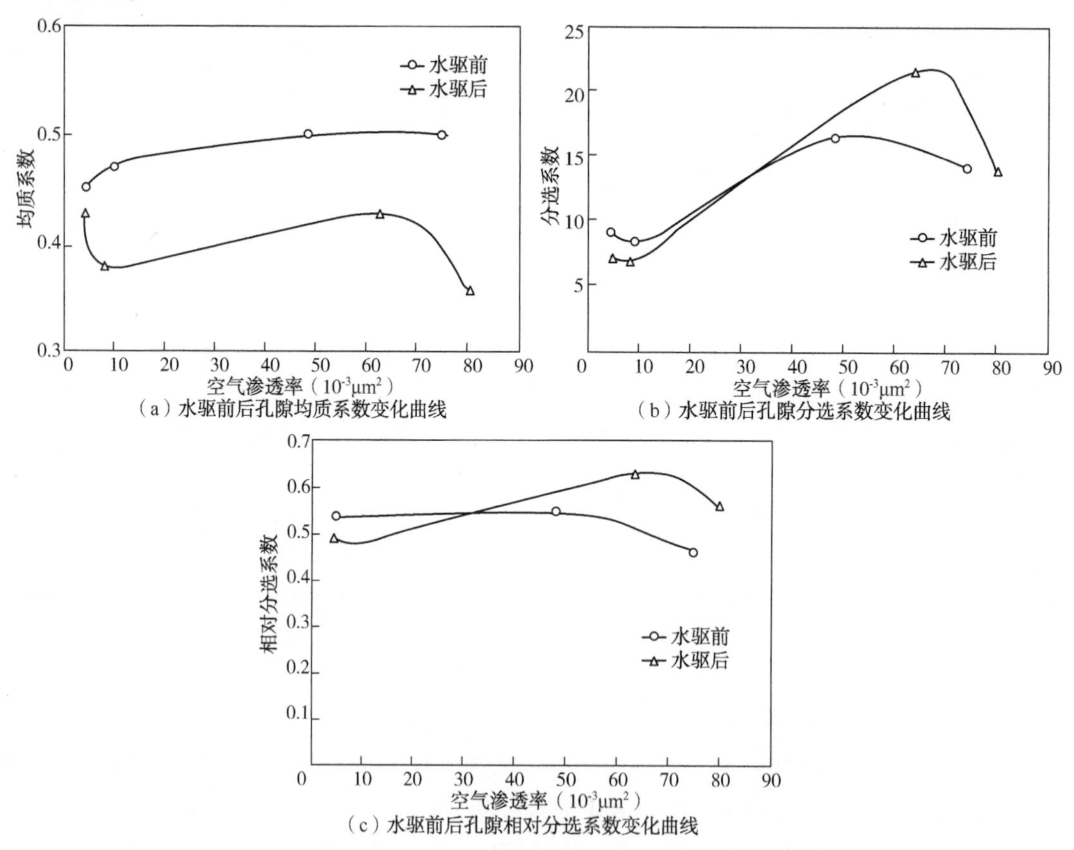

（a）水驱前后孔隙均质系数变化曲线

（b）水驱前后孔隙分选系数变化曲线

（c）水驱前后孔隙相对分选系数变化曲线

图 2-40　水驱前后孔隙非均质性参数

由图 2-40a 可知，水驱后 4 块样品的孔隙均质系数(孔隙均质系数为平均孔隙半径与最大孔隙半径的比)均减小，说明各岩样的平均孔隙半径与其最大孔隙半径的差异在增大。其绝对值有随渗透率增大其差异值增大的趋势。

如图 2-40 所示为孔隙分选系数变化曲线，其值越小，表明某一级别的孔隙占的优势越大，岩石孔隙越均匀。由图 2-40b 可知，水驱对不同类型储层岩石的影响不同。特低渗透储层样品水驱后，岩石孔隙分选系数减小，说明水驱后特低渗透储层孔隙变得均匀；低、中低渗透储层样品水驱后，岩石的孔隙分选系数增大，水驱使孔隙的非均质程度进一步增强。根据对应的岩心分析，水驱后样品渗透率变化越大，其孔隙分选系数变化也越大。例如 D 号样品，水驱前空气渗透率为 $48.3\times10^{-3}\mu m^2$，分选系数为 16.5，水驱后空气渗透率为 $63.4\times10^{-3}\mu m^2$，分选系数为 21.6，渗透率增加幅度为 31.3%，而相应孔隙分选系数也增大 30.6%。

如图 2-40c 所示为是水驱前后孔隙相对分选系数的变化曲线。相对分选系数越小，表明岩石的孔隙越均匀。其整体变化特征与分选系数是一致的，即水驱使特低渗透储层孔隙均质程度得以改善，水驱使低、中低渗透储层岩石孔隙非均质程度更强。

由图 2-40 可知，特低渗透储层水驱后一定程度提高了岩石孔隙的均质程度；低、中低渗透储层，水驱可进一步增强岩石孔隙的非均质程度。

2.4.3.2 微观孔隙结构变化规律

水驱实验前，先期对 7 块实验样品截取一段，进行高压压汞分析，作为岩石水驱前的原始资料。水驱评价实验后将样品烘干，再进行压汞分析，以此作为岩石水驱后资料，并与对应的原始资料进行对比，分析水驱对岩石孔隙结构的影响。

(1) 毛管压力曲线变化特征。

由可对比的 5 块样品可知，水驱前后毛管压力曲线都有不同程度的变化。岩石孔喉体积的变化可以分为两类：一类是水驱后岩石孔喉体积增大，另一类是水驱后岩石孔喉体积减小。各岩样水驱前后微观孔隙结构特征参数见表 2-10。

表 2-10 水驱前后微观孔隙结构特征参数

样号		空气渗透率 ($10^{-3}\mu m^2$)	孔隙度 (%)	均质系数	变异系数	平均喉道半径 (μm)	主流喉道半径 (μm)	主流喉道半径下限 (μm)	最小流动喉道半径 (μm)	排驱压力 (MPa)	最大喉道半径 (μm)
A	前	74.1	18.0	0.43	1.16	3.18	2.59	4.60	2.58	0.10	7.35
	后	79.5	18.2	0.34	1.13	3.57	2.84	5.84	2.94	0.07	10.51
B	前	4.71	14.0	0.29	2.88	1.12	0.82	1.45	0.74	0.19	3.87
	后	4.62	13.8	0.27	3.11	1.22	0.83	1.70	0.83	0.16	4.60
C	前	9.76	18.3	0.40	3.80	1.09	0.71	1.04	0.57	0.27	2.72
	后	8.63	18.1	0.40	3.88	1.16	0.96	1.56	0.79	0.25	2.94
D	前	48.3	20.1	0.28	2.50	2.60	1.82	3.08	1.68	0.08	9.19
	后	63.4	24.0	0.25	1.52	3.03	2.19	3.09	1.75	0.06	12.26
E	前	32.3	17.4	0.41	1.94	2.02	1.70	2.75	1.55	0.15	4.90
	后	27.3	17.6	0.38	1.99	2.00	1.69	2.63	1.51	0.14	5.25

① 岩石孔喉体积增大：该类样品包括 A，D，E。从渗透率的大小看，该 3 块样品的渗透率在 5 块样品中是较大的，均是低、中低渗透类型，如图 2-41 所示。

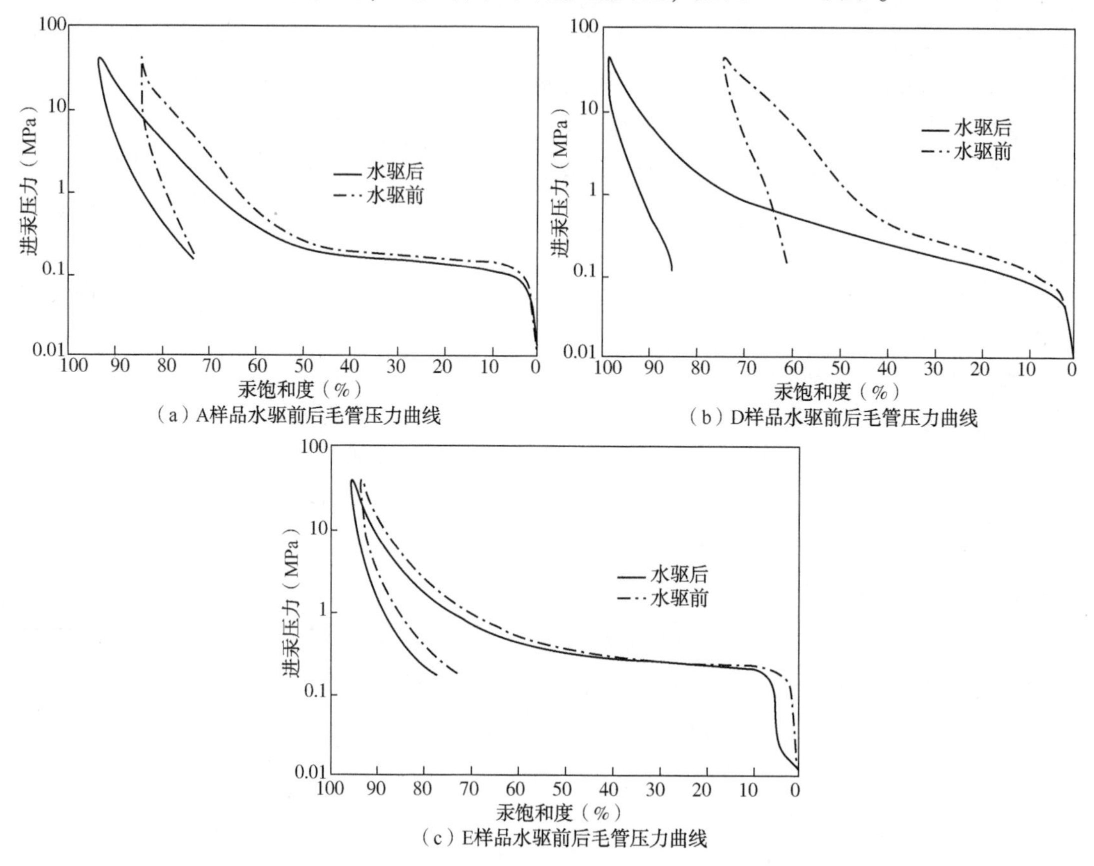

（a）A样品水驱前后毛管压力曲线

（b）D样品水驱前后毛管压力曲线

（c）E样品水驱前后毛管压力曲线

图 2-41　中低渗透储层水驱前后毛管压力曲线

由图 2-41 可知，水驱后 3 块样品的喉道半径有趋于均匀化的趋势，且喉道半径有增大的趋势。D 样品的压汞曲线变化最大，喉道明显变大，与其空气渗透率的变化相对应(表 2-10)。

② 岩石孔喉体积变小：该类型样品有 B、C 两块。从渗透类型看，均属于特低渗透类型，如图 2-42 所示。

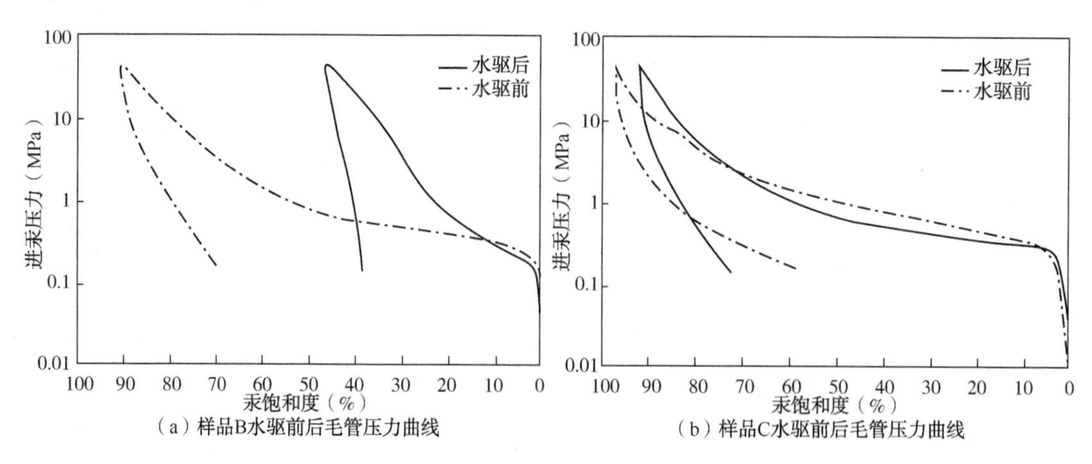

（a）样品B水驱前后毛管压力曲线

（b）样品C水驱前后毛管压力曲线

图 2-42　特低渗透样品水驱前后毛管压力曲线

由图 2-42 可知，B 样品水驱前后毛管压力曲线变化很大。由表 2-10 可知，水驱前后样品物性有所降低，但物性变化远没有毛管压力曲线变化剧烈，这可能是该样品物性差，实验误差所造成的。由图 2-42 可知，C 样品水驱后大喉道部分进汞压力降低，但整体上水驱后进汞饱和度减小。

若要定量分析水驱对岩石孔隙结构的影响，还必须从其岩石孔隙结构特征参数变化来分析。

(2) 孔喉特征参数变化规律。

毛管压力曲线主要反映喉道及与喉道相连通的孔隙体积，毛管压力曲线中的喉道半径是一个整体平均概念，与铸体图像的喉道半径有本质的区别，铸体图像资料中的喉道半径仅仅是岩石的一个剖面。基于毛管压力曲线资料，水驱前后最大喉道半径、平均喉道半径的变化如图 2-43 与图 2-44 所示。

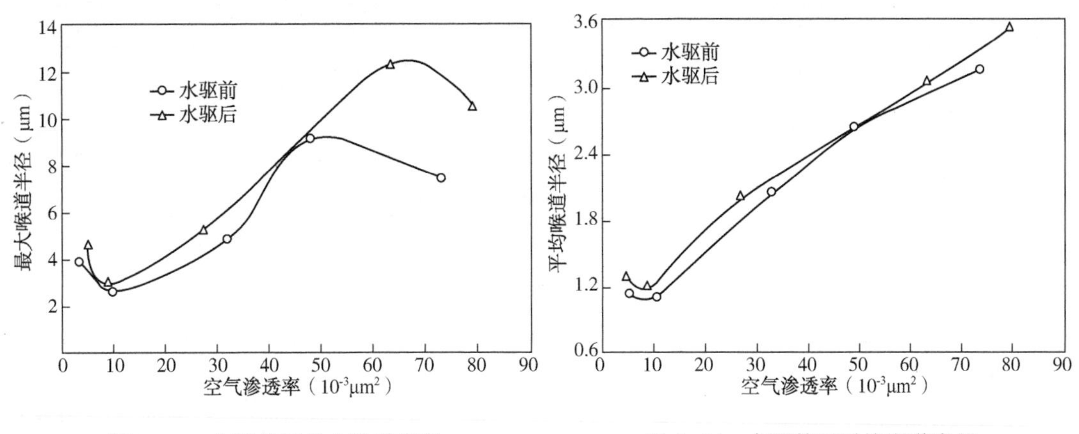

图 2-43　水驱前后最大喉道半径

图 2-44　水驱前后平均喉道半径

由图 2-43 与图 2-44 可知，水驱后不同样品的最大喉道半径均比水驱前最大喉道半径大，并具有随岩石渗透率增大最大喉道半径增大的趋势；水驱后平均喉道半径同样有不同幅度的增大，但其增大幅度明显低于最大喉道半径增大幅度，这说明水驱对最大喉道半径的影响较平均喉道半径大，这与铸体图像分析技术所得的认识相吻合(图 2-39)。

2.4.4　孔喉参数预测模型

应用毛管压力资料研究储层孔隙结构，因受取心井所在区块、井点、层位等的限制，相当部分区块无压汞资料，给研究储层孔隙结构带来了困难。本研究拟在毛管压力资料的基础上，建立地区性的储层孔喉参数预测模型。由毛管压力资料可知，不同类型储层岩心在相同的进汞压力下(即相同的喉道半径)，进汞饱和度相差很大，说明不同类型岩心对应的孔隙度大小不同。探讨不同类型储层，不同喉道半径下进汞饱和度的变化规律，可以揭示储层微观孔隙结构特征。

根据毛管压力资料，同一喉道半径下的汞饱和度与孔隙度、渗透率间有较好的相关关系，根据压汞资料统计的汞饱和度与空气渗透率参数的相关关系，得到研究区储层孔喉特征参数预测模型见表 2-11。

根据统计分析原理，在置于 0.01 显著水平上，$n=20-2=18$ 的相关系数至少应不低于 0.5610。由表 2-11 中的相关系数值分析可知，每个方程都满足统计意义。各类型储层样品实测压汞曲线与预测模型对比如图 2-45 所示。分析对比结果，预测模型对低、特低渗透样品符合程度较高，而与中高、高渗透样品符合程度较低。由前述分析，储层趋于致密渗透性变差时孔喉比参数无明显变化趋势，即孔隙半径及喉道宽度变化不大；孔喉配位数减小，有效喉道数量减少，无效喉道数量增多，孔喉连通性变差，孔隙与喉道间的对应性变好。故渗透率越低，有效孔隙与有效喉道的关联性越强。高压压汞测试中，饱和度参数对应有效孔隙，渗透率参数对应有效喉道。故储层渗透率越低，预测模型与实测样品的符合程度越高。

表 2-11　储层孔喉特征参数预测模型

毛管压力 p_c(MPa)	孔隙半径(μm)	饱和度经验方程	相关系数 r
0.1167	6.3000	$S=20.605\times\ln K-11.8451\times\ln\varphi-41.454$	0.9193
0.1836	4.0000	$S=26.057\times\ln K-39.8656\times\ln\varphi+37.3631$	0.9435
0.2942	2.5000	$S=20.5262\times\ln K-45.7514\times\ln\varphi+101.4271$	0.9701
0.4596	1.6000	$S=17.8734\times\ln K-46.0081\times\ln\varphi+122.2622$	0.9565
0.7354	1.0000	$S=12.3905\times\ln K-25.1441\times\ln\varphi+89.9022$	0.9386
1.1673	0.6300	$S=8.1641\times\ln K-8.9959\times\ln\varphi+64.6907$	0.9104
1.8385	0.4000	$S=5.6164\times\ln K-0.5566\times\ln\varphi+54.1782$	0.8633
2.9416	0.2500	$S=3.6974\times\ln K+5.5223\times\ln\varphi+47.3546$	0.7983
4.5963	0.1600	$S=2.3648\times\ln K+9.4059\times\ln\varphi+44.1526$	0.7303
7.3540	0.1000	$S=1.3934\times\ln K+11.3452\times\ln\varphi+45.069$	0.6588

注：S—饱和度,%；K—空气渗透率，$10^{-3}\mu m^2$；φ—孔隙度,%。

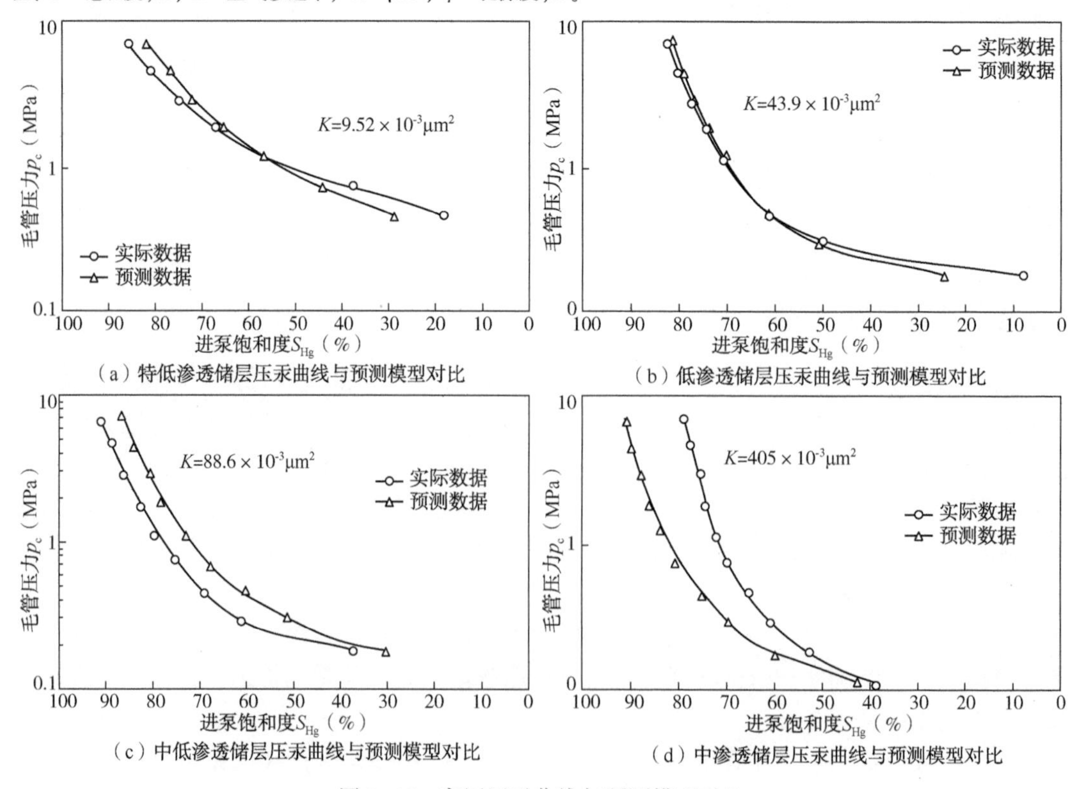

（a）特低渗透储层压汞曲线与预测模型对比
（b）低渗透储层压汞曲线与预测模型对比
（c）中低渗透储层压汞曲线与预测模型对比
（d）中渗透储层压汞曲线与预测模型对比

图 2-45　高压压汞曲线与预测模型对比

2.4.5 结论

(1) 应用铸体图像分析技术、高压压汞技术对深层砂岩油藏储层孔喉特征参数进行了研究。水驱后最大孔隙半径、最大喉道宽度(半径)增大，其增大幅度随渗透率增大而增大。水驱后，特低、低渗透储层平均孔隙半径减小，低渗透以上储层平均孔隙半径增大，平均孔隙半径变化幅度小于最大孔隙半径变化幅度。特低渗透储层水驱后岩石的孔隙均质程度得以改善，而低、中低渗透储层岩石孔隙的非均质程度增强。

(2) 水驱后，低、中低渗透储层岩石孔喉体积增大，特低渗透储层岩石孔喉体积减小。水驱对岩石平均喉道宽度(半径)影响不大，水驱前后渗透率、渗流能力变化不大。水驱后平均喉道半径增大幅度低于最大喉道半径增大幅度，水驱对最大喉道半径的影响较平均喉道半径大。基于毛管压力资料，建立了研究区深层油藏储层孔喉参数预测模型。

3　成岩作用研究

3.1　文东地区成岩作用类型及特征

深部储层埋深大，成岩程度高，成岩现象复杂多样，通过对文东地区沙三—沙四段储层铸体薄片的观察分析，发现该储层在深埋藏成岩过程中发生的成岩作用主要有压实作用，多种碳酸盐及含碳酸盐的胶结作用、交代作用，石膏硬石膏的胶结作用、交代作用，及溶蚀作用等。不同成岩作用类型对储层物性具有不同的影响，分为两大类：一类是破坏性的成岩作用，主要包括压实作用和胶结作用；一类是建设性的成岩作用，主要是溶蚀作用。

3.1.1　压实和压溶作用

压实和压溶作用是砂岩储层的孔隙度和渗透率衰减的主要因素。所谓压实作用就是通过岩石的脱水脱气，使岩石孔隙度减小，变得致密。深层储层压实作用很强，这里的压实作用主要是机械压实作用，发生在成岩的未成熟阶段。正常压实作用表现为：碎屑颗粒的紧密填集，使原生粒间孔隙大大缩小；颗粒发生重排，如砂岩中云母形成明显的压实定向组构；石英、长石颗粒的压裂破碎和长石的双晶纹的扭裂错位(图 3-1a)。云母形成的定向排列，颗粒紧密接触，有点—线接触、颗粒凹凸接触(图 3-1b)。

(a) 石英破裂
(胡83井，3822.7m，4×10-)

(b) 脆性颗粒破裂
(文210井，3781.87m，200+)

图 3-1　文东地区深部储层压实作用特征

大量统计结果表明，除异常孔隙发育段以外，大多数深部储层孔隙随深度衰减已趋很小，仅不同地区稍有差异。

压实作用的影响深度可达 4000m 以下，其造成的碎屑岩储层孔隙度的损失是不可逆的，它是一种破坏性的成岩作用，是储层原生孔隙减少的重要原因。为了更好地表征各种成岩作用对储层物性的影响，引入了各种成岩程度的概念，进行了定量分析。Housknecht提出一系列公式，视压实率计算公式如下：

$$视压实率=[(原始孔隙度-粒间体积)/原始孔隙度]\times100\% \quad (3-1)$$

原始孔隙度假定为40%，粒间体积为铸体薄片观察中的粒间孔隙体积与胶结物体积之和，压实程度分级标准见表3-1。

表3-1　压实程度分级标准

视压实率(%)	<30	30~50	50~70	>70
压实程度	弱	中	较强	强

计算并统计文东地区沙三—沙四段储层的视压实率(图3-2)发现，文东地区因为埋深大，压实作用强烈，沙三段视压实率绝大部分大于30%，为中—强压实，位于30%~70%范围内最多，少数为弱压实，主要是因为盐膏岩异常压实产生欠压实的作用。沙四段样品全部大于30%，为中—强压实。

据视压实率与孔隙度关系图(图3-3)可见，当视压实率大于30%，视压实率与孔隙度呈负相关关系，即视压实率越大，孔隙度越低，说明压实作用对孔隙度演化起主导作用。文东沙三中段、沙三下段及沙四段油藏为高压、异常油藏，理论上随着深度的增加，压实作用也逐步增强，但砂层内较高的孔隙压力，在一定程度上阻止了进一步的压实作用。

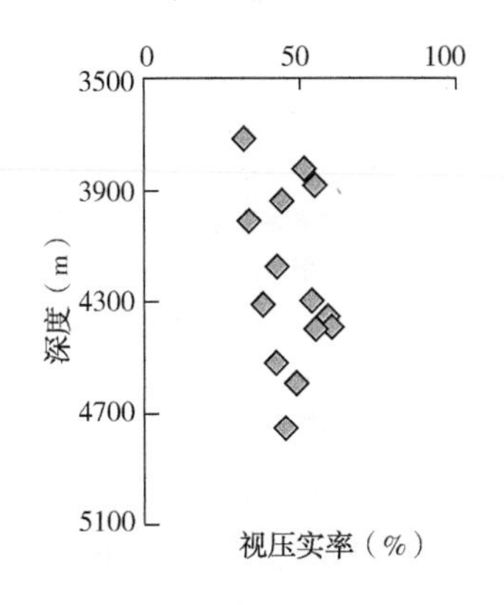

图3-2　文东地区视压实率垂向演化图

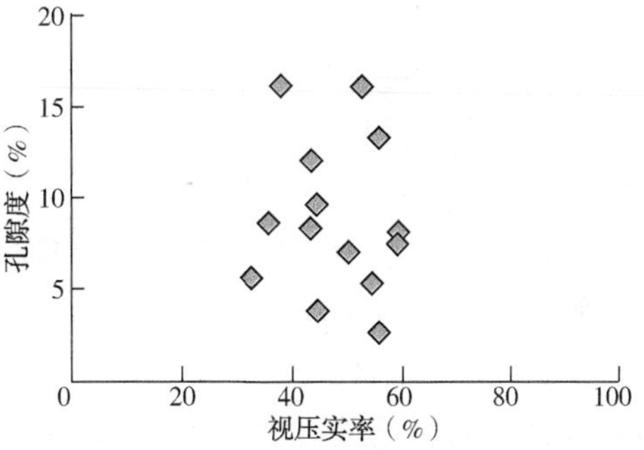

图3-3　文东地区视压实率与孔隙度关系图

3.1.2　胶结作用

文东地区以碳酸盐矿物胶结占绝对优势(图3-4)，其次尚有少量的硬石膏、硅质及黏土矿物等，此外还可见黄铁矿胶结。

3.1.2.1　碳酸盐胶结

薄片中碳酸盐矿物胶结强烈，常见胶结物主要有方解石、铁方解石、白云石、铁白云石，它们普遍占据了原始的粒间孔隙，导致孔隙度急剧下降，从而影响了砂岩的储集性能。方解石类胶结物在研究区分布广泛。方解石对孔隙度的影响主要表现在两个方面：(1)含有机酸和大量CO_2的油气前锋孔隙流体对方解石的溶解增加了孔隙度和渗透率，为油气提供了良好的储集空间；(2)前期溶孔若没有及时被油气充填，晚期碳酸盐胶结物会

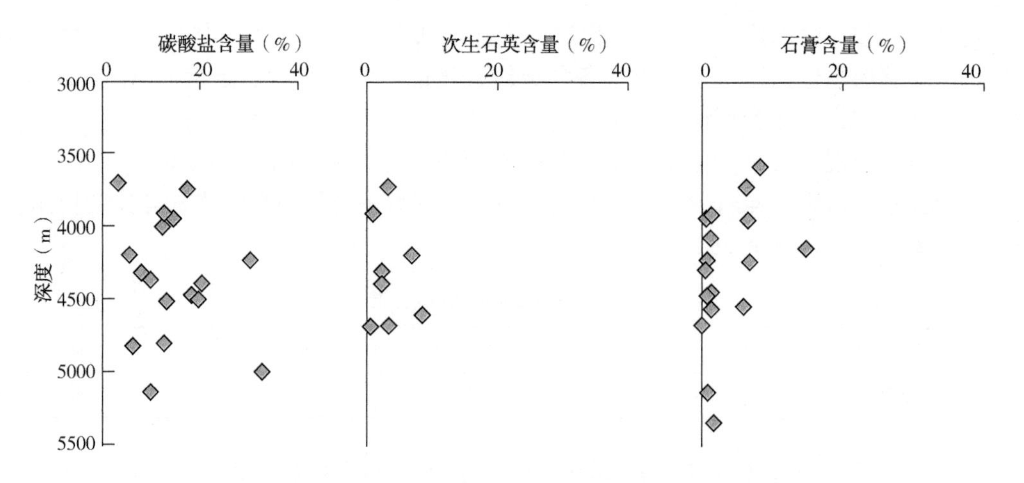

图 3-4　文东地区超深层储层主要胶结物垂向演化特征

堵塞孔隙，降低孔隙度和渗透率(图 3-5)。

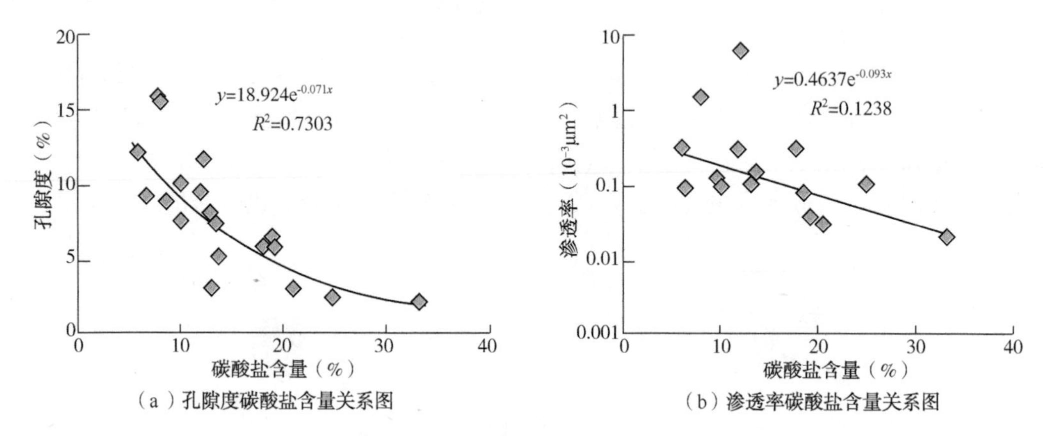

图 3-5　文东地区沙三—沙四段储层碳酸盐含量与物性关系图

然而碳酸盐含量低也不能说明储层物性好，因为碳酸盐胶结物可以有效地抑制压实作用的进行，当碳酸盐胶结物含量低时，压实作用受抑制程度低(表 3-2)。另一方面，杂基含量与碳酸盐胶结物含量呈负相关关系(图 3-6)，碳酸盐含量低时，杂基含量高，也会影响储层物性。

表 3-2　濮深 19 岩石常规物性分析结果

样品编号	深度(m)	距顶(m)	岩 性 描 述	岩石密度(g/cm^3)	孔隙度(%)	渗透率($10^{-3}\mu m^2$)	碳酸盐含量(%)
1	4834. 9~4841. 41	0. 04	浅灰色含气细砂岩	2. 59	3. 2	0. 0378	13. 6
2	4834. 9~4841. 41	0. 23	浅灰色含气细砂岩	2. 60	2. 6	0. 0388	
3	4834. 9~4841. 41	0. 73	浅灰色粉砂岩	2. 55	5. 4	0. 0471	3. 6
4	4834. 9~4841. 41	1. 97	浅灰色粉砂岩	2. 56	4. 6	0. 0657	
5	4834. 9~4841. 41	2. 84	浅灰色粉砂岩	2. 63	3. 6	0. 0266	17. 2

续表

样品编号	深度(m)	距顶(m)	岩性描述	岩石密度(g/cm^3)	孔隙度(%)	渗透率($10^{-3}\mu m^2$)	碳酸盐含量(%)
6	4834.9~4841.41	3.50	浅灰色粉砂岩	2.56	5.7	0.0456	3.3
7	4834.9~4841.41	4.44	浅灰色粉砂岩	2.59	5.1	0.0446	
8	4834.9~4841.41	4.73	浅灰色粉砂岩	2.53	6.8	0.0579	6.5
9	4834.9~4841.41	5.50	浅灰色含气细砂岩	2.54	6.5	0.0846	18.9
10	4834.9~4841.41	5.87	浅灰色含气细砂岩	2.57	5.6	0.0850	

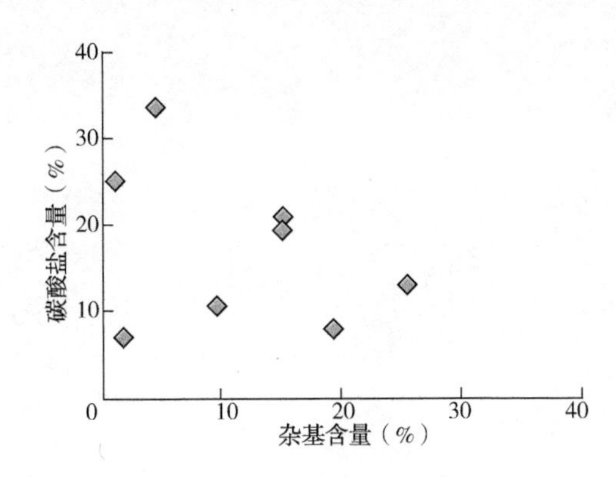

图 3-6　文东地区沙三—沙四段
储层杂基含量与碳酸盐含量关系图

方解石：连晶结构镶嵌式胶结的方解石在深层常见，含量1%~28.9%，个别高达23.3%。根据胶结物中自生矿物形成世代及胶结穿插关系分析，方解石胶结应早于白云石、铁白云石胶结(图3-7及图3-8)。

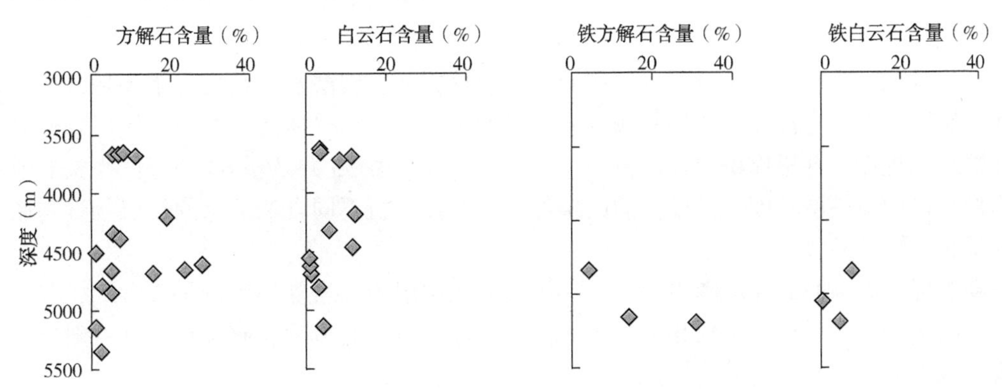

图 3-7　文东地区沙三—沙四段碳酸盐胶结物垂向演化特征

(含)铁方解石：含量一般在4%~42.2%，常呈“它”形，以斑块状非均质充填粒间，有时呈嵌晶式胶结，对碎屑和黏土杂基的交代较明显，形成于成岩晚期，对深层储集性能的影响较大(图3-8c)。

白云石类：白云石类胶结物包括白云石和(含)铁白云石。(含)铁白云石含量多在

0.7%~8%，常以自形或半自形粒状或团粒状充填粒间孔，或呈栉壳状包围颗粒，经常部分交代碎屑和黏土基质。从铁方解石和(含)铁白云石的产状和穿插关系看，连晶(含)铁方解石早于自形、半自形(含)铁白云石(图 3-8c 及图 3-8d)。

(a) 白云石胶结
(文245井，3900.5m，200−)

(b) 镶嵌式方解石胶结，交代碎屑颗粒
(濮深6井，5000.3m，10×10+)

(c) 方解石(红)—铁方解石(紫)—铁白云石(蓝)世代胶结
(濮深6井，4441m，10×10−)

(d) 铁白云石胶结
(文245井，3920.14m，400−)

图 3-8　文东地区沙三—沙四段碳酸盐胶结作用

由此可见，在胶结物含量制约深层储层有效性方面，碳酸盐胶结物占重要地位。为建立深层储层物性、含油性与碳酸盐胶结物含量的关系，总结碳酸盐胶结物对储层物性及含油性的影响规律，这里以桥口地区桥 20 井、桥 24 井、桥 35 井及桥 63 井等已观察岩心的井为例，在相似储层粒度与深度区间的条件下，对比分析不同含油显示的储层物性与碳酸盐含量相关性的差异。

在深度 4000~4500m 范围内，文东—桥口地区深层粉砂岩储层无论是否含油，其孔隙度大小同碳酸盐含量呈现出负相关关系，但是具油气显示的粉砂岩储层孔隙度一般要高于不含油或含油显示差的粉砂岩(图 3-9)。

对深度大于 4500m 的深层粉砂岩储层，其碳酸盐胶结物含量的变化特点同前者相似。但由于存在深埋强压实作用，原生孔隙大多保存不佳，导致孔隙度明显降低(图 3-10)。同时不论是否含油，深部储层孔隙度与碳酸盐胶结物含量的相关性已不明显，而且两者的孔隙度差别也逐渐变小，孔隙度明显降低。

3.1.2.2 硅质胶结

石英的次生加大现象非常普遍，在偏光显微镜下石英的次生加大边常表现为比原颗粒光洁，加大边有宽有窄，碎屑石英次生加大之后常又经受明显的成岩交代。文东地区深层砂岩石英次生加大现象显著(图 3-11)，石英次生加大常向粒间孔隙方向产生洁净的亮边，沿颗粒边缘环绕呈环带状或不完整的舌状、耳状分布。

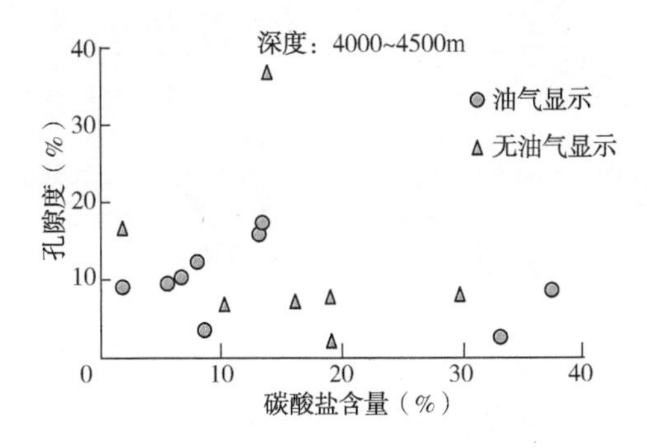

图 3-9 文东—桥口地区超深层粉砂岩储层孔隙度与碳酸盐胶结物的关系

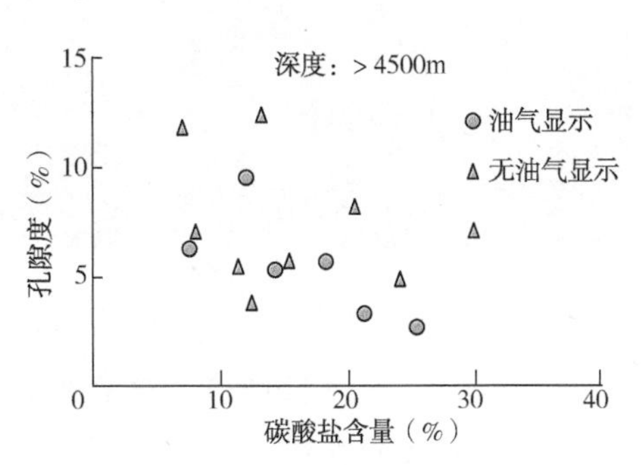

图 3-10 文东—桥口地区深层粉砂岩储层孔隙度与碳酸盐胶结物的关系

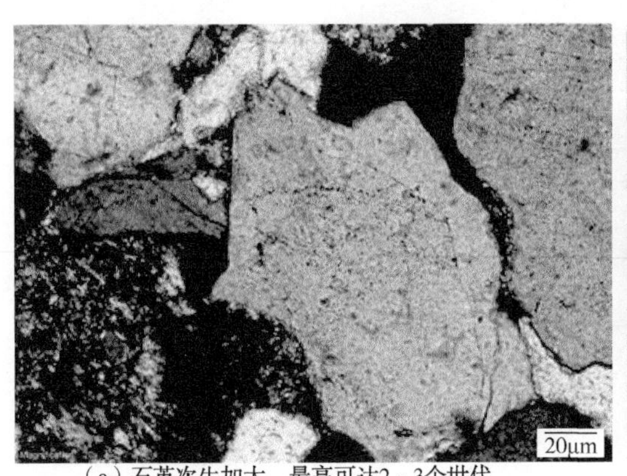

（a）石英次生加大，最高可达2～3个世代（濮深8井，4102.2m，20×10+）

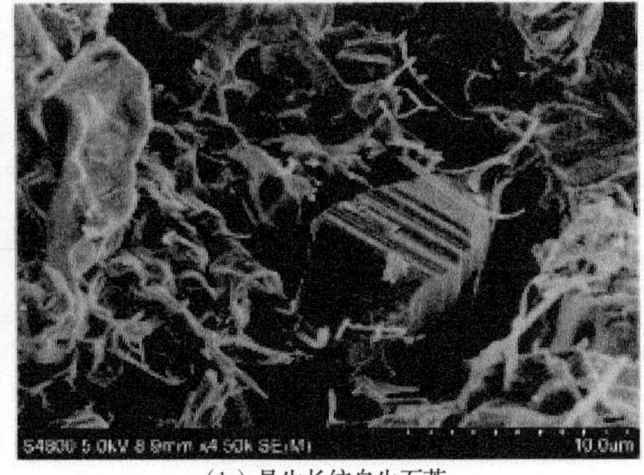

（b）具生长纹自生石英（濮深12井，4808.65m）

图 3-11 文东地区深部储层的石英次生加大现象

发育好时常见晶面较完好的半自形—自形晶，石英的次生加大或期次最高可达 3 个世代(图 3-11a)。据统计，石英次生加大部分的含量一般在 2%～6.9%，最高可达 8.9%，最少为 0.6%，平均 3.48%。石英次生加大边宽一般 15～70μm，最大可达 140.6μm，平均 38.5μm。次生加大含量随砂岩埋藏深度增加呈增加趋势。石英和长石的次生加大是深层储集性能极为不利的破坏因素。

3.1.2.3 (硬)石膏胶结

深部储层砂岩膏盐分布比较普遍，但发育不均，数量有限，以文东、桥口地区最常见，其来源可能是砂岩附近的膏盐层。深层硬石膏多呈斑块状嵌晶体，常包裹、半包裹碎屑颗粒，充填裂缝，堵塞孔隙和喉道，有时见晶内溶解(图 3-12)。从硬石膏胶结物与铁白云石、铁方解石的穿插关系看，硬石膏胶结物早于铁白云石、铁方解石。

根据文东地区深部储层石膏含量与孔隙度的关系，如图 3-13 所示，可看出小于

（a）硬石膏胶结
（文260井，3562.84m，10×10+）

（b）硬石膏斑块状充填孔隙或沿颗粒分布
（濮深16井，5335m，10×10+）

图 3-12　文东地区深部储层的(硬)石膏胶结作用

4500m 深部储层的孔隙发育与石膏含量负相关较明显，大于 4500m 时两者相关性较差。

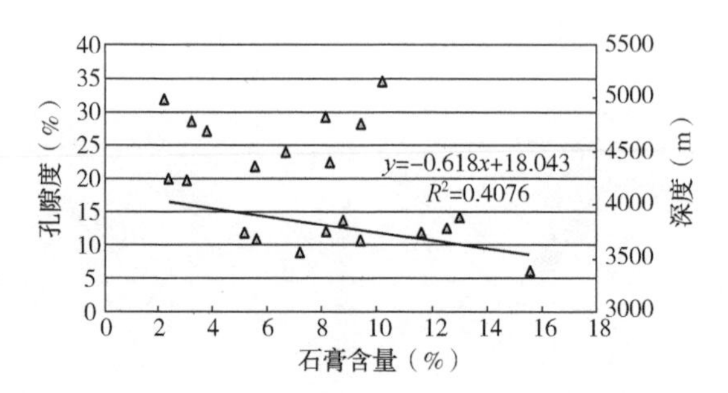

图 3-13　文东地区深部储层石膏含量与孔隙度的关系

3.1.2.4　黏土矿物胶结作用

研究区少数取心井，如文 243 井、文 75 井，泥质含量高，黏土胶结强烈(图 3-14)。

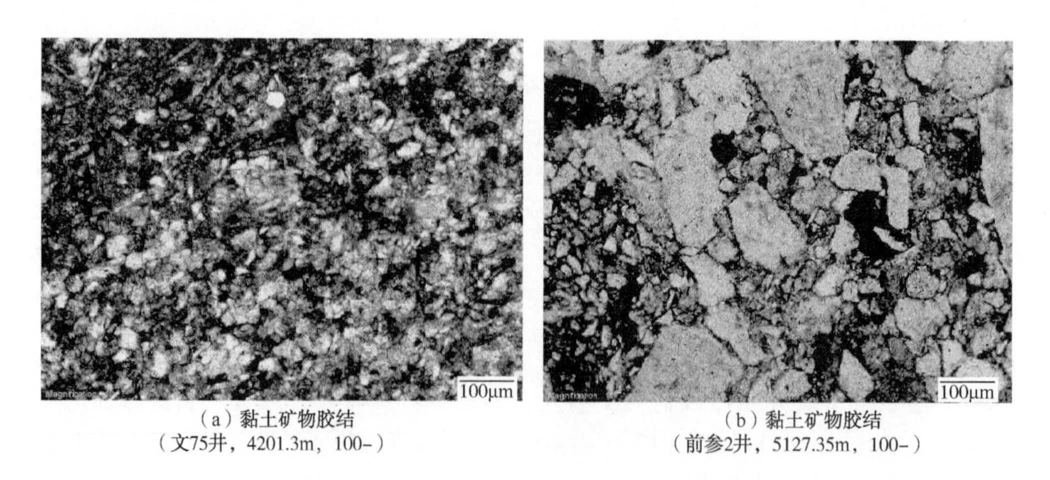

（a）黏土矿物胶结
（文75井，4201.3m，100-）

（b）黏土矿物胶结
（前参2井，5127.35m，100-）

图 3-14　文东地区沙三—沙四段储层黏土矿物胶结特征

由电镜扫描和 X 衍射分析，研究区发育四种黏土矿物类型：伊利石、高岭石、绿泥石和伊/蒙混层(图 3-15)。统计分析它们的相对含量，研究区黏土矿物组合为伊利石—绿泥石组合。伊利石相对含量最高，为 57.28%；其次为绿泥石，相对含量为 18.13%；再次为伊/蒙混层，相对含量为 17.39%；高岭石相对含量较低，为 8.05%。

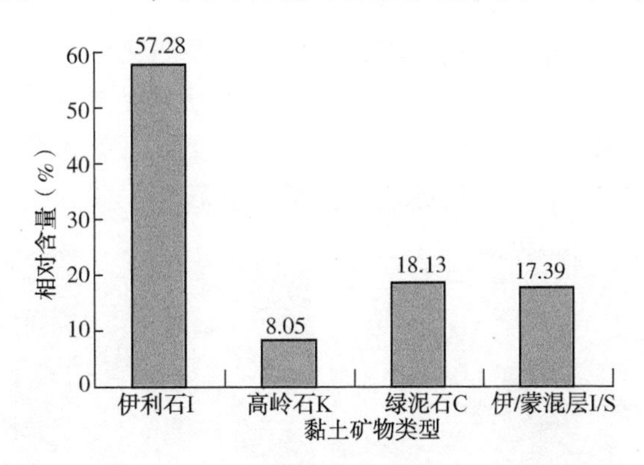

图 3-15　文东地区沙三—沙四段储层黏土矿物相对含量直方图

用视胶结率来表征储层的胶结程度：

$$视胶结率=(胶结物体积/粒间体积+胶结物体积)\times 100\% \tag{3-2}$$

其分级标准与压实程度分级标准相同，见表 3-1。

通过计算与统计研究区沙三—沙四段储层视胶结率(图 3-16)发现，沙三段视胶结率主要大于 30%，为中—强胶结；沙四段都大于 30%。在埋深超 4200m 时，胶结作用绝大部分大于 70%，为强胶结。据铸体薄片观察，研究区碳酸盐胶结严重，局部地区石膏、硬石膏胶结严重。

据视胶结率与孔隙度关系图(图 3-17)可见，不论是沙三段还是沙四段，视胶结率与孔隙度都呈明显的负相关关系，即视胶结率越大，胶结物含量越高，孔隙度越低，胶结作用填充粒间孔隙，对储层物性起关键破坏作用，使得储层物性变差，孔隙度、渗透率变低。

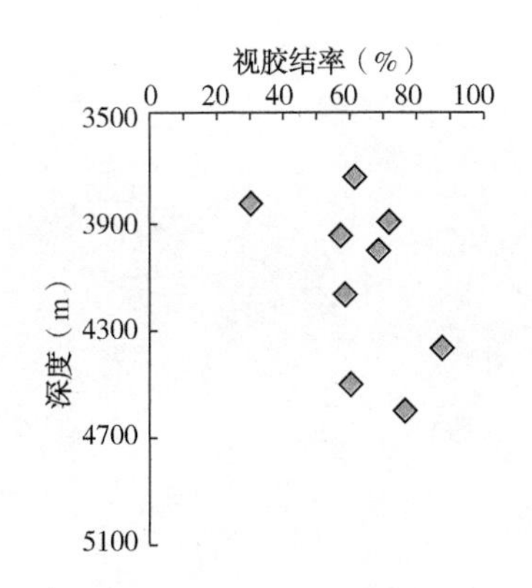

图 3-16　文东地区视胶结率垂向演化图

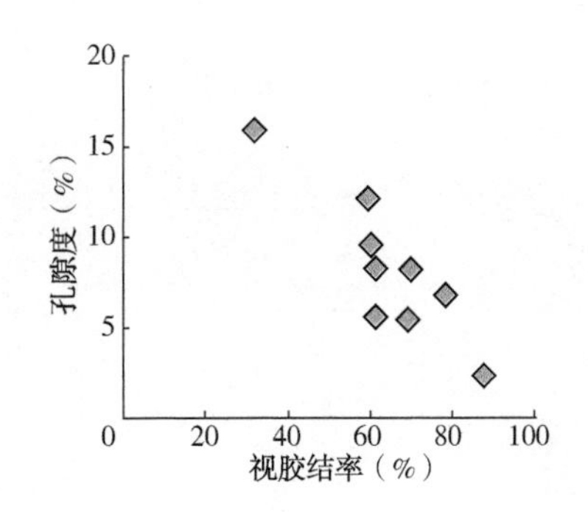

图 3-17　文东地区视胶结率与孔隙度关系图

3.1.3　交代作用

交代作用指的是一种发生在沉积物或沉积岩内，一种新的矿物对已有矿物的化学替代作用。研究区发育碳酸盐岩交代作用、硫酸岩盐交代作用和黏土矿物交代作用，以碳酸盐交代作用为主，局部石膏硬石膏交代作用严重，黏土交代较少。

3.1.3.1 碳酸盐交代作用

碳酸盐种类复杂，交代作用也多种多样。碳酸盐矿物不但交代石英、长石等颗粒，多种碳酸盐矿物之间还存在着相互交代现象，并可见到多期交代。

不同的碳酸盐交代颗粒，在文东地区沙三—沙四段储层中极为发育，比如研究区有时可见沿长石解理进行选择性交代(图 3-18a)。白云石交代石英颗粒分两种，一种是晶形较好的立方体白云石(图 3-18b)，一种是隐晶质的白云石。

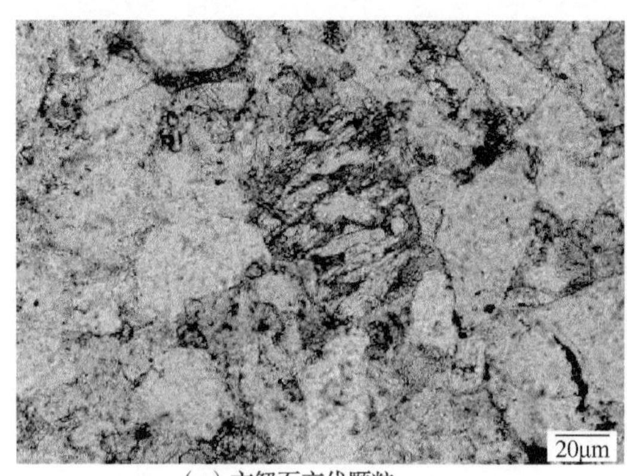

（a）方解石交代颗粒
（濮深7井，4036.2，200-）

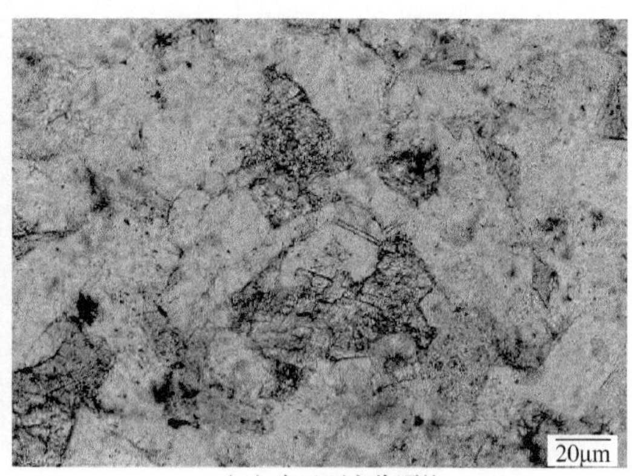

（b）白云石交代颗粒
（文260井，3576.88m，200-）

图 3-18 文东地区沙三—沙四段储层碳酸盐交代颗粒特征

不同碳酸盐矿物之间(同类矿物)可见多种交代作用(图 3-19)，通常是铁方解石交代方解石，白云石交代方解石，铁白云石交代铁方解石、白云石和方解石。碳酸盐矿物之间的生成时代为：方解石相对形成最早，铁白云石相对形成最晚，铁方解石和白云石介于两者之间，大致同期或有多期。碳酸盐矿物之间多见多期交代，白云石交代方解石，而后被铁白云石交代现象多见。

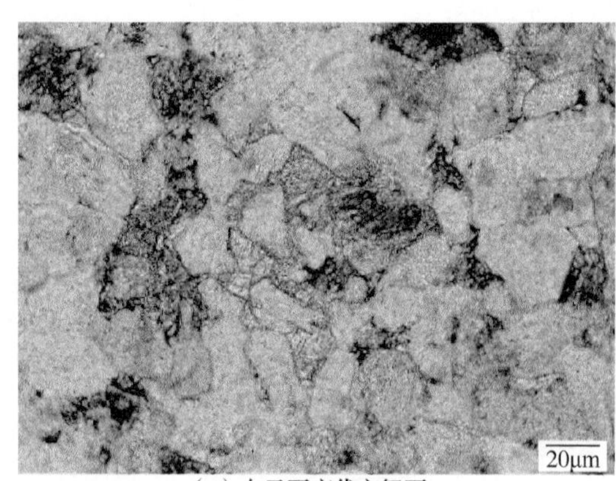

（a）白云石交代方解石
（文260井，3558.4m，200-）

（b）铁白云石交代白云石
（文260井，3678.64m，200-）

图 3-19 文东地区沙三—沙四段储层碳酸盐互相交代特征

3.1.3.2 硫酸盐交代特征

研究区硫酸盐交代作用主要以石膏交代颗粒、硬石膏交代颗粒为主(图 3-20)。在前参2井沙三中段、沙三下段、沙四段储层中多见。石膏、硬石膏斑状胶结粒间孔隙，同时交代碎屑颗粒。

（a）石膏交代
（文260井，3701.43m，100+）

（b）硬石膏交代
（文260井，3678.64m，200+）

图 3-20　文东地区沙三—沙四段储层硫酸盐交代特征

3.1.3.3　黏土矿物交代

在杂基含量高的井段，可以看到黏土矿物交代颗粒，使得颗粒表面模糊污浊，常见长石的绢云母化(图 3-21)。

（a）长石绢云母化
（文260井，3563.05m，200+）

（b）黏土交代颗粒
（文75井，4205.1m）

图 3-21　文东地区沙三—沙四段储层黏土矿物交代特征

研究区交代作用主要表现为如下几种类型。

(1) 碳酸盐矿物之间(同类矿物)的交代作用：通常是铁方解石交代方解石，白云石交代方解石，铁白云石交代铁方解石、白云石和方解石。碳酸盐矿物之间的生成时代为：方解石相对形成最早，铁白云石形成最晚，铁方解石和白云石介于两者之间，大致同期或有多期(图 3-22b、图 3-22c 及图 3-22d)。

(2) 不同类型矿物之间的交代作用，在深层砂岩中很普遍。①方解石在充填胶结颗粒孔隙的同时，还对石英、长石以及岩屑部分交代，表现为颗粒边缘呈港湾状或全部交代(图 3-22b)；②白云石交代石英颗粒，铁方解石除了交代方解石并使其包裹在其中外，往往见到其交代砂岩碎屑颗粒(图 3-22a)；③晚期的铁白云石不仅交代长石、岩屑等不稳定

（a）白云石交代长石颗粒表面
（文210井，3906.57m，40×10+）

（b）白云石、铁方解石交代石英颗粒
（濮深16井，5320.12m，40×10+）

（c）方解石（红）—铁方解石（紫）—铁白云石世代
（濮深8井，4100.1m，40×10+）

（d）铁白云石交代白云石、方解石
（濮深18井，4081.99m，40×10+）

图 3-22　东濮凹陷深部储层的碳酸盐矿物交代作用

组分，还普遍交代稳定组分石英碎屑，通常在镜下表现为呈较大面积的斑杂(块)状，且结晶能力较强，自形程度较好(图 3-22c)。

(3) 其他类型交代作用。硬石膏在一些井中，例如濮深 14 井、濮深 8 井、濮深 4 井、胡 83 井、文 204 井等深层中均有发现。硬石膏非选择性地交代碎屑颗粒，自身又被铁白云石交代。

3.1.4　溶蚀作用

溶蚀作用指的是矿物在孔隙流体的作用下发生溶解，改善了储层的储集物性，主要包括颗粒的溶蚀、碳酸盐胶结物的溶蚀和黏土杂基的溶蚀。

3.1.4.1　颗粒溶蚀

颗粒溶蚀包括酸性介质条件下长石(图 3-23a)、岩屑(图 3-23b)的溶蚀和碱性介质条件下石英的溶蚀(图 3-23c 及图 3-23d)。

3.1.4.2　碳酸盐胶结物和杂基溶蚀

酸性水介质条件下，早期胶结的碳酸盐胶结物也可以发生溶蚀，产生次生孔隙(图 3-23a)，局部层位可见杂基溶蚀现象(3-23b)。

本次研究充分利用岩石铸体薄片鉴定和物性分析资料，对文东地区深层岩石样品进行

（a）长石溶蚀
（濮深7井，3679.1m，200-）

（b）岩屑溶蚀
（濮深14井，3972.98m，200-）

（c）石英次生加大边被溶蚀
（文243井，4273.85m，20×10+）

（d）石盐晶体被溶蚀
（胡83井，3777.9m，320×10+）

图 3-23　文东地区沙三—沙四段储层颗粒溶蚀特征

分析，文东地区分选系数为 1.4459，由 $\varphi_1=20.91+22.90/S_0$ 计算得，文东原始孔隙度为 36.75%，计算了因压实作用、胶结作用减少的孔隙度，视溶蚀率据式(3-3)计算：

$$视溶蚀率=(溶蚀产生的孔隙度/胶结物体积)\times100\% \quad (3-3)$$

式中，溶蚀产生的孔隙度为现今孔隙度与胶结作用之后孔隙度之差，胶结物体积为压实作用之后孔隙度与胶结作用之后孔隙度之差。视溶蚀率分级标准见表 3-3。

表 3-3　溶蚀作用分级标准

视溶蚀率(%)	<10	10~15	15~20	>20
溶蚀程度	弱	中	较强	强

计算并统计研究区沙三—沙四段储层视溶蚀率(图 3-24)发现，大多数储层都为强溶蚀，主要分布在 4000~4400m。由文东地区沙三—沙四段视溶蚀率与孔隙度关系图(图 3-25)可见，总体上视溶蚀率与孔隙度呈正相关，即视溶蚀率越大，孔隙度越高。

3.1.4.3　沥青充填作用

沥青是储层中的烃类在深埋热演化过程中的产物，沥青充填多少取决于油气充注程度、充注时期与后期成岩环境变化。沥青充填不仅减少了有效储集空间，也对流体渗滤起到了阻碍作用(图 3-26)。

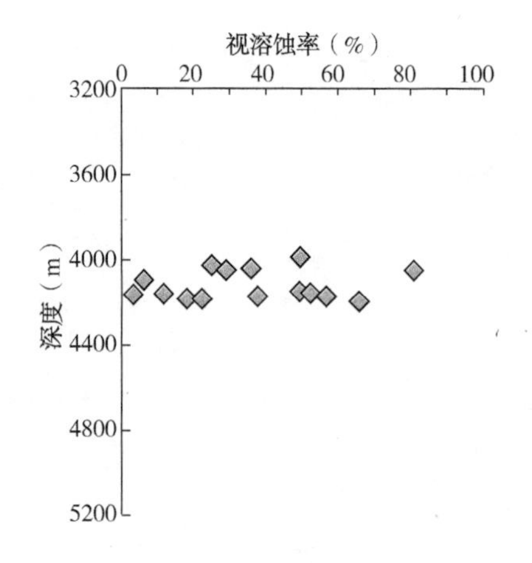

图 3-24　文东地区视溶蚀率垂向演化图

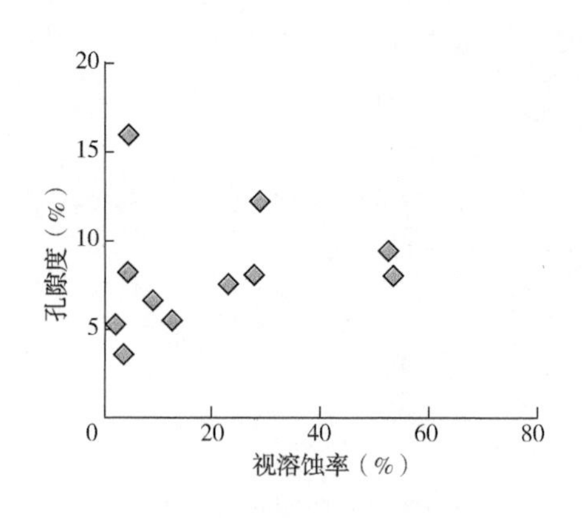

图 3-25　文东地区视溶蚀率与孔隙度关系图

（a）裂缝充填沥青
（文260井，3578.18m，20×10-）

（b）孔隙内残余沥青
（濮深18井，4233.61m，10×10-）

图 3-26　东濮凹陷深部储层的沥青充填

3.2　杜寨—桥口地区成岩作用类型及特征

根据薄片的镜下观察，认为研究区深部砂岩的成岩作用主要有压实、压溶作用，胶结作用，交代作用和溶蚀作用，其中对砂岩孔物性起破坏作用的是压实、胶结、交代作用，溶蚀作用则对储层性能的改善起到建设性作用。

3.2.1　机械压实、压溶作用

杜寨—桥口地区压实作用分为早期粒间压实和晚期粒内压实，早期粒间压实主要表现在内碎屑颗粒(泥砾、鲕粒等)塑性变形、压扁拉长甚至撕裂以及云母碎屑、泥质岩块等塑性颗粒的压实弯曲变形，有的泥质岩块受压呈假杂基状，这些压实现象应该是在较浅部位即上覆压力不大的条件下形成的普遍现象(图 3-27b)。由于有确定的晚期硅质胶结、充填(裂隙)伴生，可以判定石英、长石颗粒的压裂破碎和长石的双晶纹的扭裂错位是晚期深埋压实作用的产物(图 3-27a)。这些现象说明上覆机械压力很大，甚至出现超压现象。

在一定的化学条件下，压实作用转变为压溶作用，压溶现象使碎屑颗粒之间的接触除了常见的点—线式接触、凹凸式接触、线接触甚至缝合线式接触外，在研究区还表现为残余孔隙中石英(硅质)呈不规则的弯曲状，这是压溶作用产生的少量 SiO_2 在孔隙间流动沉淀的结果。

（a）石英颗粒破裂
（桥20井，3902.93m，40×10+）

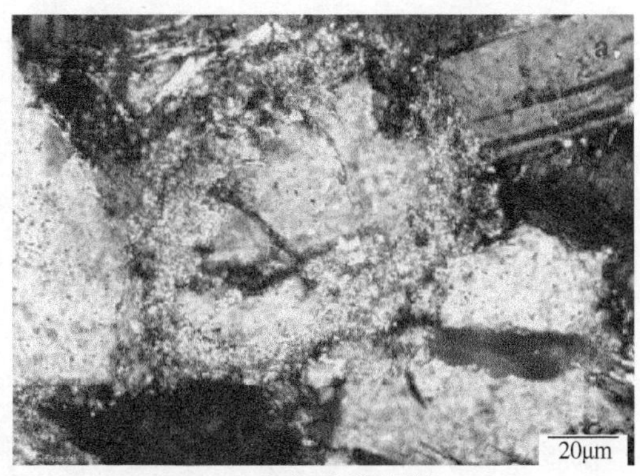

（b）云母被压弯
（濮深8井，5168.86m，P，正交偏光，×170）

图 3-27　杜寨—桥口地区深部储层压实作用特征

研究区早期压实作用是减少原生孔隙的主要原因，且影响不可逆转；晚期压实则由于烃类充注、异常压实等原因对孔隙度的降低有所缓解；后期压实作用产生的硅质胶结则会填充粒间孔隙，降低储层孔渗性。

3. 2. 2　胶结、交代作用

杜寨—桥口地区沙三段砂岩中可见到多种类型的胶结物，以碳酸盐胶结为主，硅酸盐岩、硫酸盐岩、黏土矿物胶结为辅，见沥青、黄铁矿和硬石膏发育。

3. 2. 2. 1　胶结作用

（1）碳酸盐胶结。

碳酸盐胶结物是区内砂岩中最主要的胶结物，据铸体薄片结果鉴定，碳酸盐胶结物主要包括方解石、铁方解石、白云石和铁白云石(图 3-28a)。如濮深 8 井碳酸盐胶结物主要为方解石，自上而下普遍发育，上部含量较高，下部含量较低，最高含量为 36%。其中方解石呈泥晶、微晶结构，向下变为细晶结构，局部见方解石呈巨晶包含碎屑结构。方解石一般呈孔隙式胶结，少量为基底式胶结，并且交代其周围的碎屑颗粒。

研究区碳酸盐胶结物的含量较高，从 6. 8%～29. 8%，集中在 10%～20%，总平均含量为 14. 27%(图 3-29)。根据产状特征，可以分辨出最早出现的胶结物方解石，主要充填在残余原生粒间孔中。依据出现时间分为早期胶结物和晚期胶结物。

铁方解石、白云石、铁白云石常被看做晚期胶结的产物。镜下常见铁方解石包围或胶带方解石的现象，说明铁方解石形成时间晚于方解石。白云石的沉淀晚于方解石，主要的胶结、交代作用是颗粒的白云石化，与铁白云石一起看作是晚成岩作用的产物。且随着埋深的增加，白云石和铁白云石沉淀发育。晚期胶结产物往往充填孔隙，不利于储层空间的发育，使孔隙度明显降低(图 3-30)，常见的铁质胶结为黄铁矿(FeS_2)，单偏光下不透明，反射光下有金黄色光泽，呈斑点状、星散状、纹层状产出；但在扫描电镜下呈粒状集合体产出(图 3-28f)。

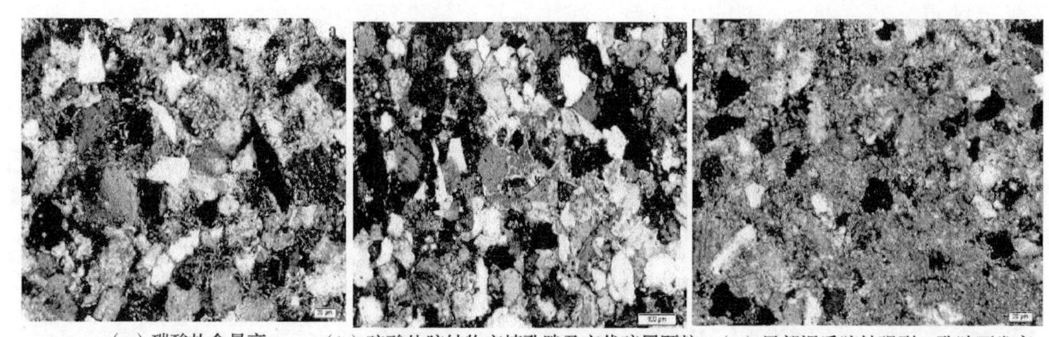

（a）碳酸盐含量高（濮深4井，3722.85m，20×10+）

（b）硫酸盐胶结物充填孔隙及交代碎屑颗粒（桥35井，4235.77m，10×10+）

（c）局部泥质胶结强烈，孔隙不发育（濮深4井，3569.32m，20×10+）

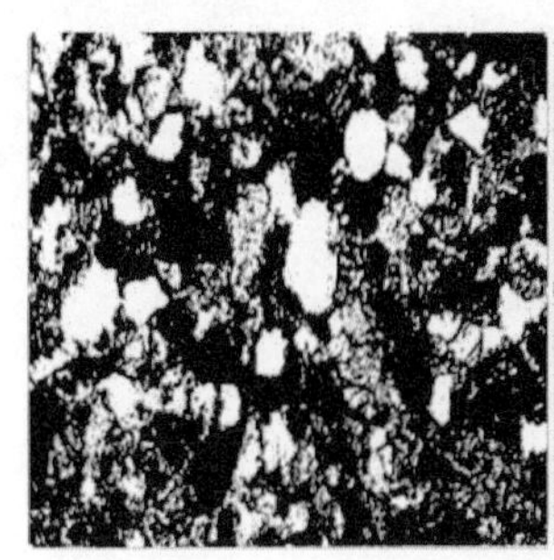

（d）含灰质极细粒石英砂岩，灰质充填孔隙并交代碎屑，偶见石英次生加大（濮深8井4715.0~4743.5m，沙三$_3$亚段，正交偏光，×170）

（e）六方双锥晶自生石英（桥16井，3976.21m）

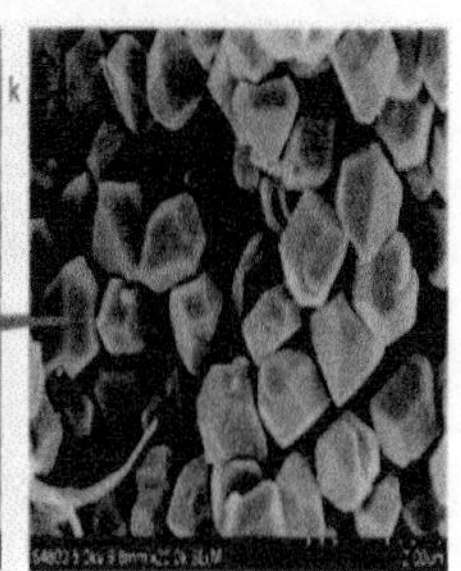

（f）分散状五角三八面体黄铁矿晶体（桥16井，3976.21m）

图 3-28　桥口—杜寨地区深部储层胶结作用特征

（2）石英次生加大。

石英次生加大现象在桥口地区发育尤为显著，在 3900~4500m 深度段尤为集中，这是一种主要由埋藏成岩过程中的压实—压溶作用而形成的低孔、低渗砂岩体。主要是由于混层黏土向伊利石转化过程中产生 SiO_2，同时压溶作用也产生 SiO_2，增加了孔隙中 SiO_2的浓度。石英次生加大常常向粒间孔隙方向产生洁净的亮边(图 3-28e)，沿颗粒边缘环绕呈带状或不完整的舌状、耳状分布，发育好时常见完好的半自形—自形晶，石英的次生加大或期次最高可达 3 个世代。石英次生加大边宽一般为 15~70μm，最高可达 140.6μm，平均 38.5μm。石英次生加大边的窄宽不均一，主要是由于压溶作用使其生长空间受到限制。强烈的增生作用会使孔隙急剧减少，但如果深部增生作用发生时，岩石仍保持较高的次生孔隙，亦可形成较好的增生晶面，石英增生可导致 1%~2%的孔隙遭破坏。镜下也可见石英次生加大边被溶蚀或被铁方解石、铁白云石交代。

从总体上讲，濮深 8 井石英颗粒的次生加大较发育。沙三段发展为Ⅱ—Ⅲ级加大，加大石英含量为 3%~5%。古生界石英加大为Ⅳ级(图 3-28d)。石英次生加大强烈处见碎屑颗粒紧密接触呈镶嵌结构。另外，石英次生加大受粒间填隙物的影响，粒间填隙物多者次生加大不发育，粒间填物少者次生加大发育。自生石英一般附着在孔隙壁上，与溶蚀作用相伴生，晶体直径一般为 5~10μm，含量一般低于 1% 。斜长颗粒也发生加大，但规模远小于石英加大，加大长石含量小于 2.7%。

（3）硬石膏的沉淀及胶结。

硬石膏沉淀、胶结在研究区分布局限且含量低，仅在桥口地区局部发育，在薄片中呈零星斑块状分布，偶在桥35井有局部连片发育(图3-28c)。其特征表明形成于铁白云石之后，属晚期胶结物。由于硬石膏的沉淀温度大于80~100℃，且溶解度随温度上升而下降，因此深部硬石膏更不易被溶蚀，故硬石膏的胶结不利于有效储层的形成。

(4) 其他胶结物。

薄片中常见的其他胶结物有：黄铁矿、沥青及泥质胶结物等(图3-28b)。这些自生矿物的含量虽不太高，但它们主要生长在孔隙之中，堵塞孔隙或喉道并降低了砂岩的孔渗性。

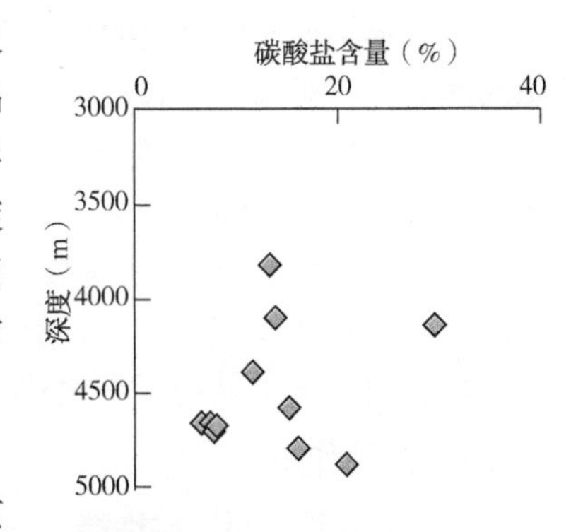

图3-29　桥口地区碳酸盐胶结物垂向演化特征

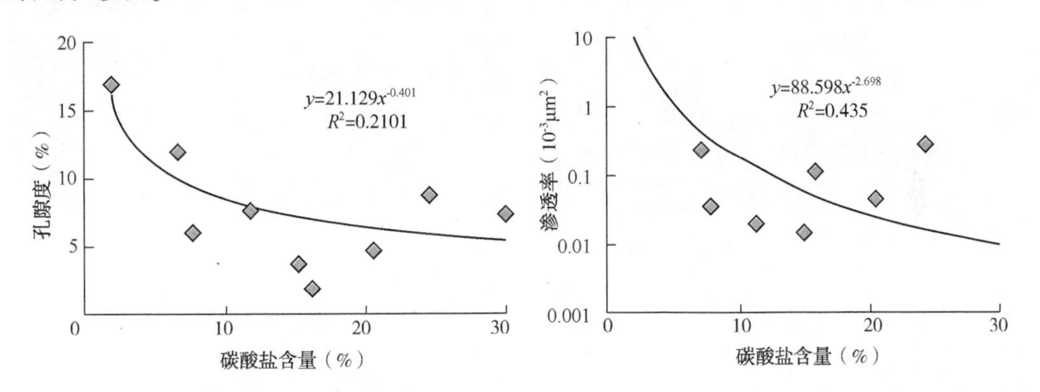

图3-30　桥口地区沙三—沙四段储层碳酸盐含量与物性关系图

3.2.2.2　交代作用

研究区交代作用主要表现为如下几种：

(1) 碳酸盐矿物之间(同类矿物)的交代作用，通常是铁方解石交代方解石的形成。方解石相对形成最早，铁白云石形成最晚，铁方解石和白云石介于前两者之间，大致同期或有多期(图3-31a)

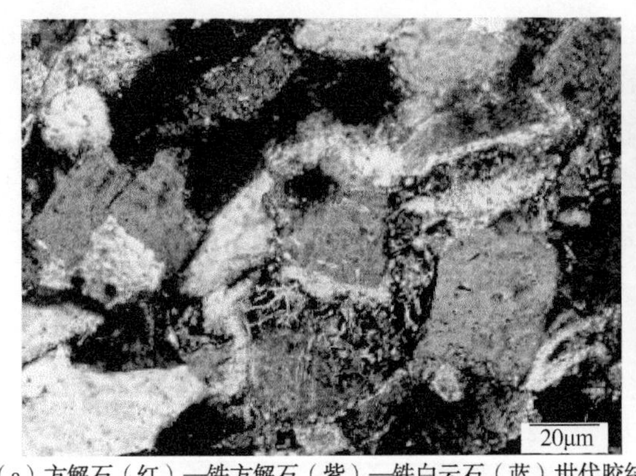

(a) 方解石（红）—铁方解石（紫）—铁白云石（蓝）世代胶结（桥24井，3747.98m，4×10+）

(b) 方解石完全交代长石（桥35井，3783.91m，20×10+）

图3-31　桥口—杜寨地区储层交代颗粒特征

(2) 不同类型矿物之间的交代作用，在深层砂岩中很普遍。(1)方解石在充填胶结颗粒孔隙的同时，还对石英、长石以及岩屑部分交代，表现为颗粒边缘呈港湾状或全部交代；(2)白云石交代石英颗粒，铁方解石除了交代方解石并使其包裹在其中外，往往见到其交代砂岩碎屑颗粒；(3)晚期的铁白云石不仅交代长石、岩屑等不稳定组分，还普遍交代稳定组分石英碎屑，通常在镜下表现为呈面积大的斑杂(块)状，且结晶能力强，自形程度较好(图 3-31b)。

(3) 其他类型交代作用。硬石膏在桥 33 等井深层中有发现。硬石膏非选择性地交代碎屑颗粒，自身又被铁白云石交代。

3.2.2.3 溶蚀作用

杜寨—桥口地区对储层性能改善有贡献意义的是溶蚀作用，镜下常见到的被溶矿物有：长石、石英等颗粒组分，碳酸盐胶结物，岩屑等易溶填隙物等(图 3-32)。深层溶解作用形成的溶蚀孔隙，使得孔隙之间的连通性变好，可见残余原生孔隙、残余粒间孔隙被连通形成超大孔隙，从而改善深层储层的储集性能。根据溶蚀作用发生的时间分为早期溶蚀和晚期溶蚀作用。

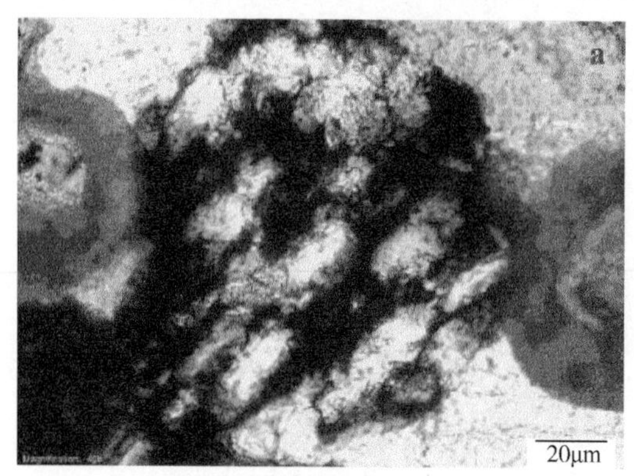

(a) 石英溶蚀残余
(桥63井，4427.56m，20×10+)

(b) 长石沿解离被溶蚀
(桥33井，3659.12m，40×10-)

图 3-32 桥口—杜寨地区储层颗粒溶蚀特征

中成岩 A 期，有机质正处于生烃高峰时期，有机酸脱羧后，孔隙水中酸性有所下降，但是有机酸分解出的 CO_2溶于水形成碳酸，可对早期沉淀的碳酸盐胶结物和铝硅酸盐如长石进行溶蚀。

中成岩 B 期，温度达到 150~170℃，镜质体反射率介于 1.3~2.0，有机质转化进入高成熟时期，石油裂解释放有机酸，降低了孔隙流体的 pH 值，可以进一步形成溶蚀作用，此阶段主要溶蚀对象为碳酸盐岩，对长石的溶蚀能力下降。

随埋深的增加，储层内压力不断增大，在断层压力封隔的条件下形成的热循环对流也进行的溶蚀作用，对研究区深层有效储层的形成有重要意义。此阶段主要针对异常超压保存下的前期孔隙进行改善，溶蚀对象为碳酸盐岩。

3.3 成岩阶段划分

3.3.1 文东成岩阶段划分依据

3.3.1.1 岩石结构特征

岩石结构会随着成岩程度的加深发生变化，因此颗粒的接触关系、胶结物的种类形态等多种岩石特征可以作为划分成岩阶段的依据。

据铸体薄片观察，研究区储层中脆性颗粒破碎、塑性颗粒变形严重，颗粒多为点—线接触或线接触，甚至缝合接触，表明岩石压实作用强烈。

同时，碳酸盐胶结严重。碳酸盐种类多样，方解石、铁方解石、白云石、铁白云石都有出现，局部石膏硬石膏斑状胶结现象严重，石英加大可达到Ⅱ级到Ⅲ级，表明岩石胶结作用强烈，储层已进入中成岩期。储集空间多为次生溶蚀孔隙，颗粒边缘溶蚀成港湾状，颗粒内部也见溶蚀现象，表明储层经历溶蚀作用强烈。

岩石结构特征表明储层成岩程度较强，进入中成岩 A 期、中成岩 B 期和晚成岩期。据颗粒形态及接触关系、胶结物种类及形态、溶蚀程度可以对成岩阶段进行划分。

3.3.1.2 古地温

不同的成岩阶段对应不同的古地温指标，因此，利用包裹体分析技术对研究区不同地区、不同层位储层进行了均一温度测试。根据文东地区古地温测试表(表 3-4)，可以划分成岩阶段。研究区古地温高，大于 130℃，已经达到中成岩期。

表 3-4　文东地区古地温测试表

井 号	层位	井深(m)	温度(℃)
文 243	Es_3^2	3999.03~4081.82	137
濮深 14	Es_3^3	4516.8~4519.3	167
文 243	Es_3^3	4362.5~4406.1	162
文 260	Es_3^4	3994.8~4029.2	156
前参 2	Es_4	4997.65~5235.5	171
前参 2	Es_4	4997.65~5071.46	171
濮深 12	Es_3^4	4811.7	(136.8~148.2)/143.2

东濮凹陷文东地区沙三—沙四段系统测温资料表明，地温随埋藏深度增加而增大，总体趋于稳定(图 3-33)。

3.3.1.3 有机质成熟度

沉积物埋藏时间和埋藏温度反映了有机质成熟度的高低，并且与其呈函数关系，具有不可逆性。镜质组反射率 R_o 是衡量有机质热演化程度的指标之一，是目前最重要的古温标。当镜质组经历热变质时，其反射率不可逆地增大，因此镜质组反射率保留了盆地演化历史过程中曾经达到过的最大古地温的信息，可以作为划分成岩阶段的依据。

统计资料分析，研究区沙三—沙四段储层 R_o 范围为 1.56%~4.6%(图 3-34)，属于有机质低成熟期、成熟期、高成熟期、过成熟期，对应的成岩阶段为中成岩 B 期及晚成岩期。

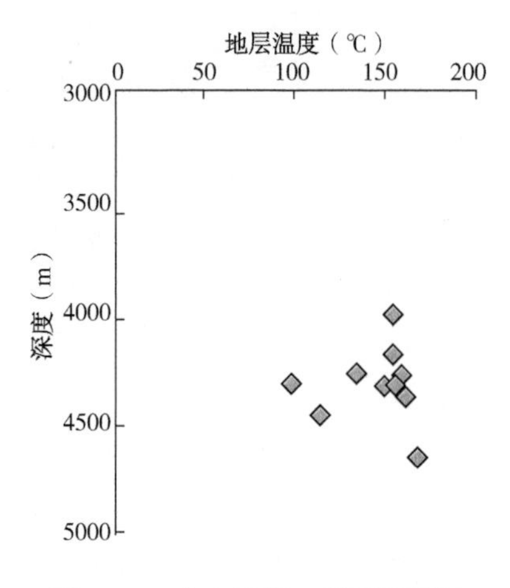

图 3-33　文东地温—深度剖面图

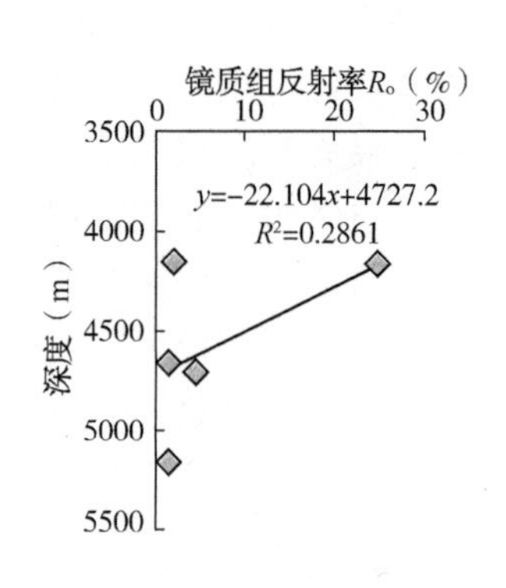

图 3-34　文东地区沙三—沙四段储层 R_o 随深度变化图

3.3.1.4　黏土矿物转化

在成岩演化过程中，由于温度、压力、流体性质的变化，黏土矿物也会发生变化，其演化程度可以作为划分储层成岩阶段的依据。

一般情况下，蒙脱石会在富 K^+ 介质条件下转变为伊利石，富 Fe^{2+}、Mg^{2+} 的介质条件下转变为绿泥石。高岭石是长石溶解的产物，也会转变为伊利石。伊/蒙混层比也会反映黏土矿物演化的程度，反映成岩演化程度。

文东地区主要黏土矿物为伊利石-绿泥石组合。在纵向上，据伊利石、高岭石、绿泥石、伊/蒙混层含量随深度的变化图(图 3-35)可以划分成岩阶段。

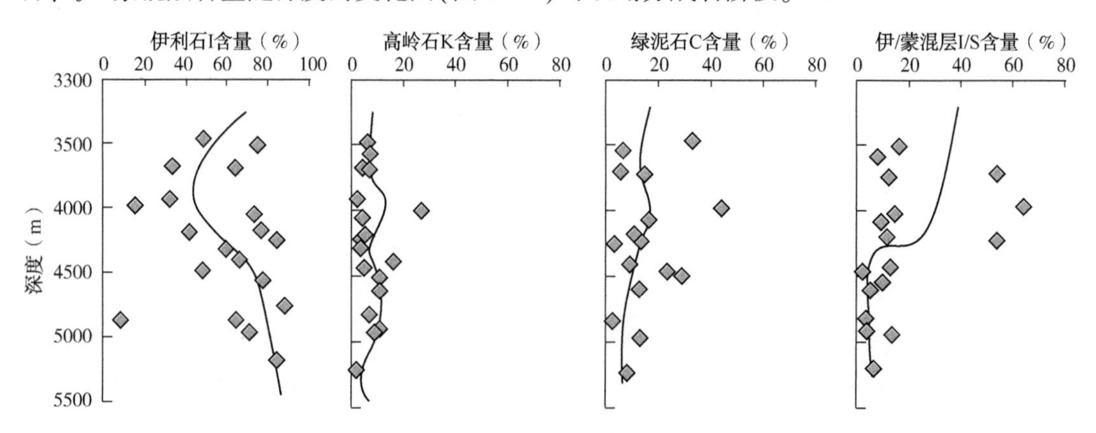

图 3-35　文东地区沙三—沙四段储层黏土矿物垂向演化图

3.3.2　文东成岩阶段划分结果

据中国石油天然气行业标准 SY/T 5477—2003《碎屑岩成岩阶段划分》中盐湖盆地碎屑岩成岩阶段划分及主要标志，将埋深大于 3500m 的地层划分为中成岩 A、中成岩 B 和晚成岩三个阶段。各成岩阶段与镜质组反射率 R_o、古地温、自生矿物、黏土矿物、孔隙类型、有机质成熟度的演化特征的综合关系如图 3-36 所示。

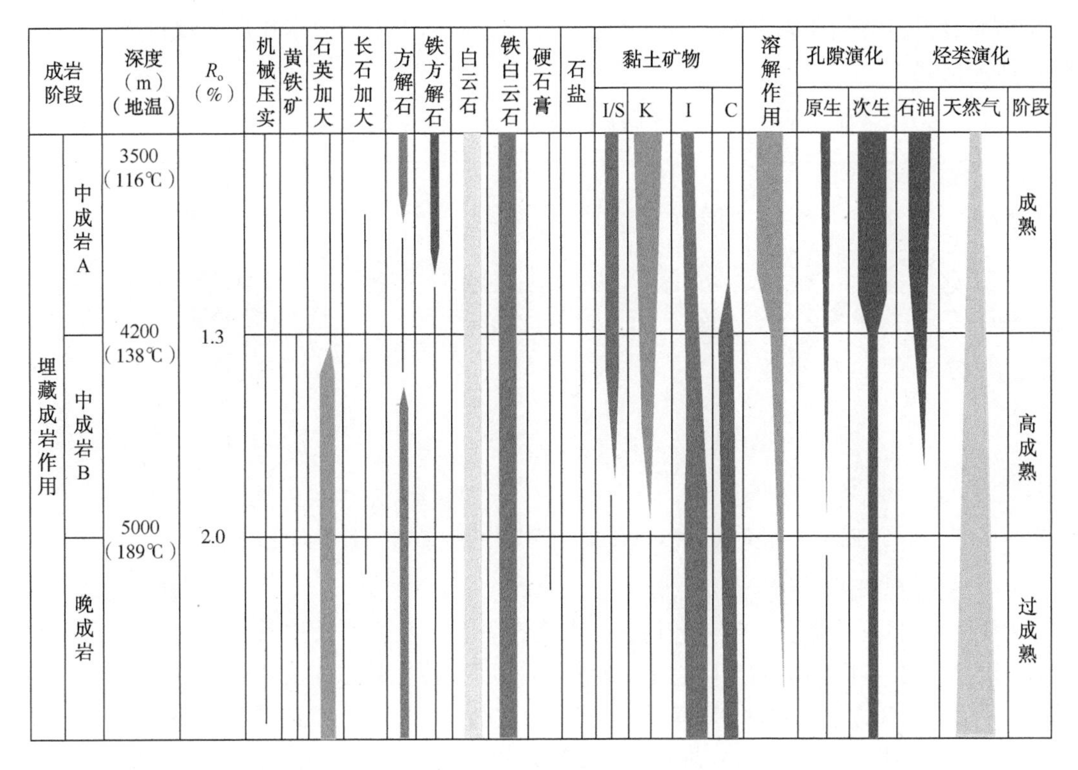

图 3-36 文东地区沙三—沙四段碎屑岩成岩阶段划分及成岩演化模式图

3.3.2.1 中成岩 A 期

埋藏深度介于 3500~4000m，地温 116~138℃，镜质组反射率 0.5%~1.3%，伊/蒙混层中的蒙脱石第三转化带，由 20%转化到 15%。本阶段以石英加大，白云石、含铁白云石胶结、交代为特征，高岭石迅速减少(由 40%转化到 20%)，绿泥石突然增加，伊利石增加，其次是有硬石膏和石盐沉淀，储层物性逐渐变差，孔隙度一般为 10%~15%。

3.3.2.2 中成岩 B 期

埋藏深度为 4000~4800m，地温 138~169℃，镜质组反射率 1.3%~2.0%。孔隙水为中性—弱碱性，成岩作用主要表现为压实、石英增生加大和含铁白云石的交代，储层物性进一步变差，孔隙度一般为 5%~15%。

3.3.2.3 晚成岩期

埋藏深度大于 4800m，地温 169~200℃，镜质组反射率大于 2.0%。本阶段以铁白云石、白云石交代为主，储层物性进一步变差，孔隙度变小，发育裂缝。

3.3.3 杜寨—桥口地区成岩阶段划分

3.3.3.1 黏土矿物转化史分析

研究区比较有代表意义的黏土矿物包括：蒙脱石、伊利石、高岭石和绿泥石。随埋深增加，蒙脱石向伊利石转化，其他黏土矿物也相应作规律性变化，这些变化规律与泥岩中黏土矿物演化规律如图 3-37 所示。由图 3-37 可知，伊/蒙混层的转化、高岭石及绿泥石的相对含量趋势与孔隙演化基本一致，而伊利石含量的变化与孔隙演化趋势基本相反。黏土矿物对有机质演化和成岩作用的主要意义在于：催化作用，脱水作用和提供胶结、交代作用所需的离子。

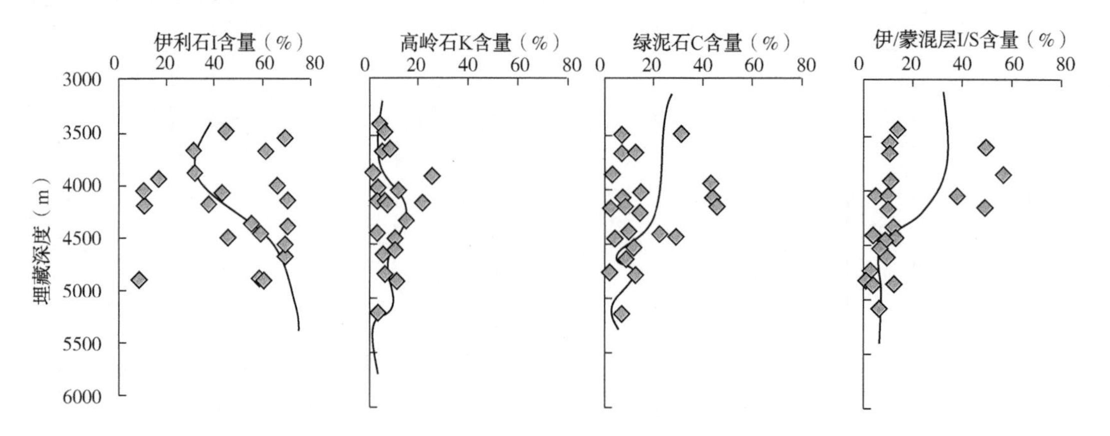

图 3-37 文东—桥口地区砂岩储层中黏土矿物含量垂向分布图

（1）蒙脱石和伊利石。

砂岩中伊利石为蒙脱石转化产物，二者在含量上呈互相消长关系。通过对本区黏土成岩作用的研究，本区储层黏土矿物主要经历第一迅速转化带(R1)、第二迅速转化带(R2)和转化终结带(R3)的成岩演变。对黏土矿物转化与孔隙演化的规律进行如下分析。

① 第一迅速转化带(R1)：埋深小于2300~4000m，有机质成熟，伊/蒙混层中的蒙脱石含量为35%~50%；层间水大量脱出，离子交换发育。从反应动力学角度看，迅速转化带实际上是一个能量释放和物质转变的突发过程，对有机质成熟起着重要的催化作用。蒙脱石向伊利石第一迅速转化促进了干酪根的热裂解，短链羧酸和 CO_2 大量产出，酸碱环境差异趋于显著。有机酸的存在使得 Al^{3+} 显著活化，并以络合物形式被搬运，这将有利于铝硅酸盐(长石)等的溶蚀，形成大量次生孔隙。

② 第二迅速转化带(R2)：埋深大于4000~4800m。伊/蒙混层中的蒙脱石含量约小于35%。残余层间水脱出，有机酸产量也较低，长石溶蚀较为局限，次生孔隙仅局部发育。其孔隙度降低明显，平均面孔率小于10%。

③ 伊利石带(R3)：伊/蒙混层含量极低，伊利石大量产出。研究表明，伊利石仍具有较高的催化活性，其对高分子烃类裂解具有一定影响。蒙脱石向伊利石转化过程中，会产生 SiO_2，增加了孔隙中 SiO_2 的浓度，并导致石英增生发生。但这种增生由于孔隙空间的限制，使增生石英形成晶棱不明显的嵌晶结构。白云石沉淀与蒙脱石向伊利石转化析出的 Mg^{2+} 和地下深部弱碱性环境有关。

（2）高岭石。

高岭石是在孔隙水介质 pH 值约为 5 时的弱酸性溶液中通过正长石类矿物的水解而形成的，其基本反应如下：

$$2KAlSi_3O_8+16H_2O \longrightarrow 2K^++2Al^{3+}+8OH^-+6H_4SiO_4 \longrightarrow$$

$$Al_2(OH)_4SiO_5+4SiO_2+2K^++2OH^-+13H_2O$$

这一反应导致高岭石的生成和 SiO_2、K^+ 的大量释放，为石英的增生、微晶石英沉淀和蒙脱石向伊利石转化提供了必需的物质成分。孔隙水介质酸性条件下蒙脱石也可以向高岭石转化。

（3）绿泥石。

绿泥石是在弱碱性(pH 值为 7～ 9)的孔隙水中沉淀的。长石的绿泥石化就是在较深的埋藏条件下，通过长石的碱性溶解并与黏土矿物(如白云石、高岭石或伊利石)发生成分取代反应，或者直接从孔隙溶液中吸取 Mg^{2+}、Fe^{3+} 和 Si^{4+}，并在长石表面或邻近的孔隙中沉淀新生的绿泥石。碱性环境蒙脱石也可以向绿泥石转化，绿泥石随埋深含量相对集中，在砂岩黏土矿物中相对含量为 3%～48%，文东地区含量略高。

（4）有机质成熟度。

由于桥口地区资料较少，所以以濮深 10 井为例，濮 10 井 4379～5001.50m 泥岩中干酪根性质特征见表 3-5。从表 3-5 中可以看出，在 4725m 与 5001.5m 之间 R_o 由 1.44%突变到 1.97%，这一突变是热液作用烘烤引起的(图 3-38)。

表 3-5　濮深 10 井沙三—沙四段储层 R_o 随深度变化表

样品深度(m)	4379	4431	4555	4725	5001.5
R_o(%)	1.17	1.33	1.40	1.44	1.97

3.3.3.2　成岩序列与成岩阶段确定

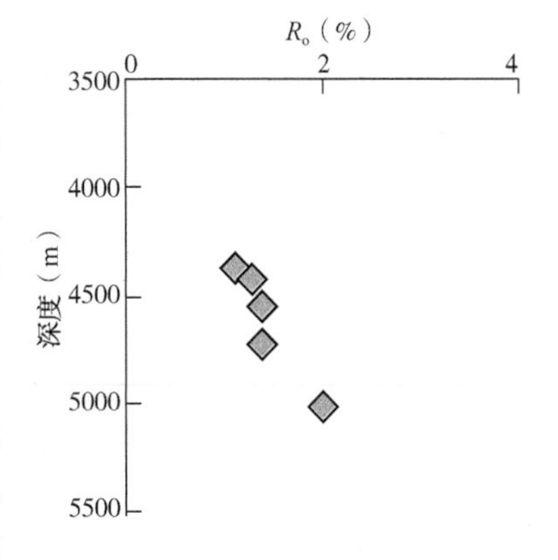

图 3-38　濮深 10 井沙三—沙四段储层 R_o 随深度变化图

（1）依据盐湖盆地碎屑岩成岩阶段划分标准，在前人研究的基础上，结合研究区砂岩成岩作用和泥岩中黏土矿物变化的具体情况，对杜寨—桥口地区沙三段成岩作用阶段划分为三个阶段：中成岩 A 期、中成岩 B 期、晚成岩期其成岩作用阶段(图 3-39)。

① 中成岩 A 期。

埋藏深度介于 3300～4000m，地温 120～150℃，镜质组反射率 1.0～1.3，伊/蒙混层中的蒙脱石第一转化带由 20%转化到 15%。此阶段有机质转化已经进入成熟阶段，干酪根热降解形成大量短链羧酸。主要的成岩作用类型是胶结作用、溶蚀作用，主要为碳酸盐胶结物的溶蚀。由于较高温度的封闭温度和热催化作用，有机酸不能有效地排入砂岩。由于有机酸产能的降低以及溶蚀反应对酸的消耗，显然储层中酸性环境下降，变为弱酸性。储集空间以次生溶蚀孔为主，另见少量残余原生孔隙，孔隙度一般为 10%～20%。

② 中成岩 B 期。

埋藏深度 4200～5000m，地温 150～170℃，镜质组反射率介于 1.3～2.0。有机质进入过成熟阶段，伊/蒙混层转化处于第二转化带。有机酸缺乏，脱羧作用不发育，碱性环境发育。孔成岩作用主要表现除了显著的粒内压实外，铁白云石、伊利石、绿泥石胶结类型发育。

储层物性进一步变差，孔隙度一般小于 10%。

③ 晚成岩期。

埋深大于 5000m，地温 175～200℃，镜质组反射率大于 2.0，伊/蒙混层转化趋于完结(R_3 有序)，本阶段以铁方解石、铁白云石、白云石交代为主，储层物性进一步变差，孔隙度变小，发育裂缝，孔隙度较小。

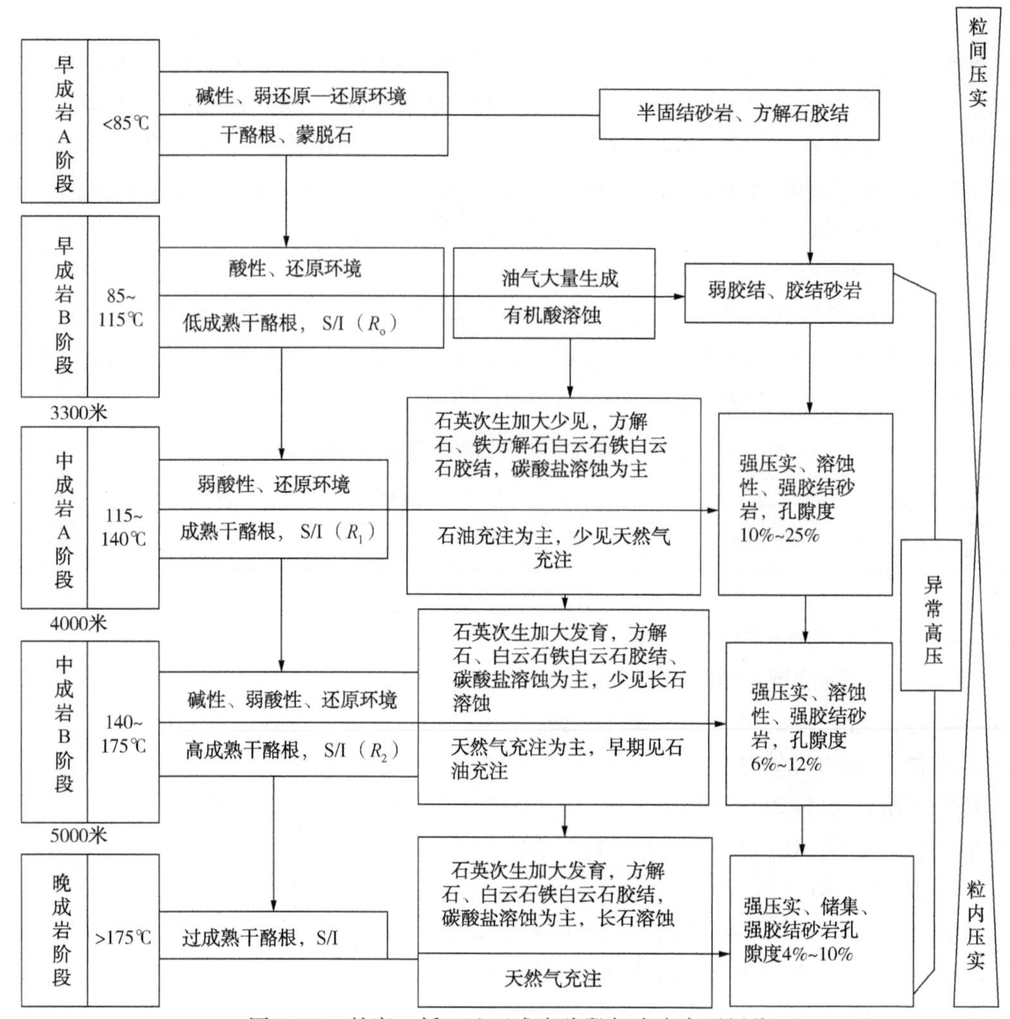

图 3-39　杜寨—桥口地区成岩阶段与成岩序列划分

（2）据 SY/T 5477—2003《碎屑岩成岩阶段划分》，结合本井的镜质组反射率(R_o)、X-衍射、砂岩结构、自生矿物组合等资料，濮深 8 井主要勘探目的层砂岩成岩作用已进入晚成岩阶段，可进一步划分为 A、B、C 三期，其中 A 期又分为 A1、A2 两个亚期(表 3-6)。

表 3-6　濮深 8 井砂岩成岩阶段划分表

成岩阶段			R_o(%)	孔隙度(%)	孔隙类型	蒙脱石含量(%)	石英次生加大级别	碳酸盐胶结物特征	深度(m)	层位
阶段	期	亚期								
	A	A1	0.5 0.7	10~25	次生孔	50~35	Ⅱ	方解石	2600~ 3200	Ed、Es_1
	B	A2	1.2	8~15	次生孔	35~15	Ⅱ	亮晶 铁白云石	3200~ 4300	Es_2、Es_3^1 Es_3^2
	C		2	<8	少量次生 孔裂缝	<15	Ⅲ	亮晶方解石、 白云石	4300~ 5084	Es_3^2、Es_3^3 Es_3^4、Ek
			>2	<8	少量次生 孔裂缝	混层 消失	Ⅳ	亮晶白云石	>5084	P

晚成岩阶段 A1 亚期：R_o 为 0.5%～0.7%，孔隙类型以次生孔隙为主，孔隙度一般为 15%～25%，I/S 混层中蒙脱石含量 35～50%，石英次生加大Ⅱ级，碳酸盐胶结物以亮晶方解石为主，埋深 2600～3200m，相当于今层位东营组、沙一段。

晚成岩阶段 A2 亚期：R_o 为 0.7%～1.2%，孔隙类型以次生孔隙为主，孔隙度一般为 8～15%，I/S 混层中蒙脱石含量 15～35%，石英次生加大Ⅱ级，碳酸盐胶结物以亮晶铁白云石为主，埋深 3200～4300m，相当于今层位沙二段、沙三$_2$ 亚段上部。

晚成岩阶段 B 亚期：R_o 为 1.2%～2%，少量次生孔隙，孔隙度一般小于 8%，I/S 混层中蒙脱石含量为小于 15%，石英次生加大Ⅲ级，碳酸盐胶结物以亮晶方解石和白云石为主，埋深 4300～5081m，相当于今层位沙三$_2$ 亚段下部、沙三$_3$ 亚段、沙三$_4$ 亚段、孔店组。

晚成岩阶段 C 期：R_o>2%，少量次生孔隙，砂岩非常致密，但发育一定量裂缝，孔隙度小于 8%，混层消失，石英次生加大Ⅳ级，亮晶白云石为主，埋深大于 5084m，相当于今层位二叠系。

4 储层孔隙演化

4.1 文东地区有效孔隙演化特征

4.1.1 演化过程

根据薄片中所观察到的成岩事件，考虑东濮凹陷整体的成岩环境，分析孔隙演化过程如下：

（1）颗粒沉积，碱性成岩环境。

（2）初期机械压实，颗粒之间孔隙减少，形成初期原生孔隙。

（3）早期碳酸盐岩胶结，岩石固结，因胶结物充填孔隙，初期原生孔更加狭小。

（4）酸性环境，溶蚀作用，有机酸等酸性流体进入砂岩，使碳酸盐胶结物和长石强烈溶解，形成大量次生孔隙。

（5）油气充注孔隙空间，抑制压实与胶结作用，促进溶蚀作用，产生次生孔隙及混合孔隙；或产生异常高压，减缓压实作用，保存孔隙；相反油气未充注或处于正常压实，次生孔隙因压实减少。

（6）成岩环境恢复碱性，晚期碳酸盐胶结物充填孔隙空间，并交代石英，石英和石英质岩屑溶蚀，产生碱性溶蚀孔隙，孔隙稍有增加。

4.1.2 演化阶段

根据成岩演化特征，分为3500~4200m和4200~5000m两个深度段对储层的演化特征进行分析。

4.1.2.1 3500~4200m深度段有效储层演化特征

以烃类早期充注的文260井3751.58m砂岩储层(图4-1)为例，通过现今孔隙成因类型分析、成岩事件序列恢复，将孔隙演化分为以下4个阶段(图4-2)。

(1)碎屑物质经反复搬运到盐湖盆地堆积下来，杂基含量较低。埋深至2000m前压实作用较弱，颗粒之间以点接触为主，孔隙度约25%。

（2）当埋深增加到2500m，压实作用逐渐增强，颗粒间以点—线接触为主。方解石等早期碳酸盐矿物从孔隙流体中沉淀出来，将颗粒胶结在一起。孔隙体积有所减少，损失率约为40%。

（3）埋深继续增加，大约在3300m时，压实作用使得颗粒以线接触为主。碳酸盐矿物的胶结及对碎屑颗粒的交代作用一直在进行，颗粒边缘呈锯齿状或鸡冠状等不规则形态。此时，相邻生油岩进入大量生烃期，烃类逐渐充注储层孔隙。由于烃类占据了孔隙空间，使得碳酸盐胶结作用受到抑制，孔隙在一定程度上得到保存。烃类充注后，携带的有机酸溶蚀改造原生孔隙，形成较好的次生孔隙，增加孔隙率约 5%。

（a）文260井（3571.58m，20×10-）　　（b）文260井（3571.58m，20×10+）

图 4-1　文 260 井砂岩储层镜下微观特征

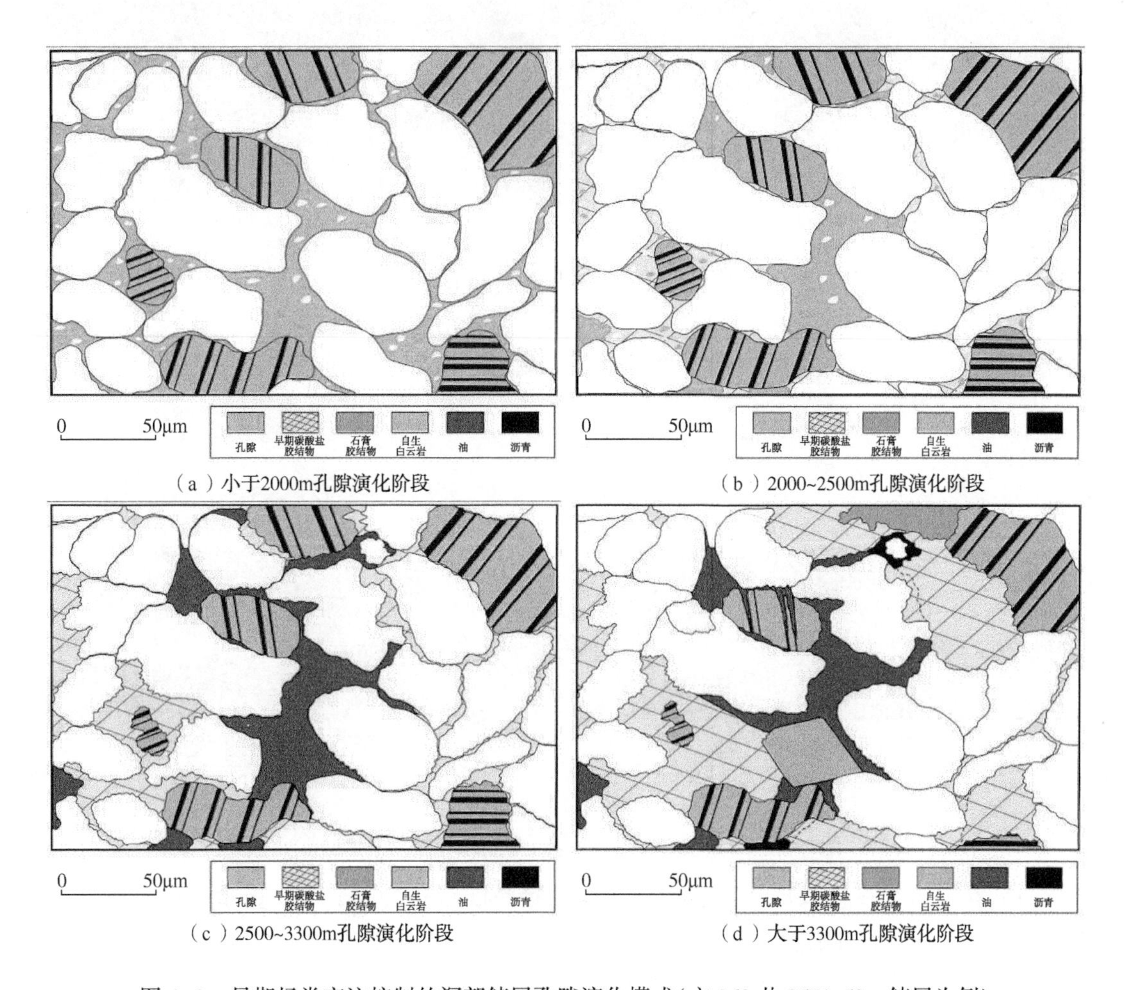

（a）小于2000m孔隙演化阶段　　（b）2000~2500m孔隙演化阶段

（c）2500~3300m孔隙演化阶段　　（d）大于3300m孔隙演化阶段

图 4-2　早期烃类充注控制的深部储层孔隙演化模式（文 260 井 3571.58m 储层为例）

（4）埋深大于 3300m 时，压实作用不断增强，颗粒接触更为紧密，局部出现凹凸接触。交代作用和溶解作用都在持续进行。有些颗粒被完全交代，甚至还能看到颗粒原来的大致轮廓。颗粒被溶蚀的程度也有一定的增加。在胶结物中出现自生白云石和石膏胶结物，白云石晶形较好。碳酸盐矿物对碎屑颗粒的交代作用继续进行，一些被完全交代的碎屑颗粒已经基本分辨不出原来的轮廓。见石英颗粒的次生加大现象，石油热演化转化出少量沥青，孔隙度减少率约 5%。

4.1.2.2 4200~5000m 深度段有效储层演化特征

在大于 4200m 深度范围内储层孔隙演化更加剧烈，原有孔隙甚至变得面目全非，如濮深 12 井 4800m 下的深部储层，因遭受长期的压实、胶结、交代等成岩改造，大多数孔隙很难保存(图 4-3)。其孔隙演化的前后过程如图 4-4 所示。

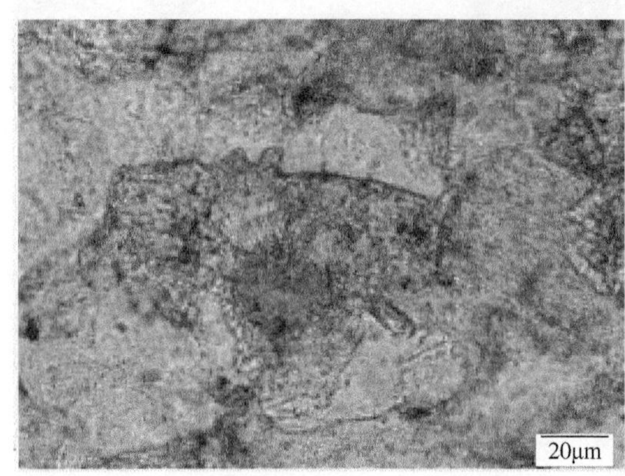

（a）濮深12井（4808.65m，40×10-）

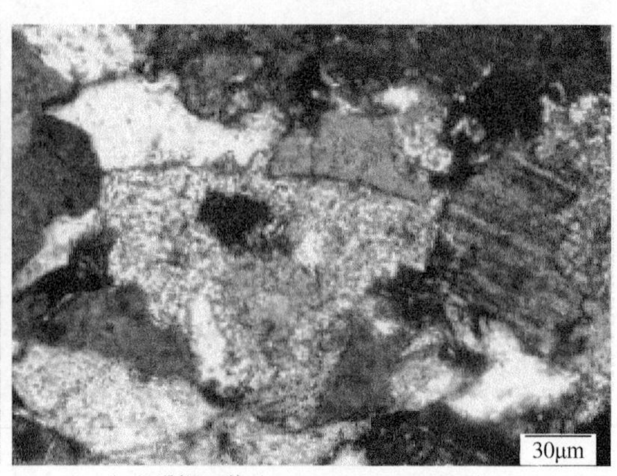

（b）濮深12井（4808.65m，40×10-）

图 4-3 濮深 12 井砂岩储层镜下微观特征

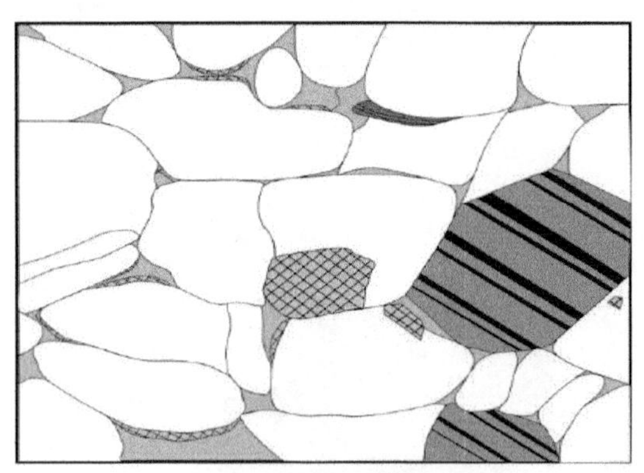

（a）小于2500m孔隙演化阶段

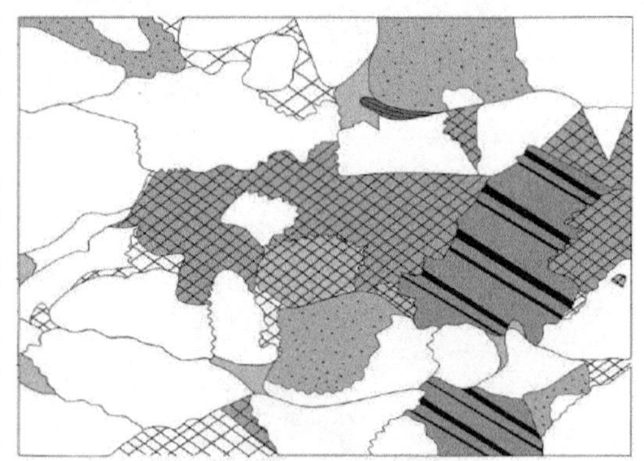

（b）4300~4800m孔隙演化阶段

图 4-4 濮深 12 井砂岩成岩演化前后对照(4808.65m)

(1) 在大约 2500m 深度，压实作用较强，颗粒间接触较为紧密，以点—线接触为主。碳酸盐胶结、交代作用较强，出现方解石对颗粒的部分交代现象。孔隙流体对颗粒有一定程度的溶解，见不规则的颗粒边缘，颗粒间保存一定量的原生孔隙。

(2) 随埋深的继续增大，在大约 3600m 进入中成岩 A 期。此阶段压实作用更强，颗粒排列更加紧密，以线接触为主，凹凸接触常见。晚期碳酸盐胶结与交代作用强烈，出现白云石对颗粒的部分交代现象。此时溶蚀作用也较强，出现部分次生孔隙，原生孔隙有一定程度的损失。石英颗粒有部分蚀变现象。

(3) 随埋深的继续增大，在大约4300m进入中成岩B期。此阶段，胶结作用和交代作用更为强烈，颗粒接触已很紧密，凹凸接触为主。出现铁白云石对颗粒的部分交代现象，有些颗粒已被铁白云石交代呈残余状。原生孔隙已经较少，有少量的溶蚀孔隙。

(4) 在现今4800m深度，成岩作用仍处于中成岩B期。颗粒排列十分紧密，原生残余孔隙基本消失，粒间溶蚀孔隙占多数。晚期碳酸盐胶结物发育，交代作用也很强烈。

4.2 文东地区有效孔隙演化及其改造模式

结合成岩阶段划分结果，第Ⅰ异常孔隙发育带主要为沙三中段，处于中成岩A期，第Ⅱ、第Ⅲ异常孔隙发育带主要为沙三中段、沙三下段，处于中成岩B期，第Ⅳ异常孔隙发育带主要为沙四段，处于晚成岩期。

通过岩石铸体薄片鉴定和物性分析资料分析，对文东地区沙三段、沙四段储层依据Housknecht提出的公式，定量分析了各种成岩作用对孔隙演化过程的影响，结合储层铸体薄片镜下特征、成岩现象分析、扫描电镜观察、荧光阴极发光，运用回剥法恢复储集空间演化历史(表4-1)，做出了文东地区沙三段、沙四段储层不同成岩阶段的孔隙度演化特征简图(图4-5、图4-7及图4-9)。结合碱性水介质储集层成岩模式和文留地区埋藏史图，分别分析了沙三中段、沙三下段、沙三段的储集空间演化历史，建立模式图(图4-6、图4-8及图4-10)。

表4-1 文东地区Es_3、Es_4孔隙发育史简表

层位 (成岩期)	Es_3^中 (中成岩A期)	Es_3^下 (中成岩B期)	Es_4 (晚成岩期)
原始孔隙度(%)	36.75	36.75	36.75
压实作用之后孔隙度/压实率(%)	21.23/48.76/较强—中	22.25/39.45/中—较强	15.35/58.24/强
胶结作用之后孔隙度/胶结率(%)	6.68/68.55/强—较强	7.51/66.26/强—较强	9/41.37/中
溶蚀后现今孔隙度/溶蚀率(%)	7.57/6.14/弱	9.16/11.21/中	10.1/17.32/较强

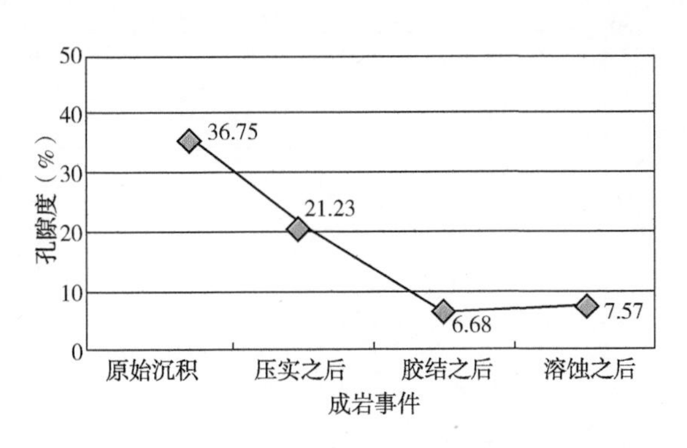

图4-5 文东地区沙三中亚段储层孔隙度演化特征

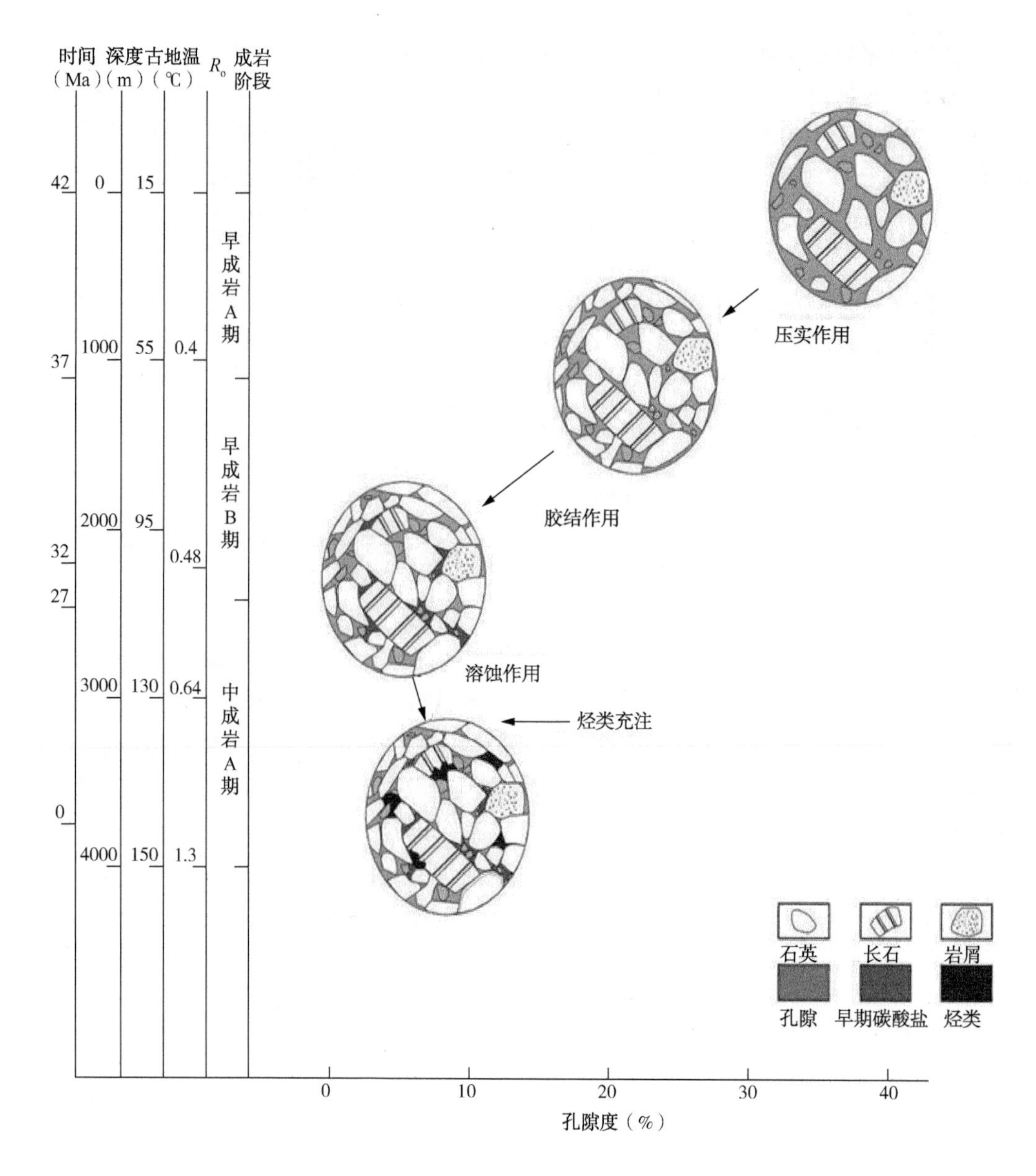

图 4-6　文东地区沙三中亚段储集空间演化模式图

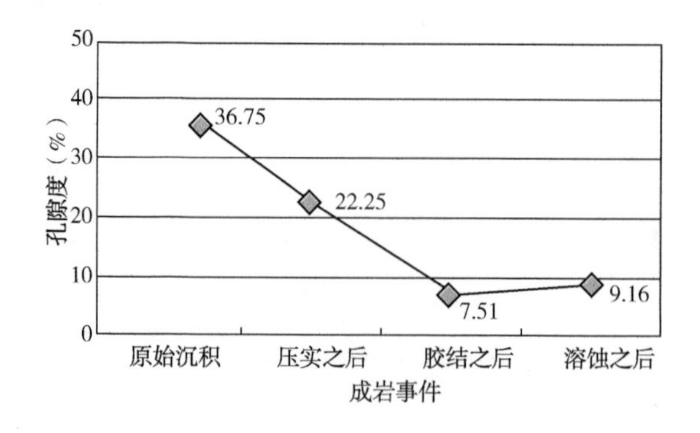

图 4-7　文东地区沙三中—下亚段储层孔隙度演化特征

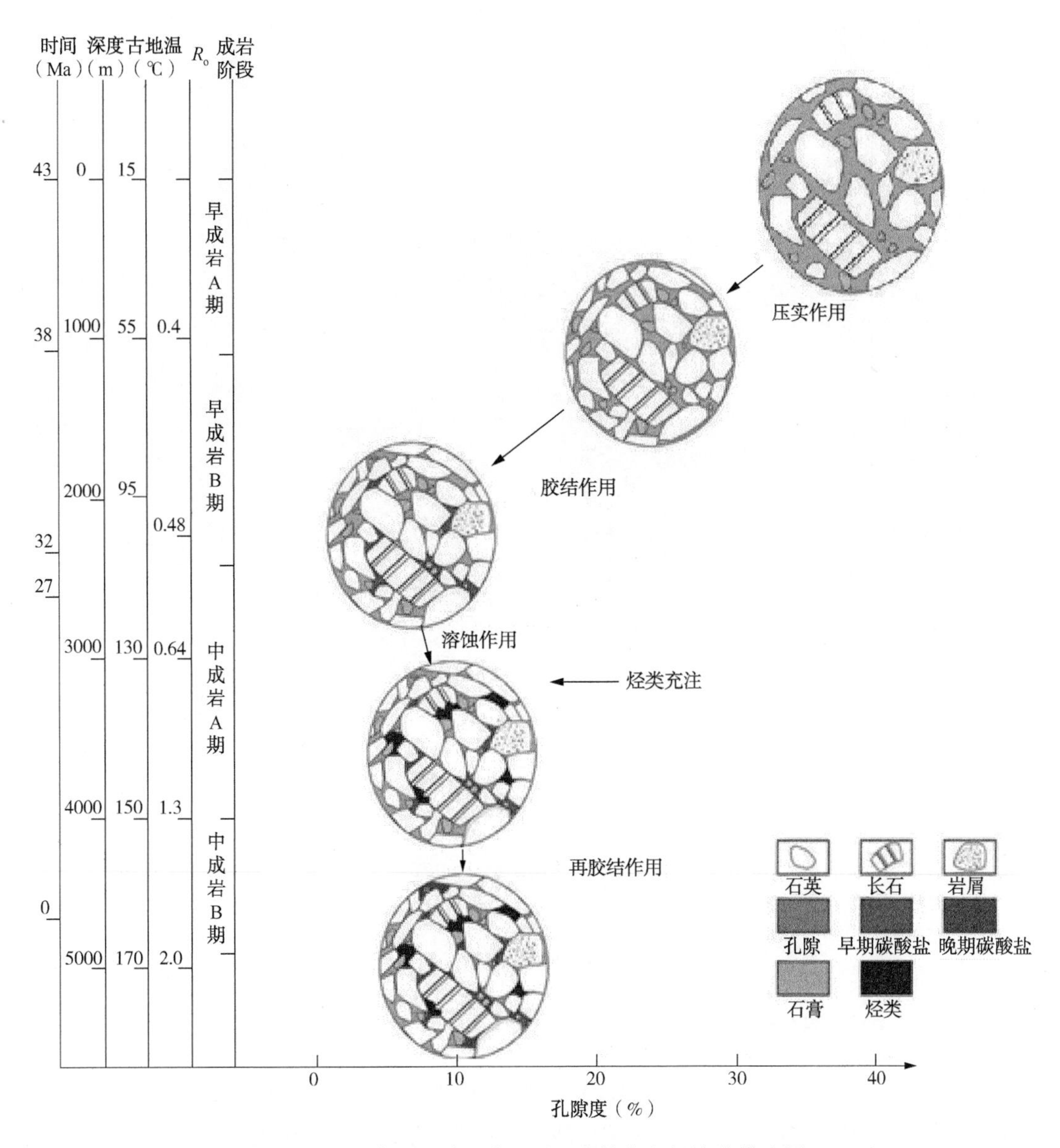

图 4-8　文东地区沙三中—下亚段储集空间演化模式图

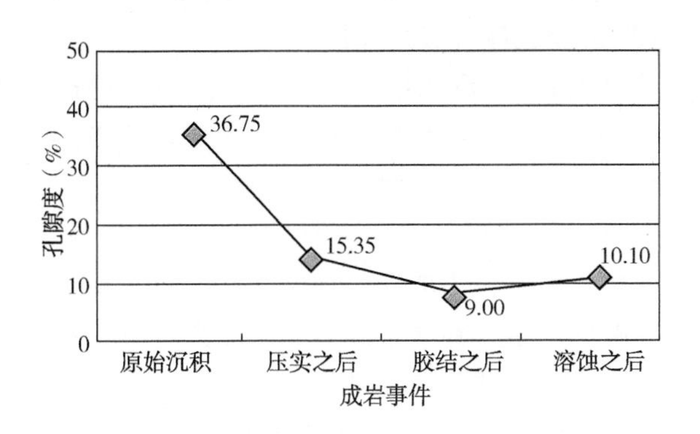

图 4-9　文东地区沙四段储层孔隙度演化特征

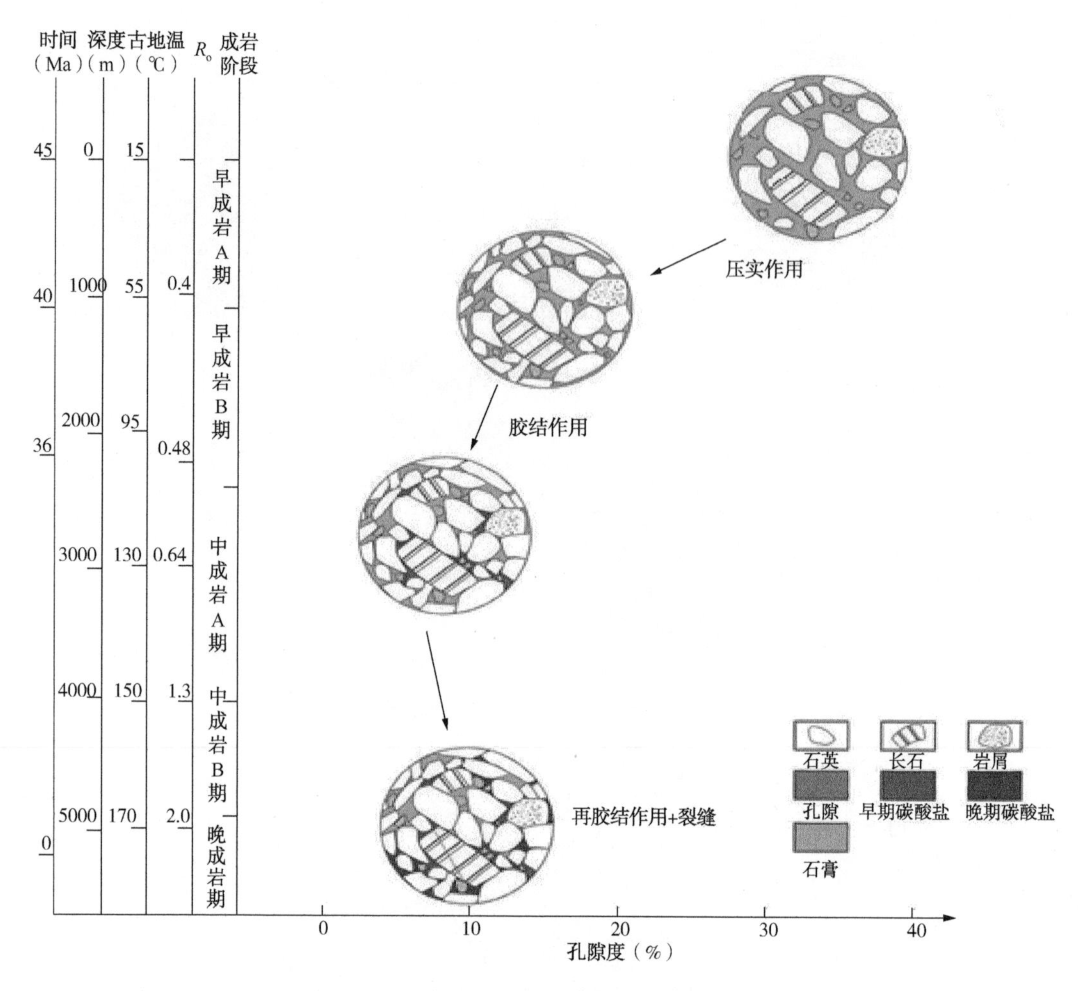

图 4-10　文东地区沙四段储集空间演化模式图

4.2.1　沙三中亚段储层储集空间演化

多年研究认为 Es_3中亚段沉积时期发育碱性条件下的干旱盐湖相沉积，同时发育扇三角洲、滨岸砂坝相和滨湖相多种沉积相，所以 Es_3中亚段是弱碱性成岩环境。研究发现，Es_3中储层经历了早成岩 A 期压实作用、早成岩 B 期早期碳酸盐胶结作用、中成岩 A1 亚期溶蚀作用、中成岩 A2 亚期烃类充注等成岩作用。

沉积物刚刚沉积，计算出其原始孔隙度为 36.75%，颗粒间充填黏土和早期泥晶方解石等杂基。在上覆沉积物不断沉积的过程中，储层进入成岩环境。原始沉积组分中有大量的岩屑、杂基和塑性颗粒，随着埋深的增大，在上覆沉积物的压实作用下，储层颗粒变得紧密，多呈点接触—线接触，以点接触为主，孔隙空间减小；在浅层埋深阶段，古地温低，古压力小，有机质演化程度低，未成熟，地层水性质没有发生显著变化，因此成岩环境仍保持原始沉积初期的碱性环境，粒状方沸石、泥晶方解石、石膏等自生矿物发育。此阶段属于早成岩 A 期，导致储层物性变差的主要因素是机械压实作用，据定量分析发现压实作用导致孔隙度减少 18.77%，减为 21.23%，视压实率为 48.76%，属较强压实。

随着埋深的加大（1100～2500m），上覆岩层增厚，对储层的机械压实作用更为强烈，颗粒变得更为紧密，多呈线接触，孔隙空间进一步减小；随着埋深加大，古地温升高，一是钾长石高岭石化，释放 K^+和 OH^-，二是储层中碱金属离子活度加大随矿物水进入储层水，导致地层水碱性增强，有利于早期碳酸盐胶结物的沉淀，此时储层胶结物类型主要为早期方解石胶结。此阶段属于早成岩 B 期，导致储层物性变差的主要因素是早期碳酸盐胶结作用，据定量分析发现胶结作用使孔隙度减少了 14.55%，减为 6.68%，视胶结率 68.55%，属强胶结。

埋深继续增大(2500~4000m)，上覆岩层继续增厚，机械压实作用更为强烈，颗粒变为线接触—凹凸接触，孔隙空间进一步缩小，压实作用到末期。埋深到 2500m 左右，达到中成岩 A1 期，古地温升高，有机质低成熟，生成大量有机酸和含 CO_2 气体，同时有机质达到生烃门限温度和门限深度，开始向烃类转化。当酸性流体和烃类进入储层，就会中和初期地层水的碱性，使孔隙水 pH 值降低，储层处于酸性成岩环境，有利于储层内部长石、岩屑和早期碳酸盐胶结物等不稳定组分的溶蚀，致使孔隙度有所增加，增加 0.99%，目前实测平均孔隙度为 7.57%，视溶蚀率为 6.14%，属弱溶蚀。同时烃类充注，有利于压实作用、胶结作用之后残余的原生孔隙的保存。3500m 时，有机质大量生烃，烃类进入储层有利于孔隙的保存。

4.2.2 沙三(中—下)亚段储层储集空间演化

多年研究发现，沙三中亚段、沙三段底部发育区域性的盐膏岩都是弱碱性环境。沙三中亚段和沙三下亚段主要发育滨湖相、浅湖相、湖泊三角洲前缘相和半深湖相等。据文东地区沙三(中—下)亚段储层孔隙演化特征图，本段与沙三中亚段中成岩 A 期储层孔隙演化过程类似。进入中成岩 B 期有后期碳酸盐胶结作用伤害储层物性。

沉积物刚刚沉积，计算得储层原始孔隙度为 36.75%。因为其埋藏加深，压实作用变强，颗粒多呈线接触—凹凸接触，甚至缝合线接触，颗粒间孔隙进一步变小。但是因为盐膏岩影响，相比沙三中亚段视压实率有所减小，在早成岩 A 期因压实作用导致储层孔隙度减少 17.75%，减为 22.25%，视压实率为 39.45%，属中压实。早成岩 B 期(1100~2500m)碳酸盐的致密胶结，沉积初期靠近盐膏岩层的储层石膏、硬石膏胶结强烈，因胶结作用导致储层孔隙度减少了 14.74%，减为 7.51%，视胶结率 66.26%，属强胶结。中成岩 A 期(2500~4000m)，有机质低成熟到成熟，生成大量有机酸和烃类，进入储层发生溶蚀作用并保护原生孔隙，因为靠近盐膏岩，同时储层中有硫酸盐，烃类注入后，烃类发生硫酸盐还原反应产生有机酸，致使孔隙水酸性增强，溶蚀作用增强，因溶蚀作用导致孔隙增加了 1.65%，目前实测平均孔隙度为 9.16%，视溶蚀率为 11.21%，属中溶蚀。中成岩 B 期(>4000m)有机质处于高成熟阶段，排烃高峰期已过，各种溶蚀作用使得 H^+减少，孔隙水酸性降低，逐渐向碱性转化，主要发生成岩事件是晚期碳酸盐矿物的再胶结作用，石英加大可达Ⅲ级。因储层发育在盐间，受盐膏岩影响，异常压力发育，储层中发育裂缝。

4.2.3 沙四段储层储集空间演化

沙三下亚段主要发育漫湖亚相、滨浅湖亚相以及较深湖亚相砂体。沙三下亚段形成了区域上稳定的巨厚层盐膏岩。相比沙三段储层而言，沙四段储层演化比较简单。

沉积物沉积，孔隙度 36.75%；原始组分成分成熟度低，岩屑、杂基和塑性颗粒含量高，且深度最深，压实作用最为强烈，颗粒见缝合接触，压实作用导致了大部分原生孔隙的损失，孔隙度减少 24.65%，减为 15.35%，视压实率 58.24%，为强压实。早成岩 B 期(1100~2500m)早期碳酸盐胶结和石膏胶结，因为压实作用对孔隙的减少起主导作用，胶结作用影响变小，孔隙度减少 6.35%，减为 9%，视胶结率 41.37%，为中胶结。溶蚀作用主要是在中成岩 A 期(2500~4000m)，因为盐膏岩影响形成的异常高压下形成的裂缝的溶蚀，导致孔隙度有所增加，增加 1.1%，为 10.1%。中成岩 B 期(4000~4800m)，晚期碳酸盐再胶结，石英加大可达Ⅳ级。晚成岩期(>4800m)，孔隙已基本不见，裂缝作为主要储集空间。

沉积物沉积后，随埋深增加和成岩作用改变，孔隙发育具有一定的演化史。利用杜寨—桥口地区样品铸体薄片的充足性，结合研究区成岩序列以及与烃类充注的期次，将储层所经历的各种成岩作用进行定量化，建立与储层物性的关系，突出各成岩作用的强弱，可以分析控制储层物性的因素及其控制程度。

4.3 桥口地区储集空间演化

采用反演法对桥口地区深部储层孔隙演化进行恢复：依据现今的镜下特征、成岩现象，结合出不同时期各种成岩事件的形成时间，然后对不同时期的成岩事件进行“回剥”，并对储层的孔隙度进行计算、统计和恢复，逐步回推各种成岩事件导致的孔隙度的变化，得出储层的孔隙演化特征。

4.3.1 初始孔隙度的计算

砂岩初始孔隙度(φ_1)指砂岩刚固结进入成岩环境时的孔隙度。可利用 Bread 和 Wely (1973)提出的计算公式计算求得，依据李忠、孙永传研究，其中分选系数 S_o 据资料得桥口地区分选系数为 1.64，杜寨地区分选系数为 1.33。

未固结砂岩初始孔隙度(φ_1)(湿砂在地表条件下的分选系数与孔隙度的关系)为：

$$\varphi_1 = 20.91 + 22.90 / S_o \tag{4-1}$$

$$S_o = \sqrt{\frac{Q_1}{Q_3}} \tag{4-2}$$

式中 S_o——特拉斯克分选系数；

Q_1——第一四分位数，即相当于 25%处的粒径大小；

Q_3——第三四分位数，即相当于 75%处的粒径大小。

4.3.2 压实后剩余粒间孔隙度

砂岩经压实作用后剩余粒间孔隙度(φ_2)可以依据胶结物、残余粒间孔，溶蚀孔与现存孔隙度的关系求解。需要注意的是，现存孔隙中的碳酸盐溶孔所占的空间以及早期、晚期碳酸盐岩胶结物及其他后期填充物(研究区主要为沥青)也属于压实剩余粒间孔隙的一部分。

$$\varphi_2 = \text{胶结物} + \frac{\text{粒间孔面孔率}}{\text{总面孔率}} \times \text{现存孔隙度} \tag{4-3}$$

$$\text{压实损失孔隙度} = \varphi_1 - \varphi_2 \tag{4-4}$$

$$\text{压实孔隙度损失率} = (\varphi_1 - \varphi_2) / \varphi_1 \tag{4-5}$$

4.3.3　胶结、交代后的剩余粒间孔

用现存孔隙中粒间孔隙所占的孔隙度来表示砂岩经压实、胶结、交代后的剩余孔隙度（φ_3），胶结作用包括早期胶结和晚期胶结。

$$\varphi_3 = 粒间溶蚀孔面孔率/总面孔率 \times 现存孔隙度 \tag{4-6}$$

4.3.4　次生溶蚀孔隙度

次生溶蚀孔隙度（φ_4）指总储集空间中溶蚀孔所占据的储集空间：

$$\varphi_4 = 被充填次生孔隙孔隙 + 溶蚀孔面孔率/总面孔率 \times 现存孔隙度 \tag{4-7}$$

依据桥口地区成岩类型与成岩序列，结合油气充注时期，研究区充填次生孔隙的主要填充物有铁方解石、白云石、铁白云石等晚期碳酸盐胶结物，沥青充填和泥质充填等。

4.3.5　现存孔隙

现存孔隙度 $= \varphi_3 + \varphi_4 -$ 后期胶结物 $-$ 被充填次生孔隙

依据以上方法，结合铸体薄片详细观测，估算各成岩阶段产物含量见表4-2，进行杜寨—桥口地区各成岩阶段孔隙度恢复。

表4-2　桥口地区各成岩阶段数据统计表

井号	深度(m)	面孔率(%)	粒间孔面孔率(%)	碳酸盐溶蚀面孔率(%)	溶蚀孔面孔率(%)	实测孔隙度(%)	方解石含量(%)	铁方解石、铁白云石含量(%)	其他充填物(%)
桥20	3902.93	12	6	5	9	12.9	4	7	
桥20	3906.73	7	6	6	6	9.3	10	10	2
桥20	4300.5	8	5	5	7	8	1	8	2
桥24	3541.18	9	7	6	8	11.8	11	10	1
桥24	3544.68	12	9	7	11	13.6	7.7	9	
桥24	3746.98	9	6	7	8	10.6	7.2	9	3
桥24	3747.98	10	9	5	10	8.7	3	8	
桥24	4072.09	8	5	5	7	11.9	2	8	
桥24	4089.85	10	8	7	9	11.6	8	10	1
桥24	4191.25	10	9	7	9	9.5	3	8	1
桥24	4191.65	9	7	7	7	10.4	4	7	1
桥24	4192.65	12	10	8	12	7.8	5	10	3
桥33	3691.44	12	9	5	10	11.7	2	7	
桥33	3692.92	12	7	7	10	15	2	6	
桥33	3696.12	8	6	7	8	10.5	4	8	
桥35	3627.18	15	9	7	12	13.7	2	8	2
桥35	3641.86	8	8	5	8	9.9	4	12	

续表

井号	深度(m)	面孔率(%)	粒间孔面孔率(%)	碳酸盐溶蚀面孔率(%)	溶蚀孔面孔率(%)	实测孔隙度(%)	方解石含量(%)	铁方解石、铁白云石含量(%)	其他充填物(%)
桥 35	3781.11	12	5	5	12	14.2		6	
桥 35	3852.96	10	8	7	8	13.7	1	8	
桥 35	3860.17	10	8	6	10	13.7	1	11	
桥 35	4235.77	9	6	5	8	9.2	1	6	
桥 63	4427.56	8	3	4	8	9	2	3	

由表 4-3 看出，桥口地区由于压实作用造成的孔隙度损失率从 20%到 74%不等，平均压实损失率为 49.8%；胶结、交代作用造成的孔隙度损失为 12%~54%，平均孔隙度损失率为 29.8%，溶蚀孔隙在总孔隙中的比重从 75%上升到 100%。在杜寨—桥口地区造成孔隙减小的主要是压实作用和胶结、交代作用。而溶蚀作用产生的次生孔隙则是桥口地区的主要孔隙类型(表 4-4)。

表 4-3 桥口地区深部储层各成岩阶段物性演化与误差分析

井号	深度(m)	φ_1(%)	φ_2(%)	φ_3(%)	φ_4(%)	计算孔隙度(%)	实测孔隙度(%)	误差(%)	压实损失率(%)	胶结损失率(%)
桥 20	3902.93	34.87	15.83	6.45	9.68	13.13	12.9	2	54.6	26.9
桥 20	3906.73	34.87	25.94	7.97	7.97	8.94	9.3	4	25.6	51.5
桥 20	4300.5	34.87	11.00	5.00	7.00	8.00	8	0	68.5	17.2
桥 24	3541.18	34.87	28.04	9.18	10.49	11.67	11.8	1	19.6	54.1
桥 24	3544.68	34.87	25.83	10.20	12.47	13.67	13.6	0	25.9	44.8
桥 24	3746.98	34.87	22.51	7.07	9.42	10.49	10.6	1	35.4	44.3
桥 24	3747.98	34.87	15.18	7.83	8.70	8.53	8.7	2	56.5	21.1
桥 24	4072.09	34.87	16.88	7.44	10.41	11.85	11.9	0	51.6	27.1
桥 24	4089.85	34.87	25.40	9.28	10.44	11.72	11.6	1	27.2	46.2
桥 24	4191.25	34.87	18.20	8.55	8.55	10.10	9.5	6	47.8	27.7
桥 24	4191.65	34.87	20.18	8.09	8.09	10.18	10.4	2	42.1	34.7
桥 24	4192.65	34.87	16.70	6.50	7.80	7.30	7.8	6	52.1	29.2
桥 33	3691.44	34.87	15.65	8.78	9.75	11.53	11.7	1	55.1	19.7
桥 33	3692.92	34.87	19.50	8.75	12.50	15.25	15	2	44.1	30.8
桥 33	3696.12	34.87	21.06	7.88	10.50	10.38	10.5	1	39.6	37.8
桥 35	3627.18	34.87	16.61	8.22	10.96	13.18	13.7	4	52.4	24.1
桥 35	3641.86	34.87	20.09	9.90	9.90	9.80	9.9	1	42.4	29.2
桥 35	3781.11	34.87	11.83	5.92	14.20	14.12	14.2	1	66.1	17.0

续表

井号	深度(m)	φ_1(%)	φ_2(%)	φ_3(%)	φ_4(%)	计算孔隙度(%)	实测孔隙度(%)	误差(%)	压实损失率(%)	胶结损失率(%)
桥35	3852.96	34.87	21.55	10.96	10.96	13.92	13.7	2	38.2	30.4
桥35	3860.17	34.87	20.18	10.96	13.70	13.66	13.7	0	42.1	26.4
桥35	4235.77	34.87	12.24	6.13	8.18	9.31	9.2	1	64.9	17.5
桥63	4427.56	34.87	9.88	3.38	9.00	9.38	9	4	71.7	18.6

表 4-4　桥口地区各成岩作用对物性贡献

地区	初始孔隙度(%)	压实后孔隙度(%)	胶结、交接交代剩余孔隙度(%)	溶蚀作用后孔隙度(%)
桥口	34.87	18.65	7.93	11.2

4.4　桥口地区孔隙演化史分析

研究区孔隙的演化经历，原生孔隙丧失→次生孔隙出现→次生孔隙减小→前期孔隙保存的过程(图 4-11)。桥口地区样品物性及储集空间的鉴定结果为：原始孔隙度 34.87%，经强烈的机械压实作用和化学压溶作用后，孔隙度下降为 18.65%；经方解石、硅质、晚期含铁碳酸盐胶结物矿物充填后，孔隙度进一步下降为 7.93%；在有机酸的溶解作用下产生次生孔隙，强烈的压实作用形成的压裂缝及成岩收缩形成的界面缝使得孔隙恢复到 11.2%。由于在薄片观察中面孔率估计精度不够，所恢复的孔隙演化史中具体数据的变化存在一定的出入，但整体趋势存在合理性。根据该结果并按照上述思路进行孔隙度演化分析推演，可得到研究区储层各成岩阶段的孔隙度演化(表 4-4)。

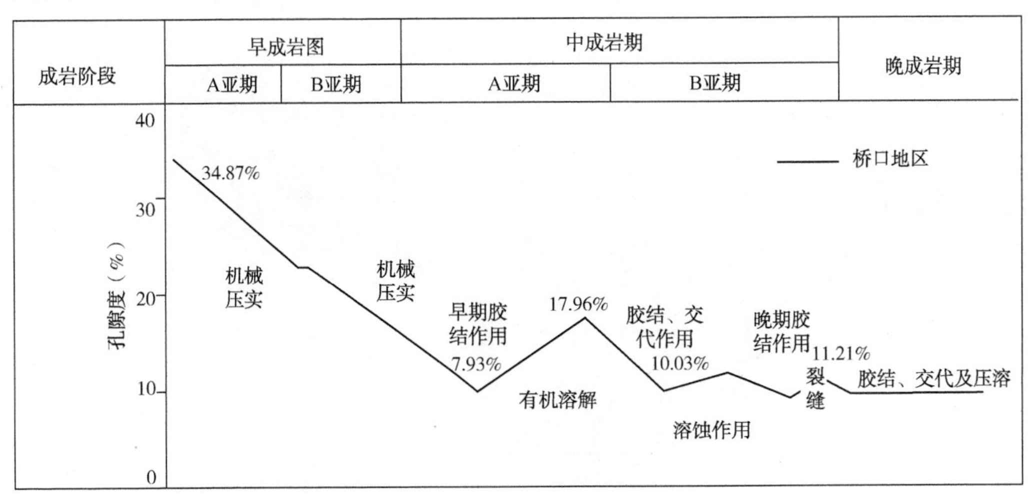

图 4-11　桥口地区成岩演化阶段孔隙度演化模式图

结合深部储层成岩环境的变化，分析各阶段主要成岩作用及孔隙度的影响，恢复有效孔隙的演化史(图 4-12)。

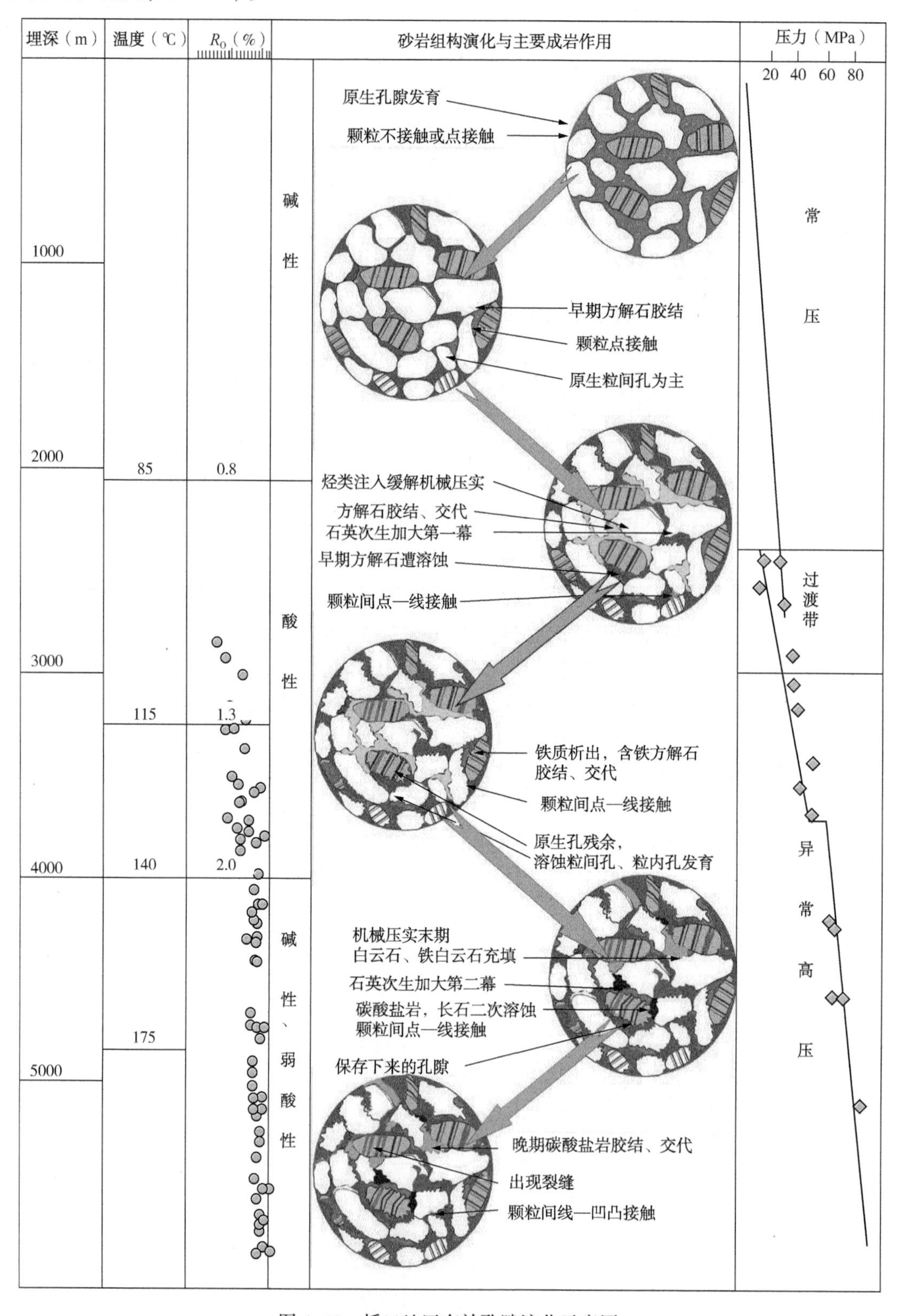

图 4-12　桥口地区有效孔隙演化示意图

4.4.1 碱性流体阶段

桥口地区原始沉积物初始孔隙度经计算为 34.87%，原始粒间孔发育。进入早成岩阶段埋藏成岩环境，由于古地温较低，有机质演化程度低，地层水性质未发生明显变化，保持了埋藏初期的碱性水环境。随着埋深增加，上覆地层压力不断增加，主要成岩作用为压实作用。颗粒之间由原来的不接触变为点接触。同时长石蚀变成高岭石，导致了 SiO_2 的析出，pH 值大于 8.5 时石英溶解，SiO_2 在适当的条件下过饱和或孔隙水浓缩，形成早期石英次生加大边。镜下观察石英边缘呈锯齿状或留下石英残骸，石英次生加大边未见溶蚀现象，说明石英次生加大是在石英溶蚀是在石英次生加大之前形成的。

持续压实作用下发生黏土矿物脱水和连生方解石胶结。长石蚀变高岭石释放出 K^+ 和 OH^-，利于提高孔隙水的 pH 值，使得储层碱性环境得以维持，有利于方解石的沉淀。同时在蒙脱石脱水过程中，把 Si^{4+}、Ca^{2+}、Na^+、Fe^{3+} 和 Mg^{2+} 释放到孔隙溶液中，当流体在负荷压力作用下进入砂岩中的开放孔隙空间时，随着孔隙压力的突然降低，原来泥岩中的碳酸钙由饱和状态变为过饱和状态，并在上覆砂岩的底部沉淀下来，形成早期方解石胶结，方解石胶结降低了孔隙度，但为后来酸性流体进入孔隙重新开启提供了前提条件。

4.4.2 早期泥岩排酸、有机酸释放阶段

早成岩 B 时期，压实作用进入末期，颗粒之间呈点—线接触，含铁方解石以孔隙式或交代形式出现，储集空间进一步降低。伴随埋深的增大，地温达到 85℃以上，R_o 为 0.5~1.0，是有机质大量生烃时期，有机酸大量排出，烃类进入成熟阶段，有机质生成有机酸（以醋酸和草酸为主），有机酸再离解产生 H^+ 和 $RCOO^-$ 进入砂岩，改变了孔隙水的性质，由碱性变为酸性，长石和碳酸盐矿物遭到溶蚀，孔隙度有所回升。

醋酸对碳酸盐矿物的溶蚀强，草酸对长石的溶蚀强。同时由于烃类的注入，储层逐渐形成异常超压。在异常超压作用下，酸性流体和早期形成的烃类不能有效排除，形成更大规模溶蚀孔隙发育带。镜下观察可见沥青残余，表明了油气充注的证据。油气的注入也缓解了压实作用，有利于原生孔隙的保存及酸性流体和烃类的充注及运移，早期形成的碳酸盐岩胶结物及颗粒中易溶组分被溶蚀，成为研究区次生孔隙大量发育的主要时期。

进入中成岩 B 期后，温度在 120~160℃，有机质演化由成熟到高成熟，有机酸基本全转化为 CO_2，生成的 CO_2 上升到砂岩，溶于水形成碳酸，孔隙水的酸性大大降低，成岩环境为弱酸性，对碳酸盐产生溶蚀作用；主要成岩事件为晚期碳酸盐的充填以及第二幕石英次生加大；同时油气注入后，沥青残留造成孔隙堵塞，孔隙度进一步降低。

4.4.3 后期演化阶段

随着埋深继续加大和地温的升高，干酪根进入过成熟阶段，有机质释放酸的产量降低，溶蚀作用也降低了孔隙水的酸性，成岩环境转变为碱性，晚期碳酸盐胶结物大量发育，填充前期形成的孔隙降低了储层物性。

在深部发育异常超压缝对储层性能的改善起到积极作用。异常超压缝主要是受异常超压，致使矿物颗粒发生破裂而形成的微裂缝。异常超压缝是岩石受到纵向或侧向应力时，碎屑岩中颗粒点接触处承受较大的压强而产生的矿物颗粒内部的缝。这种缝的分布仅限于矿物颗粒内部，从而有别于构造缝。这种差压裂缝有的呈树根状，有的呈撕裂状向周围散开，主要以颗粒破碎呈基本无优选方向的撕裂状和炸裂状为特征。

5 储层评价

5.1 有利储层评价

5.1.1 不同类型储层带分布特征

以沙三段各亚段为统计单元，确定每口井所对应的主要孔隙度发育带类型(A带、B带、C带或D带)，其中A带为优质储层带、B带为较优质储层带、C带为差储层带及D带为致密带。

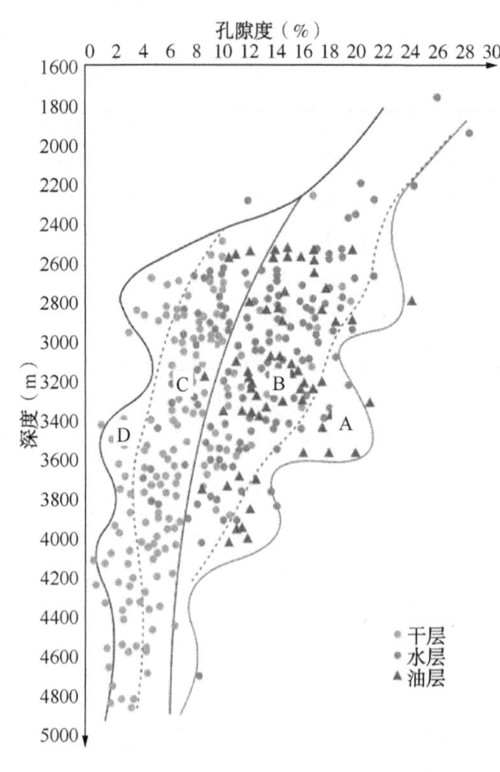

图5-1 桥口地区沙三段深层储层孔隙度分带

选取某深度区间内的油层、干层、水层，将其含油(水)饱和度、孔隙度投点，可以求取相应深层区间的有效孔隙度下限，将不同深度的有效孔隙度下限连接起来，就可获得有效孔隙度下限随深度演化曲线，在左边区域以干层和水层为主，右边区域以油层和水层为主。以桥口地区为例，根据不同储层在该线两侧的分布情况，大致区分出4类储层带(图5-1)。

A带、B带、C带或D带划分依据：

(1) 优质储层发育带：储层孔隙度与渗透率明显高于有效储层物性临界值，综合解释以油气层为主，兼有水层。

(2) 较好储层发育带：储层孔隙度与渗透率略高于有效储层物性临界值，综合解释以油气层为主，兼有少量干层。

(3) 较差储层带：储层孔隙度与渗透率略高于有效储层物性临界值，综合解释以干层为主，兼有少量水层。

(4) 致密储层带：储层孔隙度与渗透率小于有效储层物性临界值，综合解释均为干层。

以沙三段各亚段为统计单元，确定每口井所对应的主要孔隙度发育带类型(A带、B带、C带或D带)，通过连线即可圈出不同孔隙带的分布范围。

由于地层上倾方向封闭性断层的遮挡、盐膏岩产生异常高压带的存在及流体来源的不足等原因，在深部储层中，流体的上升运动趋于终止，而以热循环对流运动为主。在流体的热循环过程中，深部孔隙内的流体将其溶解的物质带到上倾部位，由于温度和压力降低，而发生沉淀，再次循环深部时导致深部溶蚀，对流使溶解物质不断迁移，在深部形成局部的次生孔隙发育带。深部储层虽然砂体数量多，但单层厚度薄，横向变化快，从而限制了热循环对流流体的大范围运移，这是深层多个次生孔隙带和胶结致密带交互出现的主要原因。

桥口、文东地区温度、压力高且构造幅度变化较大，在靠近中央隆起带存在一系列正断层，这些断层在停止活动后，均成为封闭性断层，如桥口李屯气田上倾方向的李屯断层、文东杜寨上倾方向的文东断层等。这些封闭性断层的存在，抑制了地层流体的向上运动，导致深部储层易于产生热循环对流。同时，这些物源大多来自东部，构造低部位储层岩性较粗，而靠近中央隆起带的高部位储层岩性细，由于高孔渗砂岩与低孔渗砂岩相比，流体运动速度快，传送孔隙水的数量多，有利于地下酸性流体的活动，被溶解的物质也容易迁移，加之反应时间短，孔隙水溶液不易达到过饱和，在砂岩粒间沉淀的自身高岭石等黏土矿物数量相对较少，从而有更多机会形成大量次生孔隙。孔渗条件较差的砂岩，由于孔隙中流体运动速度相对较慢，长石颗粒被溶解后，溶解物质不能迅速输送出去，孔隙水就会逐渐饱和，并以各种自身矿物形式沉淀在砂岩孔隙中。

这些地区储层物性平面上变化大，局部次生孔隙发育，构造顶部储层岩性致密物性差，构成成岩圈闭的封堵层，构造翼部物性好，形成有力的含气储层。文东位于前黎园洼陷杜寨构造的翼部，储层为湖底扇前缘砂、辫状水道砂及水道间砂体，砂岩经受了较强烈的成岩作用，但程度不等。位于下倾部位的中扇辫状水道砂体较粗，分选好，次生孔隙相对发育，构成较有利储层。位于上倾部位的中扇前缘砂体粒度细，黏土矿物含量高，胶结物含量高，溶解物质不易带出，其物性差，形成封堵层。

5.1.1.1 沙三下亚段储层各带平面分布特征

从储层各带所占绝对面积来看，优质储层较好储层发育带主要出现在文东地区，其次为桥口地区；从不同类型储层孔隙带分布看，优质储层与较好储层发育带在桥口和文东地区所占比例较高；桥口地区有效储层主要分布于西部，文东地区有效储层多出现在该区西北部(图 5-2)。

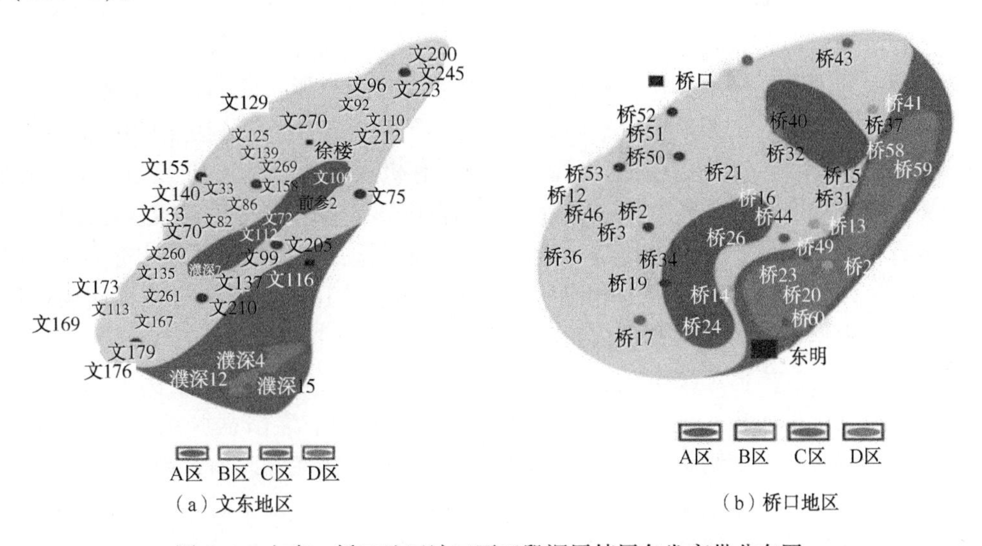

（a）文东地区　　（b）桥口地区

图 5-2　文东、桥口地区沙三下亚段深层储层各发育带分布图

5.1.1.2 沙三中亚段储层各带平面分布特征

从储层各带所占绝对面积来看，优质储层与较好储层发育带在文东地区和桥口地区相对较低，与沙三下亚段相比，有效储层有向北迁移趋势；从不同孔隙带储层分布比例来看，优质储层与较好储层发育带在桥口和文东地区所占比例较为相似；从储层各带分布序列来讲，桥口地区有效储层也主要分布于西部，但有部分无效储层穿插其间。文东地区有效储层多出现在该区中北部(图 5-3)。

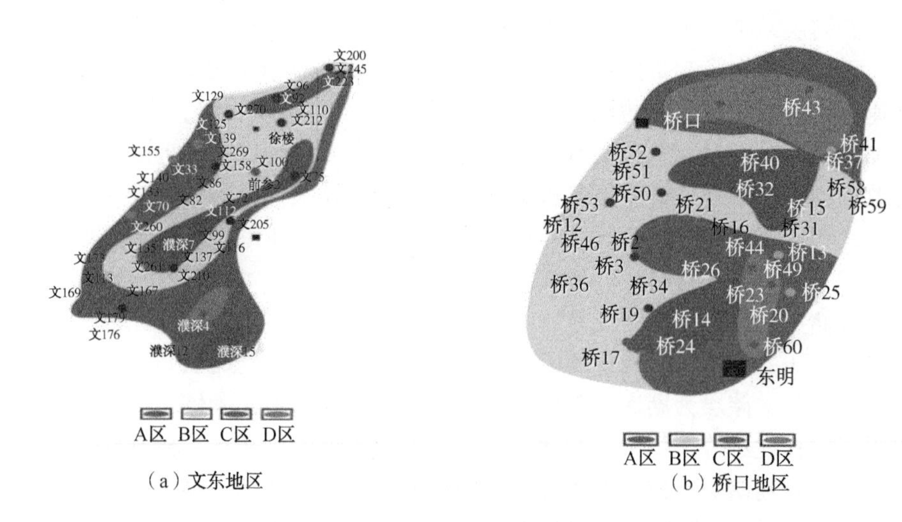

图 5-3 文东、桥口地区沙三中亚段深层储层各发育带分布图

5.1.2 油气充注、成藏过程及油气富集

5.1.2.1 烃源岩演化与油气充注

文东地区主要生油层系为沙三段，总体为 2 期油气成藏：第一期 31.2~27Ma，发生在东营组沉积期；第二期 8.5~0Ma，发生在明化镇组沉积期至今。研究区生油门限温度为 96.7℃，门限深度在 2500m 左右(图 5-4)。沙三—沙四段储层是盐湖沉积碱性环境下的储层，随着埋深加大，经历压实作用和早期碳酸盐胶结作用，压实较弱，胶结物主要为方解石。在东营组沉积期，文东地区沙三段储层达到门限深度，温度达到生油门限温度，R_o为 0.5%，有机质低成熟，开始生烃。生烃过程中，有机质释放大量有机酸和含 CO_2 的酸性水，烃类中也携带有酸和酸性气体。另外，原油在生物降解和热化学硫酸盐还原作用时都可以产生有机酸。因此，当烃类侵位，地层水 pH 值降低，由最初的碱性水介质变为酸性，且酸性增强。烃类侵位一方面占据孔隙空间，抑制压实作用进行，使得现今储层弱压实；另一方面烃类占据孔隙，会抑制地层水流动，阻碍胶结物来源，酸性环境抑制晚期胶结；酸性条件下，长石、岩屑和碳酸盐胶结物等不稳定组分发生溶蚀，产生次生孔隙。因此，现今烃类侵位储层压实程度弱，烃类有效保护孔隙，长石、碳酸盐胶结物溶蚀，石英加大，自生高岭石富集，胶结物仍为早期碳酸盐胶结，储层物性好。而未被侵位储层，压实作用、胶结作用等成岩作用继续进行，储层较强压实，胶结物多为后期碳酸盐，并对早期碳酸盐有交代作用，储层物性差(图 5-5)。

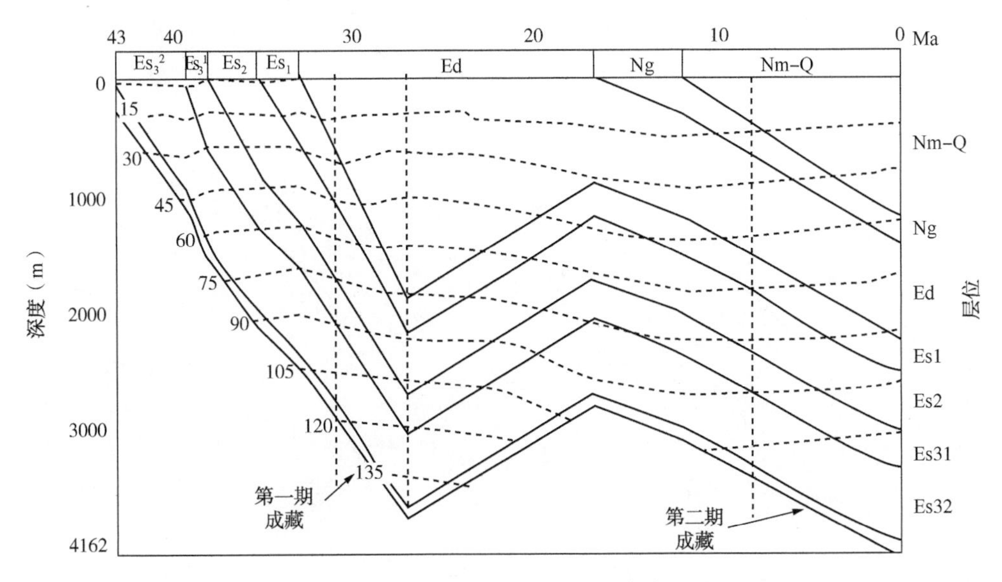

图 5-4　文东地区文 260 井埋藏史图

文东地区近邻前梨园洼陷，古近系油气资源丰富。研究表明，前梨园洼陷是东濮凹陷最好的生油次洼。其古近系生油岩体积大，埋藏深，演化程度高，R_o 为 1.6%～1.9%，深层有效生油岩体积为 634km³，占全凹陷深层有效生油岩的 28%。有机质丰度较高，有机碳含量为 1.19%，氯仿“A”含量为 0.199%，总烃为 1152mg/L。有机质以Ⅰ型、Ⅱ型为主，占 76.3%。计算结果表明，前梨园洼陷深层石油、天然气资源量为 1.31×10^8t 和 601.7×10^8m³，分别占全凹陷深层油、气资源的 47.1% 和 52.5%。

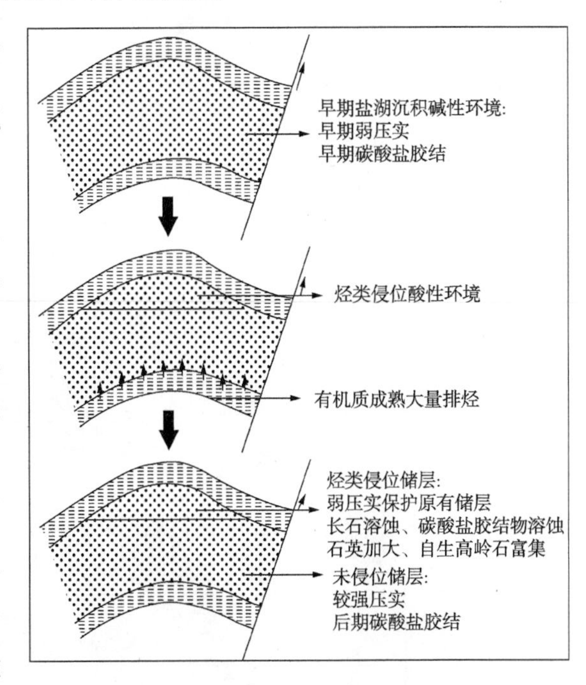

图 5-5　文东地区沙三—沙四段烃类充注型储层成因模式图

由文东—桥口地区生气强度曲线可知，研究区生气强度范围为$(40～60)\times10^8$m³/km²(图 5-6)。由于文东斜坡的继承性发育，石炭—二叠系煤成气可通过侧向运移和垂向渗漏扩散而长期向高部位运聚。评价表明，盐岩覆盖区煤成气聚积量约 396.34×10^8m³，文北—户部寨地区探明煤成气储量约 160×10^8m³。因此，该区有较大的煤成气勘探潜力。勘探结果表明，文东地区为多层系油气富集带。盐上和盐间探明的石油和天然气地质储量分别为 1.47×10^8t 和 310.6×10^8m³(含 270.68×10^8m³溶解气)。而盐下层系至今尚未突破，应属油气资源非常有潜力的地区。

文东油田构造位置处于东濮凹陷中央隆起带文留构造东翼，为断层复杂化了的逆牵引背斜构造。沙三中亚段为该油藏的主要含油层段(图 5-7)。

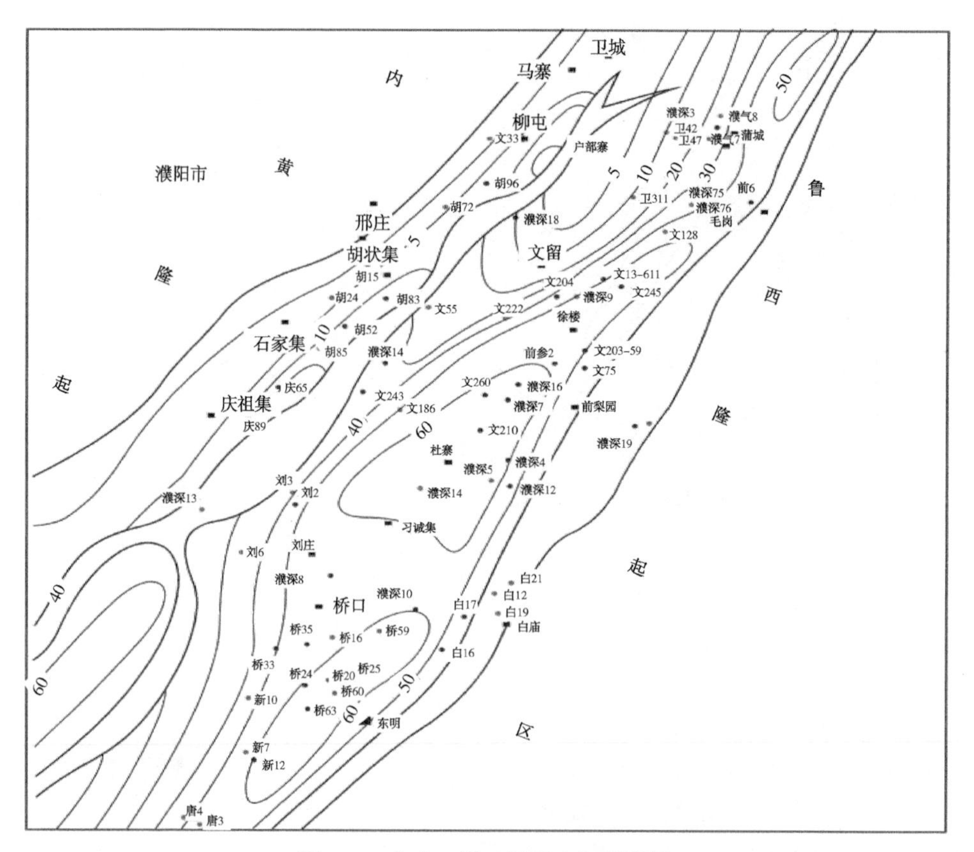

图 5-6　文东、桥口地区生气强度图

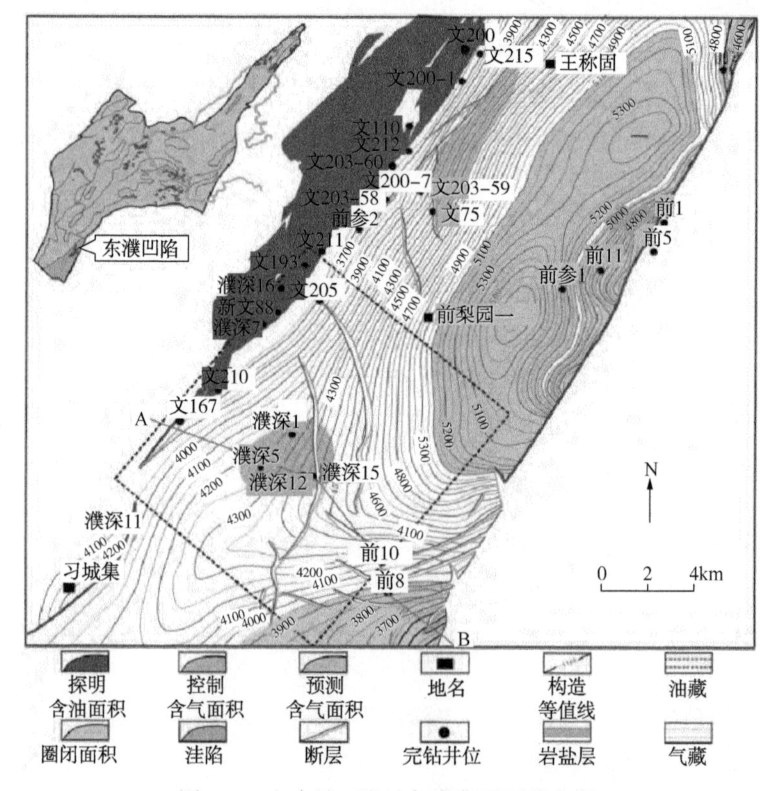

图 5-7　文东沙三段油气富集平面分布图

5.1.2.2 深层油气成藏过程恢复

本文以构造演化剖面及不同时期古地温恢复为基础，结合烃源岩、油气成藏期以及现今油气分布等方面的研究成果，综合分析了文留地区深层油气成藏过程(图5-8)。

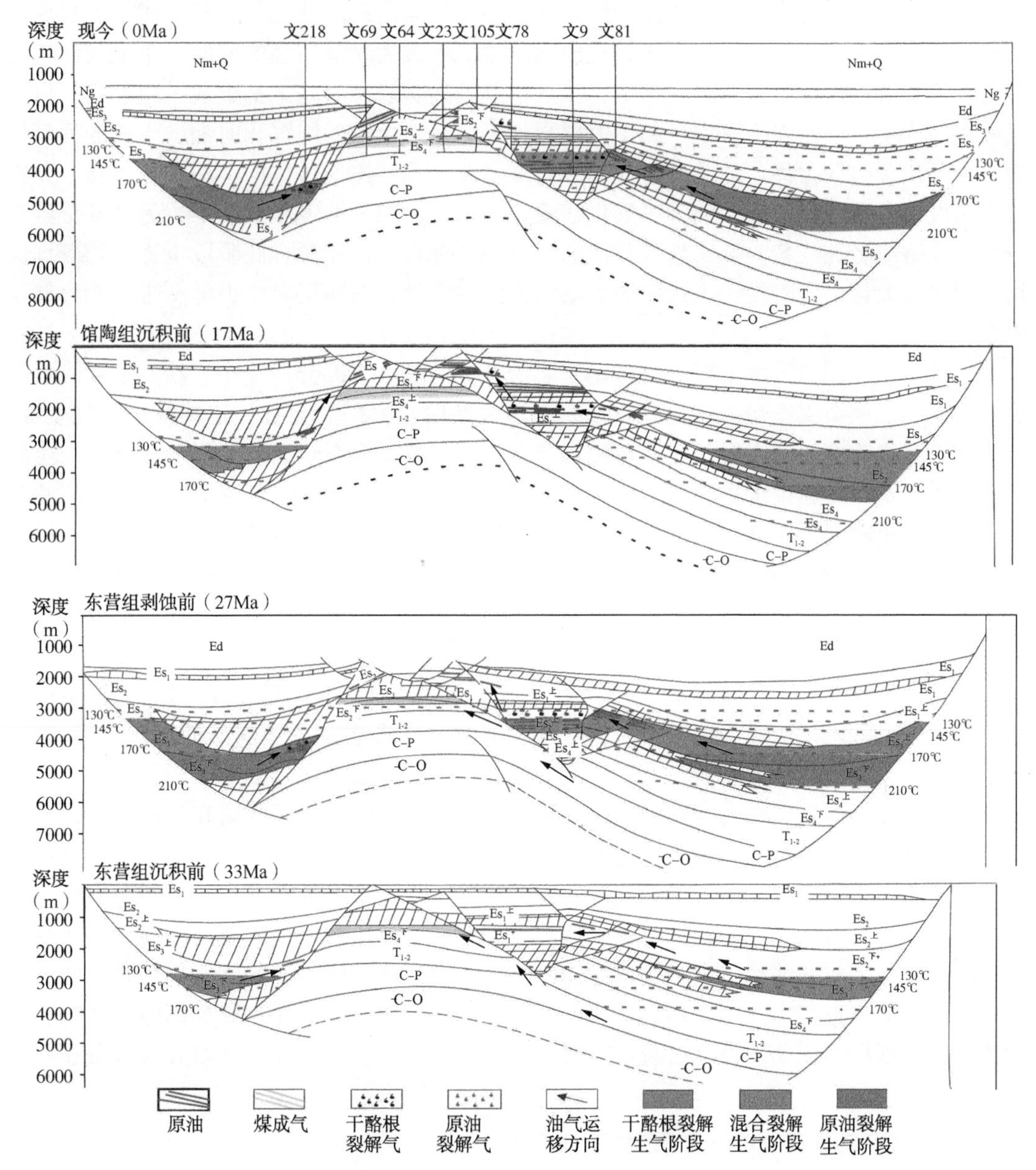

图5-8 东濮凹陷文东地区深层油气成藏过程示意图

东营组沉积前，前梨园洼陷和柳屯—海通集洼陷中沙三下亚段烃源岩已达到成熟阶段，开始生成大量的油和干酪根裂解气。但是受限于沙三下亚段烃源岩的规模，生成的油气总量还较为有限，同时其底部地温也已达到原油裂解成气的温度，因此，烃源岩中的残留液态烃亦开始裂解成气，只是规模较小。沙三中亚段烃源岩只有少量进入了生烃门限，只能生成少量的油和干酪根裂解气。此阶段生成的油型气以干酪根裂解气为主，油型气主要溶解在原油中沿同层连通砂体向斜坡部位发生侧向运移，并在适宜的圈闭条件下聚集成藏。同时，前梨园洼陷中石炭—二叠系煤系烃源岩埋深已足够深，生成了一定量的煤成气，并主要沿文东断层向中央地垒带沙四段储层中运移聚集。

东营组沉积时期，伴随着巨厚的东营组的连续沉积，两洼陷中沙三中、沙三下亚段烃源岩逐渐被深埋，热演化程度逐渐增大。至东营组沉积末期，沙三下亚段烃源岩及沙三中亚段下部烃源岩已完全进入高成熟阶段，残留在烃源岩内部的液态烃裂解生成了大量原油裂解气；沙三中亚段中部烃源岩正处在成熟阶段，生成大量液态烃的同时，干酪根和液态烃的双重裂解也生成了大量的油型气；沙三中亚段上部烃源岩基本都进入了生油窗，以生成液态烃为主，同时伴生一定量的干酪根裂解气。在整个东营组沉积时期，生成的油型气应以干酪根裂解气占优。此阶段生成的液态烃主要沿同层连通砂体向斜坡部位运移，并在文东斜坡带、文西斜坡盐下圈闭中聚集成藏。油型气一部分溶解在原油中，另一部分则形成气顶气藏或者纯气藏。原来埋深较浅的石炭—二叠系煤系烃源岩此阶段也逐渐随着埋深增大而进入大量生气阶段，大规模的煤成气仍然主要沿文东断层向中央地垒带沙四段储层中充注。

东营运动早期，虽然文留地区开始整体抬升，但是由于部分沙三中、沙三下亚段烃源岩和石炭—二叠系煤系烃源岩仍处在成熟—过成熟阶段，仍然会有一定规模的油气生成。至馆陶组沉积前，沙三中、下亚段烃源岩和石炭—二叠系煤系烃源岩埋深明显变浅，生烃过程终止。这部分新生成的油气大致上延续了东营组剥蚀前的生排烃及运聚过程。此阶段，由于大量断层再次活动，此前已聚集在沙三中、沙三下亚段地层中的油气将沿连通砂体和活动断层进行调整，主要表现为深层油气沿再次活化的断层向浅部运移，并在构造高部位的有利圈闭中聚集成藏。文中地垒带的煤成气藏由于封盖条件较好，早期形成的气藏并没有发生大的变动。

自新近纪至今，文留地区稳定下沉并接收了巨厚的砂泥岩沉积。此时期，地层过补偿，沙三中、沙三下亚段烃源岩和石炭—二叠系煤系烃源岩发生了明显的二次生烃过程。现今，前梨园洼陷中沙三下亚段及沙三中亚段底部烃源岩已进入过成熟阶段，主要裂解生成甲烷气；靠近洼陷中心的沙三中亚段烃源岩达到高成熟阶段，以残留在烃源岩内部的液态烃裂解生气为主；近洼斜坡带上的沙三中亚段烃源岩处在成熟阶段，既能生成大量液态烃，又能生成一定量的干酪根裂解气和原油裂解气；斜坡带上的沙三中亚段烃源岩由于所处部位较高，此时正处在生油窗内，以生成液态烃和干酪根裂解气为主。在新近纪至现今这段时间内，生成的油型气应主要以原油裂解气为主。该阶段生成的油气仍然是沿同层连通砂体向斜坡带运移，并向先期形成的油气藏中充注。此阶段，文东断层已停止活动，且中央隆起带地层沉积几乎没有出现过补偿，二次生烃不明显，因此，文留煤成气藏在此间没有再次充注。

5.1.2.3 文东成藏单元油气富集特点

文东成藏单元位于文东断层下降盘，整体表现为滚动背斜形态，背斜内部被徐楼、文13西等多条二级、三级断层复杂化。目前文东地区探明石油储量 1.38×10^8t、天然气储量 $45.03\times10^8\mathrm{m}^3$。自北向南有文16块鼻状构造，文13块滚动背斜、文33、文79地堑带和文88-99块反向屋脊构造等构造。该单元以文13块构造埋深最浅，埋深3100m左右，闭合高度约200m，油气最为富集。

文东成藏单元沙二下亚段油气藏在文13滚动背斜的东翼和文88反向屋脊带文99块上，圈闭条件主要为半背斜与反向断层结合形成。沙二下亚段油气藏多为带气顶的油藏，在北部文24块也存在单纯的气藏，沙二下亚段整体是断鼻控制的构造油气藏。

沙三上亚段油藏分布在文 13 滚动背斜、文 16 鼻状构造上及文 88 块反向屋脊带上，沙三上亚段构造南低北高，砂岩分布南厚北薄、西厚东薄，向北尖灭，整体上属于构造—岩性油气藏。

沙三中亚段油藏在该构造带上分布面积最大，富集程度最高，储量最多。纵向上有多套油水系统，全区无统一油水界面。文 13 断块顶部为气层，中部为油层，油水界面为 3310～3650m；文 16 断块油水界面 3310～3510m，并且同一砂层组的油水界面也不相同，是典型层状油藏。根据断层发育的情况，按沙三中亚段主力油层分布将文东油气田划分为 5 个断块区，从北向南有文 16、文 13、文 200、文 203、文 88 等断块区。

文东成藏单元构造高部位探明程度高，开发程度高，低部位深层具有较大的勘探潜力。研究表明，低部位主要发育岩性油气藏和构造岩性油气藏，油气成藏特点主要是晚期成藏，以凝析油气藏为主。深层异常高压的发育为深层储层的改善提供了条件，4300m 以上层系具有较高的勘探价值，在低部位探明的文 203-59 等区块就充分说明了文东低部位深层勘探潜力(图 5-9)。钻探的文 203-59 井测井解释油层 56.9m/34 层。投产沙三中亚段 9 砂组 4mm 油嘴自喷，日产油 0.5m^3、天然气 12950m^3，压裂后日产气达 39153m^3。

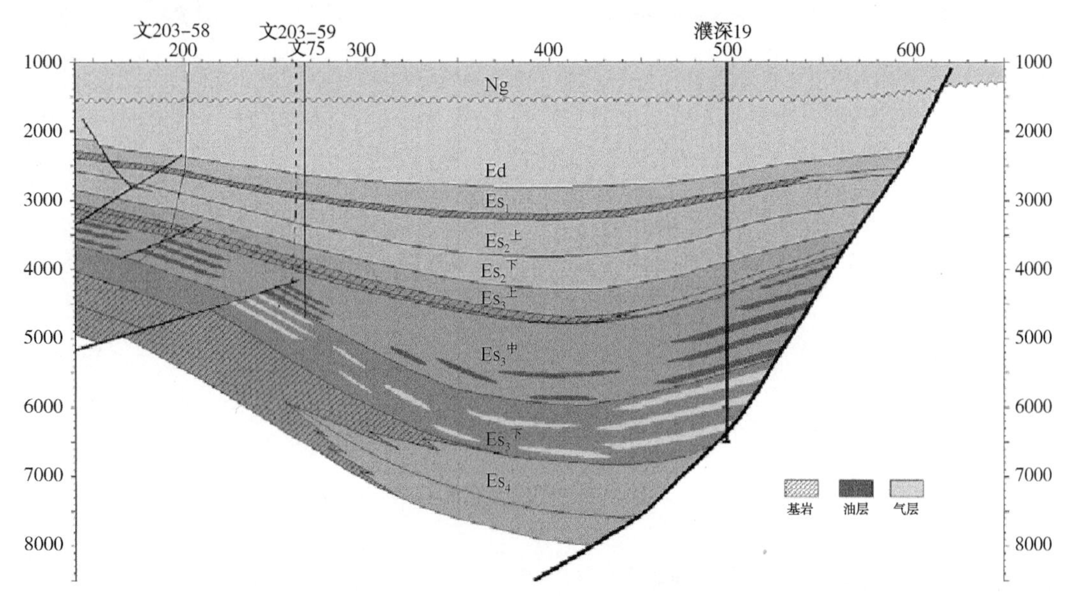

图 5-9　前黎园洼陷油气成藏模式图

5.1.3　油藏压力对含油性的影响

众多文献在探讨异常高压与油气分布的关系时，多依据压力系数的大小，并认为异常高压体系的过渡带是油气富集带。对于本区油气分布于压力场的独特关系，基于其他地区研究成果，本次工作也试图寻求油藏压力对含油性的影响。

首先，做出沙三中亚段油层日产油量与压力系数的关系，如图 5-10a 所示。文东主体初期稳定日产量较高，压力系数与产量有一定的正相关性。统计本区各类油层的分布层位与温压特征如图 5-10b 与图 5-10c 所示，从文东地区压力结构和石油储量的纵向分布关系可知，已发现的储量大部分位于超压带。

油层压力随着埋藏深度的增加，气油比也表现为增加的趋势。当压力继续增加，天然气含量越来越高，甚至出现全部为甲烷的纯气藏(图 5-11)。

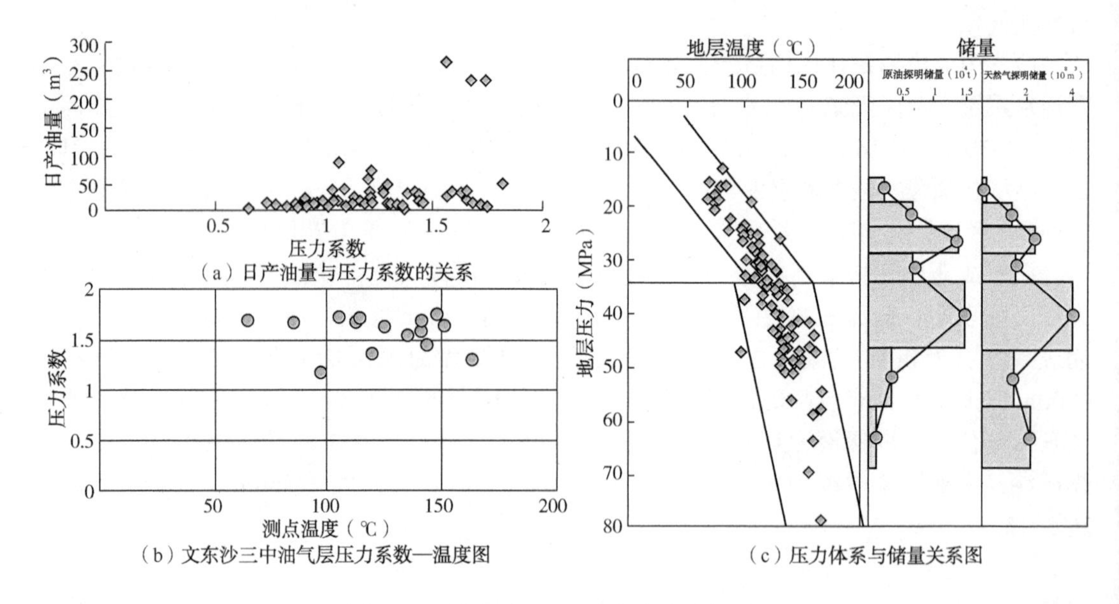

图 5-10　油藏压力、温度与含油性相关图

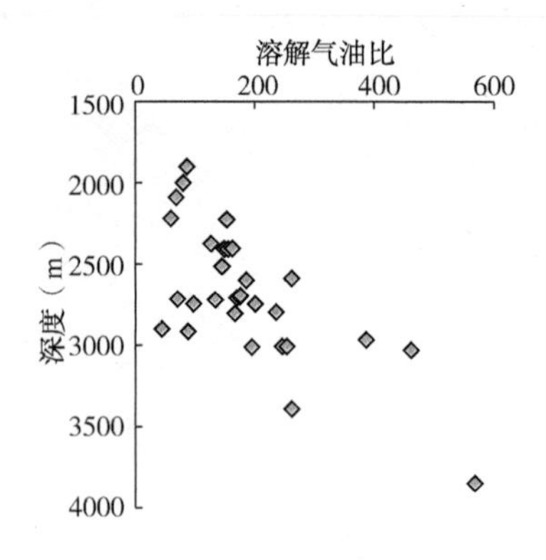

图 5-11　气油比变化图

5.1.4　埋藏深度对物性的影响

国内外学者在深部储层孔隙度—深度关系方面做了很多研究，建立了不同地区不同条件下的孔隙度—深度关系，并形成了单因素叠加分析技术和多模型物性预测方法，实现了钻前孔隙度预测及次生孔隙发育带研究。笔者在前人孔隙度—深度关系研究的基础上，采用逆向思维，根据物性下限来求取深度下限，并从勘探下限深度的角度介绍 4 种预测方法，探讨了文东、桥口地区有效储层埋深下限。

(1) 模型预测法。

前人在大量岩心观察、物性统计及普通(铸体)薄片鉴定基础上，针对研究区长期浅埋短期深埋的埋藏方式，按照不同的岩性、不同的刚性颗粒含量以及不同的约束条件建立了钻井埋深与实测岩心孔隙度关系预测模型。埋深下限模型预测法是在这一基础上，根据实际资料情况选择合适的预测模型，并将孔隙度下限值代入预测模型中，从而求得有效储层的埋深下限。

（2）有效储层厚度百分比法。

有效储层厚度、砂岩厚度、砂地比及有效储层占砂岩厚度百分比这些参数是沉积储层评价中经常用到的参数，而用有效储层厚度百分比来预测有效储层的埋深下限在深部储层评价中属于首次。该方法是通过研究有效储层占砂岩厚度百分比与地层埋深之间的关系，将求取埋深下限问题转化为求取有效储层厚度占砂岩厚度百分比的下限值。

（3）孔隙度包络线法及测井孔隙度包络线法。

前人曾经成功应用深度与孔隙度包络线来研究次生孔隙的发育带。若研究区深层构造带钻井取心少、实测物性资料少，可采用测井孔隙度分析埋深与孔隙度包络线的关系。测井孔隙度是利用多种测井曲线关系模型求得，并通过与实测物性对比校正，能够真实反映储层物性。利用测井孔隙度包络线研究孔隙度—深度关系是可行的。具体做法是将目前所有钻井测井孔隙度投在孔隙度—深度图上，勾绘出包络线走势，并与有效储层下限孔隙度值交汇，这样就可以求得有效储层最大埋深。

综合研究区储层现有测井、物性等资料分析，选择“测井孔隙度包络线法”进行预测研究区埋深下限值。根据孔隙度梯度递减原理，连续埋藏型成岩作用的储层砂岩孔隙度变化基本反映了砂岩压实程度的变化。运用测井孔隙度包络线法的基本条件：①储层成岩作用属于连续埋藏型，即持续沉积埋藏而无较大规模的沉积间断；②目的层在地质历史时期未经历大规模构造挤压活动，也就是说储层未受侧向挤压应力影响。研究认为，东濮凹陷主体以连续沉积埋藏为主，各构造带埋藏深度差异较大，大型构造抬升多发生在凹陷边缘，整体上适宜用测井孔隙度包络线法进行预测。

5.1.4.1 文东沙三—沙四段最大埋深预测

文东地区沙三—沙四段储层岩心孔隙度分析表明，沙三段储层孔隙度为8%～17.1%，沙三段渗透率为$(0.1\sim66)\times10^{-3}\mu m^2$，沙四段储层孔隙度为8%～12.1%，沙四段渗透率为$(0.1\sim12)\times10^{-3}\mu m^2$（表5-1）。

表5-1 文东地区Es_{3-4}储层物性参数统计表

层位	孔隙度（%）	渗透率（$10^{-3}\mu m^2$）
沙三段	8.0～17.1	0.1～66.0
沙四段	8.0～12.1	0.1～12.0

有效储层指的是具有良好的储集空间结构，并能相互连通，不但有利于油气储存，也有利于油气运移，具有一定产能的储层。因此根据试油资料确定了有效储层物性下限。将孔隙度8%，渗透率$0.1\times10^{-3}\mu m^2$作为文东储层的物性下限。

根据油层物性分析资料及测井解释成果，制作文东地区沙三—沙四段储层物性垂向分布图（图5-12）。此次通过运用孔隙度包络线法，确定文东地区埋深下限。具体做法是将油层物性分析结果投在孔隙度—深度图、渗透率—深度图上，勾绘出包络线走势，并与有效储层孔隙度下限值8%，渗透率下限值$0.1\times10^{-3}\mu m^2$交汇，即可求得有效储层的最大埋深。如图5-12所示，实线为最大值包络线，点画线为储层下限孔隙度、渗透率值，两条线的交汇点为储层最大埋深点。因此，利用该方法求得的有效储层最大预测埋深在5480～6240m。

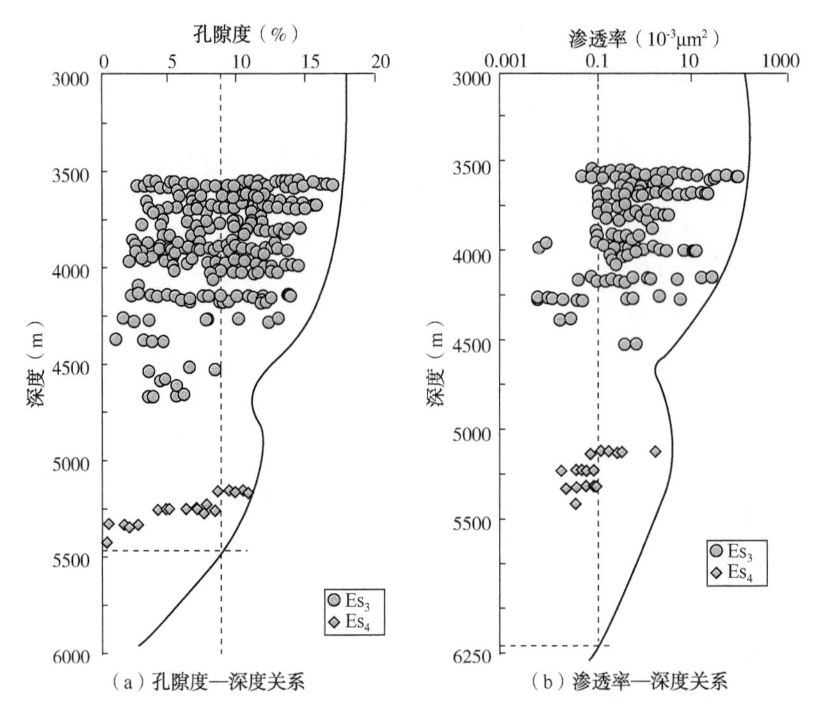

图 5-12　文东地区沙三—沙四段储层物性随深度演化图

5.1.4.2　杜寨—桥口沙三—沙四段最大埋深预测

利用杜寨—桥口地区较为充足的岩心、物性数据，结合试油、钻采资料，结合分布函数曲线法、含油产状法、孔隙度—渗透率交会法，共同确定有效储层物性下限值并相互验证。由此确定研究区深部有效储层发育与分布状况。

通过分布函数法、含油产状法、孔隙度—渗透率交会图法确定储层物性下限（表 5-2）。考虑到各种确定方法的局限性，需要针对所求得的物性下限值进行分析验证。验证结果表明，分布函数法确定的物性下限可以作为有效储层评价的物性下限指标。

表 5-2　不同方法确定物性下限比较

下限指标	方法		
	分布函数法	含油气产状法	孔隙度—渗透率交汇法
孔隙度(%)	7.75	7.25	7.5
渗透率($10^{-3}\mu m^2$)	0.126	0.112	0.112

根据濮深 12 井、濮深 4 井、桥 20 井、桥 24 井、桥 33 井、桥 35 井、桥 63 井共 7 口井的油层物性资料，做出物性垂向分布趋势图(图 5-13)。此次也通过运用孔隙度包络线法确定杜寨—桥口地区埋深下限。将油层物性分析结果投在孔隙度—深度图、渗透率—深度图上，勾绘出包络线走势，并与分布函数法得出的孔隙度下限 7.75%，渗透率下限 $0.126\times10^{-3}\mu m^2$交汇，即可求得有效储层最大埋深。如图 5-13 所示，实线为最大值包络线，点画线为储层下限孔隙度、渗透率值，两条线的交汇点即为储层的最大埋深点。利用该方法求得的有效储层最大预测埋深在 4910~5230m。

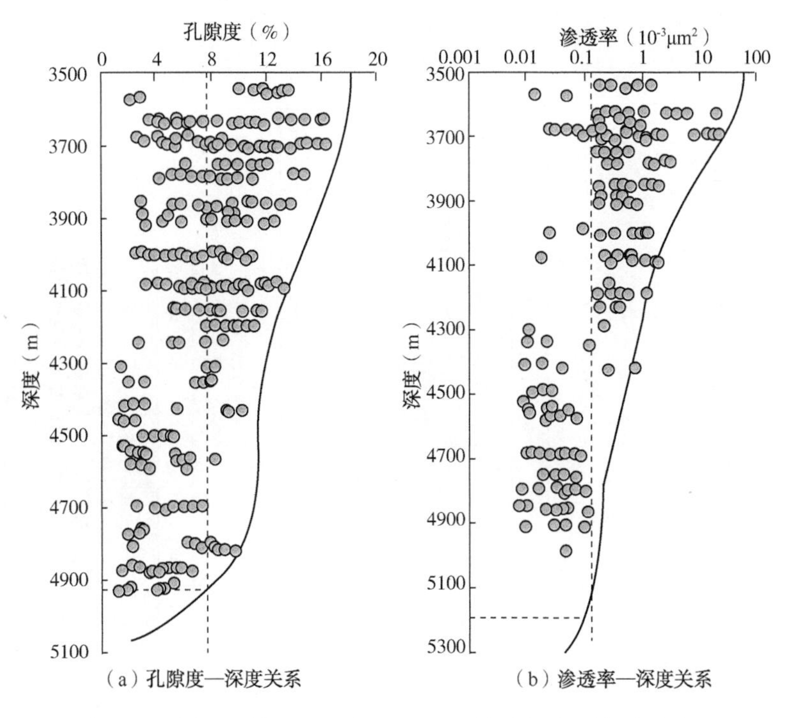

图 5-13　杜寨—桥口地区沙三—沙四段储层物性随深度演化图

5.1.5　成岩相及孔隙结构的影响

5.1.5.1　成岩相模式的划分

以文东地区为例，研究区沙三中亚段地层上下为两套巨厚盐层，成岩作用在相对封闭的环境中进行，成岩现象丰富，成岩作用类型多。在分析了砂岩的成岩环境的基础上，依据不同的成岩事件及成岩演化结果，可划分成五种成岩相类型(图 5-14)。

（1）不稳定组分强烈溶蚀相。

不稳定组分包括陆源碎屑长石、岩屑、盆屑、鲕粒、砂屑，也包括各种胶结物，如酸溶性的碳酸盐等。该成岩相带砂岩成分成熟度和结构成熟度较高，石英含量约为 50%～70%，长石 20%～35%，岩屑 10%左右，填隙物含量低于 10%，粒度中值一般在 0.05～0.25mm。颗粒间以点接触为主，圆度为次棱角—次圆，分选较好。该成岩相砂岩在早成岩期结束时尚存一定量的原生粒间孔隙，油气生成后产生的有机酸在运移过程中不仅使长石、碳酸盐颗粒等不稳定组分强烈溶蚀，使原生粒间孔隙在很大程度上得到恢复，砂岩孔隙度大于 20%，渗透率大于 $100\times10^{-3}\mu m^2$，该成岩相主要分布在水下分流河道、河口坝微相，其微相砂体为最佳储油气层。次生孔隙研究表明，沙河街组成岩中、后期，埋藏深度超过 1800～5000m 以下的范围内均普遍发育碳酸盐溶蚀，并且是次生孔隙空间的主要成因类型。在成岩中期以有机羧酸、碳酸为主要酸源；成岩后期较高温度下极可能以无机碳酸和氢硫酸为主，晚期胶结物包体中存在相当数量的 CO_2 和 H_2S 对此是一个佐证。另一方面，本区大量发育的碳酸盐和硫酸盐胶结物以及晚期大量甲烷气体的产出也为上述反应提供了适宜的反应物质基础。

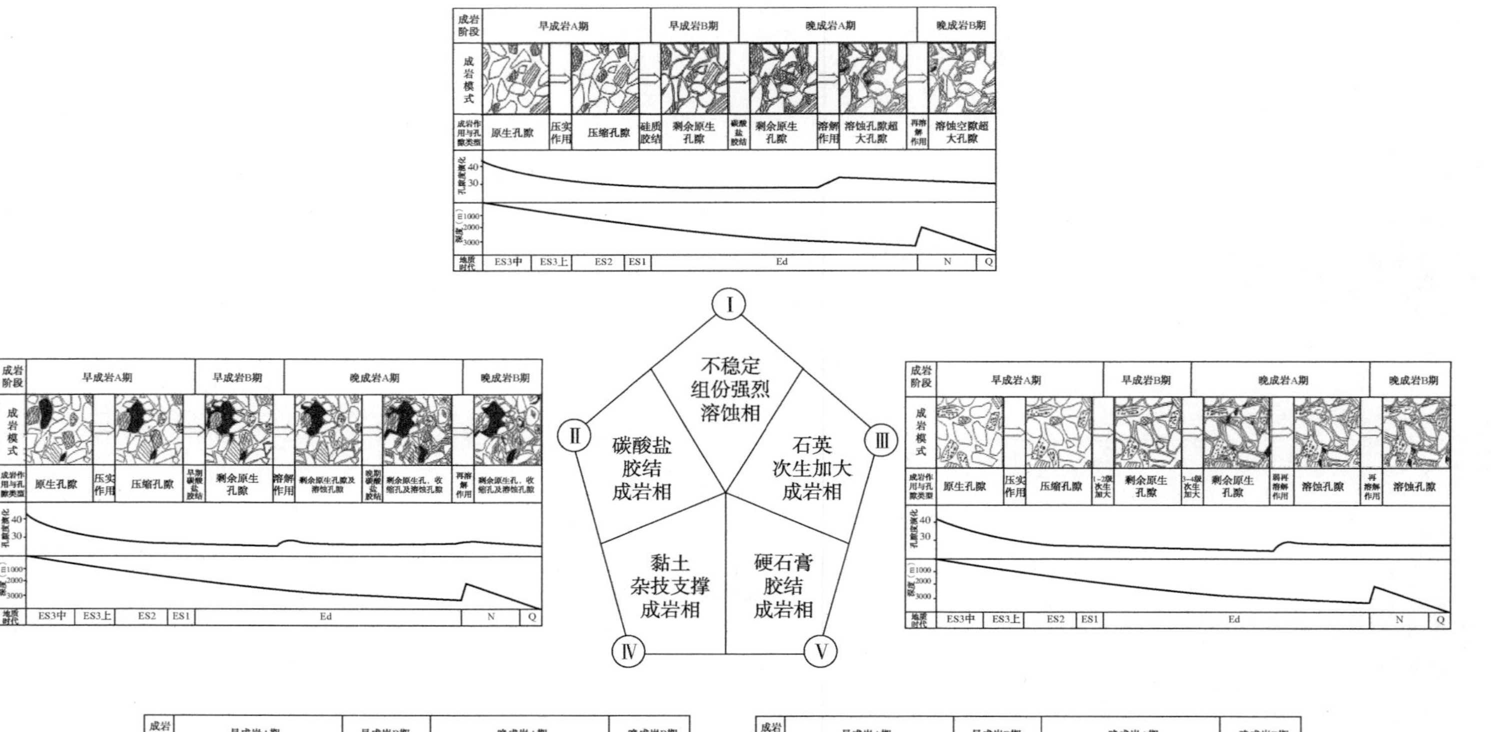

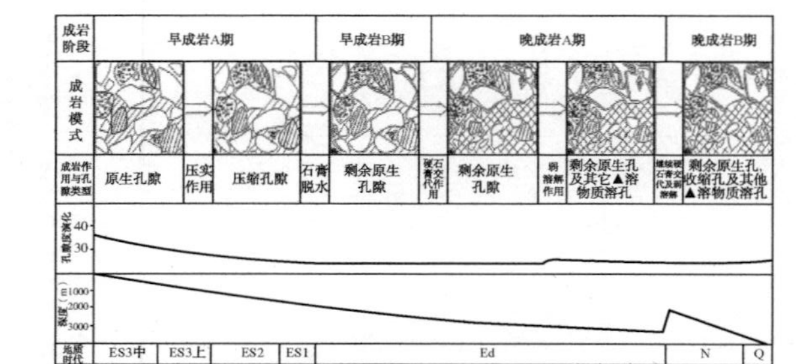

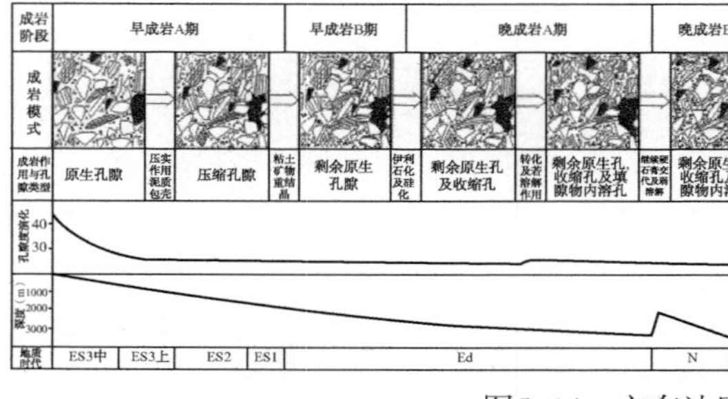

图5-14　文东油田沙三中亚段成岩演化模式图

(2) 碳酸盐胶结成岩相。

碳酸盐胶结成岩相砂岩成分成熟度与结构成熟度较高，基质含量一般低于5%，碳酸盐胶结物含量较高，一般为10%~20%。埋藏成岩过程中，发生了一系列包括机械压实、早期碳酸盐胶结、溶蚀、晚期碳酸盐胶结等成岩作用。其中早期碳酸盐胶结表现为方解石或铁方解石嵌晶式胶结，成栉壳状结构；晚期碳酸盐胶结表现为白云石及铁白云石的大量出现充填孔隙并交代各种组分。早期碳酸盐胶结之后孔渗性急剧降低，经后期溶解作用产生了大量的次生孔隙，后虽经晚期碳酸盐胶结孔隙收缩但仍保持一定数量的次生孔隙，砂岩孔隙度一般为15%~20%，渗透率(10~100)$\times10^{-3}\mu m^2$，该成岩作用主要出现在水下分流河道、河口坝微相中，具有一定的储集性能。高盐度和碱性沉积环境及其继承性封闭成岩环境的发育是导致本区早期碳酸盐胶结作用较强的基本原因。沙河街组碎屑岩中碳酸盐胶结物时空分布广，一般含量均在10%以上，最大可达30%。强烈的早期碳酸盐胶结一方面堵塞了原生孔隙，但另一方面也抑制了颗粒间的压实。此外，由于盐湖盆地中单砂层厚度小、砂泥频繁互层，“顶钙”和“底钙”胶结发育，并成为成岩早期的主要胶结形式和碳酸盐封隔层的成因之一。

(3) 石英次生加大成岩相。

砂岩成分成熟度及结构成熟度较高，以出现大量硅质增生物为特点。埋藏成岩过程中，经历了压实作用、逐级增强的次生加大作用、弱溶解作用等成岩作用。石英颗粒大多具宽阔的加大边，加大边终端不规则，颗粒间呈线接触或缝合状接触，主要出现在水下分流河道及河口坝微相中，这类储层孔渗性较上述两种成岩相低、储油不佳。

(4) 黏土杂基支撑成岩相。

该成岩相砂岩的原始组分及结构成熟度偏低，基质含量通常高于15%，粒度中值一般为0.03~0.1mm，粒细、分选差。在埋藏成岩作用中，经历了机械压实、重结晶、矿物转化等成岩作用。由于原始基质含量较高，成岩过程中产生的酸性水与后期的有机酸进入量很少，只能发生微弱溶解作用，产生很少的溶蚀孔隙。其主要出现在前缘席状砂微相或深湖相中，这类砂体物性极差，为低孔、低渗透差储层或非储层类型。特别要指出的是，伊利石、硅质增生—胶结作用对低孔低渗透储层的成岩演化具有特殊影响，目的层砂岩多已演化至成岩中期。据粉晶X-衍射分析，砂岩粒间黏土矿物中比表面积大的自生伊利石、绿泥石较为发育。自生伊利石—绿泥石、硅质总含量虽不超过5%~10%，但其以网状占据粒间孔喉或衬边状围绕碎屑颗粒生长，不仅导致了砂岩中小孔细喉结构的明显破坏，而且为润湿相含水饱和度的增加提供了条件。由于本区低孔低渗透储层极为发育，而伊利石—绿泥石和硅质矿物既是晚期产物又不易溶解，即使是微量的自生矿物堵塞孔喉，都将对储层的质量造成破坏性影响。

(5) 硬石膏胶结成岩相。

膏盐胶结成岩相砂岩硬石膏含量为2%~5%，岩心观察为硬石膏斑点，镜下观察硬石膏胶结物呈斑状，对石英、长石等碎屑颗粒交代强烈。这类砂岩在埋藏成岩过程中，早期经历了压实作用、石膏脱水，晚期经历了硬石膏的交代作用，造成砂岩局部孔隙堵塞、致密。未被硬石膏胶结的部分经溶解作用后具有一定的孔隙度，可能出现于各种微相带中，尤以漫溢微相为主，孔渗性不好，储层储集性较差。石膏、石盐、方沸石等自生矿物的局部层位发育，也促进了低渗透致密砂岩储层的形成。成岩相的分布主要受沉积微相、断层活动、温度和水介质条件等多种因素控制，不同的控制因素导致成岩相平面上交叉、纵向上重叠分布。因重荷的压挤作用，成岩相的分布在隆起区表现出规律性。沙三中亚段砂体在文西、文东断层下降盘表现为杂基支撑相和碳酸盐胶结相。在文西断层分支的断阶带，活跃的水介质和断层活动使之形成不稳定组分溶蚀相。文东断层下降盘出现石英次生加大成岩相。

5.1.5.2　孔隙结构的影响

(1) 储油物性与岩石结构的关系。

岩石的孔隙性和渗透性统称为储油物性，用孔隙度和渗透率这两个参数来衡量油气的储集和运移能力。岩石的储油物性与岩性密切相关。孔隙度的大小是由碎屑颗粒的形状、填集性质及碎屑的分选程度等决定的。如在沉积物快速堆积的条件下，碎屑颗粒的分选不好，在大颗粒之间会充填小颗粒，因而使岩石的孔隙度明显地减少。另外，地层由于埋藏深度大，必承受很大的上覆地层压力，使岩石渐渐变得致密，使孔隙度减少。

渗透率是比孔隙度更为重要的储油物性参数，因为孔隙度仅影响油气储集的数量，而油井产量的高低是直接由渗透率决定的。

在岩石性质中，碎屑颗粒的粒度、分选、排列和填集方式，以及胶结作用、层理特征等都影响岩石的渗透率。

一般地，碎屑颗粒的直径越大，其粒间孔隙的直径也越大，从而必减少流体通过的阻力，渗透率也随之增高。但当岩石中含有大量基质时，岩石的渗透率会明显地减少。

另外，碎屑岩中的胶结物总是使物性向着差的方向转化，且随着胶结物成分的变化，含量的增加以及胶结类型的不同，粒间孔隙会变为充填残余孔隙式充填物内孔隙，使孔隙度和渗透率都大大地降低。

渗透率和孔隙度一般是呈正比关系的。但对于粉砂岩的孔隙度可以很高而渗透率却很低。因为确定渗透率的不仅是孔隙的数量和体积，更重要的是孔隙的连通情况，只有那些孔隙直径较大(大于0.0002mm)而且互相连通的孔隙对于油气的渗流才是有效的。

如前所述，本井段是典型的碳酸盐储集体系，且储层埋深在3100m以下，因而作为储集孔洞的原生孔隙是微乎其微的，主要的储集空间是次生孔隙。

本井段岩层的渗透率较低且发育不均匀，最大可达$270\times10^{-3}\mu m^2$，随着深度的增加，渗透率减小，且减小的速率要比孔隙度减小的速率快得多。产生低渗透率的原因可能是：本井段内的孔隙大多数是由于溶解作用形成的，彼此之间连通性差，即渗透率低；铁白云石的存在是渗透率变小的原因之一。随着埋深的增加铁白云石的含量也增加，因此渗透率就迅速减小；自生矿物特别是自生黏土矿物的存在是减小渗透率的另一个原因。

(2) 储集物性与电性的关系。

目前，主要通过测井技术来研究储集物性，不仅可以划分井孔地层剖面，确定地层厚度和埋藏深度，进行区域地层对比，而且对于评价地层的储集能力，检验油气藏的开发情况，细致分析研究油层具有重要意义。

油气储集在地层的孔洞中，为了反映储层的特性，需要采用岩性测井，例如密度测井、中子测井、声波时差测井及自然伽马测井求解地层的矿物成分、孔隙体积等地质参数。鉴于地层的多种参数对不同的岩性测井影响不同，因此，一般采用两三种岩性测井的组合，往往比一种岩性测井方法算出的孔隙度和渗透率、岩性成分更为准确，这时对于计算地层的渗透率，进一步评价储层的生产能力是十分必要的。

这里选用了比较典型的3条测井曲线(补偿声波、密度和自然伽玛测井)来分析储的特点，分述如下。

① 密度测井。

密度测井是一种划分岩性、测量地层孔隙度的有效方法。测量由伽马源放出的并经过岩层散射和吸收而回到探测器的伽马射线的强度，用来研究岩层的密度等性质，求得岩层的孔隙度。由于各种岩石矿物的密度不同，运用密度测井曲线再配以自然伽马曲线就可以十分清楚地划分出渗透层来。

② 补偿声波测井。

补偿声波测井就是利用岩石等介质的声学特性来研究钻井地质剖面、划分地层、判断气层、确定地层孔隙度，在压实地层中，声波测井一般受天然气的影响。

③ 自然伽马测井。

自然伽马测井是沿井身测量岩层的天然伽马射线强度的方法，岩石一般都含有不同数量的放射性元素，并且不断地放出射线。该方法主要用来划分岩性、确定储层的泥质含量以及地层对比。

综合这3条曲线的特点，且参考岩心录井剖面可划分出六类有效储层：(1)3103.6~3149.6m；(2)3193.6 ~ 3225.0m；(3)3245.6 ~ 3264.6m；(4)3307.5 ~ 3332.5m；(5)3354.2~3411.75m；(6)3429~3506.5m。不过，气层和干层稍居于较深部位，即第五套内比较丰富。

测井解释成果表明，这些储层都属于中孔低渗透高饱和型。与实测岩心物性分析结果相比，测井解释偏低。原因是本井段内储层以粉砂岩为主，这种尖型的油气藏实际上是以束缚水为主要成分的低含油气泡和度的油气层，或称低电阻率油气层，经过试采和油基钻井液井的实际资料征明，粉砂岩油气层在含油饱和度大于3%时就可能产油气而不产水。因而就应注意避免漏掉这类油气层。

(3) 沙三$_3$亚段油气水显示情况。

本井段油水系统比较复杂，也是本井唯一富集的含油层段。据岩心、岩屑录井资料，油浸砂岩38层29.73m，油斑38层23.27m，油迹51层25.37m。电测解释油层23层41.6m，水层7层21.8m，综合解释油层29层49.48m，可能油层3层14.2m，水层3层6.4m。

前述本段已粗略划分为六段，相应发育6组油(干)层，分述如下。

第一组：综合解释顶底各一层油层，顶部油层厚1.2m，压力高，油气比较高；底部油层厚4m，岩心物性分析孔隙度为18.4%~4.4%，渗透率$(36\sim250)\times10^{-3}\mu m^2$，含油饱和度为64.4%~78.9%；本组油层层数虽少，但储集物性好，油气比高，压力大，是本井最佳油层；岩性均为粉砂岩；属1类最好储层。

第二组：电测及综合解释油层5层7.2m，孔隙度17.5%~18.6%，含油饱和度42%~64%，岩性为浅灰色油迹粉砂岩、油斑粉砂岩；综合解释水层1层2.4m；为Π类好储层。

第三组：电测解释油层4层6.4m，孔隙度17.6%~22.1%，含油饱和度66%~85%，岩性为棕色油浸粉砂岩为主；综合解释油层5层8.68m，岩心物性分析孔隙度10.6%~22.5%，渗透率$(2\sim270)\times10^{-3}\mu m^2$，含油饱和度21.8%~76.1%；上部两油层较下部油层储集物性差，油层非均质也比较明显；为Π类中等储层。

第四组：电测解释油层4层10.8m，综合解释油层5层11m，岩心物性分析孔隙度

10.6%~23%，渗透率(0.5~173)×10^{-3} μm²，含油饱和度为43.1%~74.5%；本组油层分布紧凑，储集物性较差，且非均质性明显；为Ⅱ类较差储层。

第五组：本组多干层、水层；电测解释干层7层11.8m，水层4层14.4m，综合解释油层1层2.8m，物性分析孔隙度10.7%~19.6%，渗透率(1.5~36)×10^{-3} μm²，含油饱和度40.8%~56%，可能油层2层10.2m，多为棕褐色油浸粉砂岩；为Ⅱ类差储层。

第六组：电测解释油层8层14.6m，水层2层4.2m，综合解释油层9层14.6m，可能油层1层4.0m，物性分析含油饱和度46.7%~65.4%，多为棕揭色油斑油浸粉砂岩；储油物性差，为Ⅲ类差储层。

(4) 储层分类。

前人通过对我国砂岩油气层的研究，归纳出2种主要储集类型。

① 一类储层。

毛管压力曲线反映出较小的启动压力，最大汞饱和度在70%以上，峰值在0.4~25。沉积相以重力流沟道、湖滩相为主，成岩相以不稳定组分强烈溶蚀成岩相为主，孔隙度一般大于16%。以文220井和文211井为例，可以充分说明一类储层的特点。它们的压汞曲线形态、孔喉分布及基本数据如图5-15所示。它们的最大汞饱和度高，文211井达86.71%，都以不稳定组分强烈溶蚀相以为主。随着压力的降低，退汞能力较强，反映较好的渗透性和孔喉连通性。文220井孔渗分布图也反映出这一点，如图5-16所示。

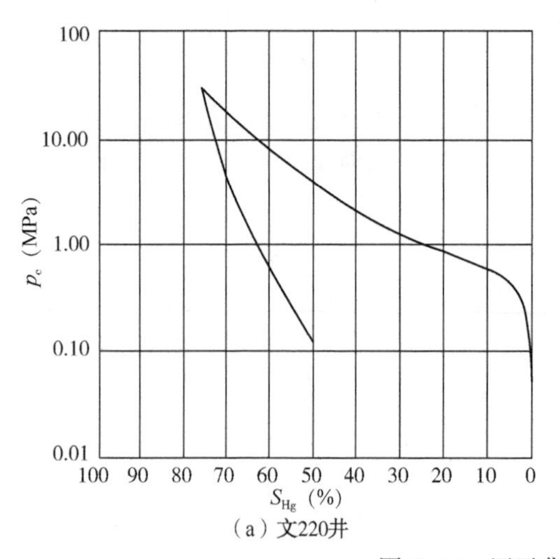

(a) 文220井

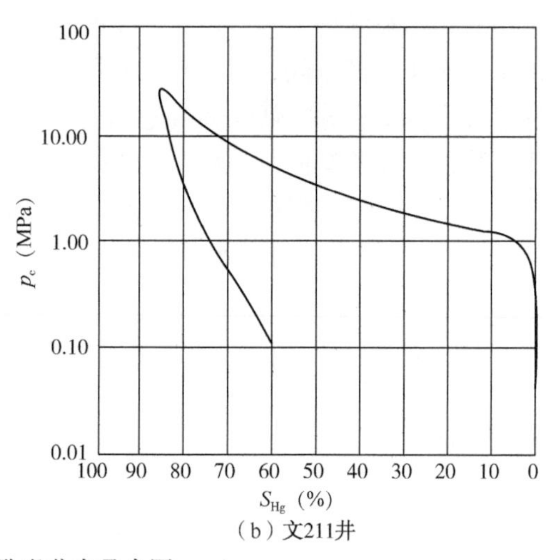

(b) 文211井

图5-15 压汞曲线与孔喉分布叠合图

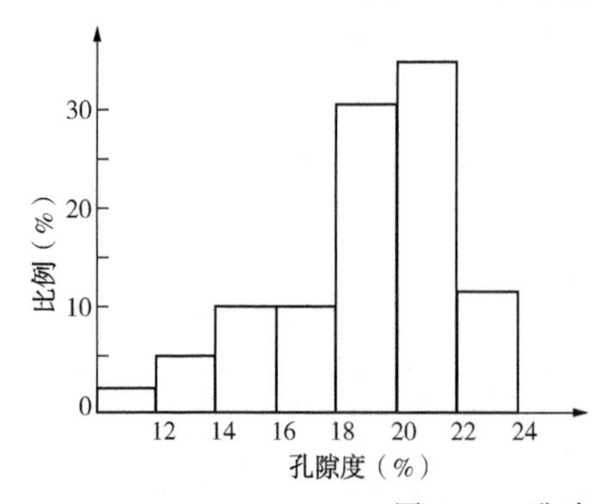

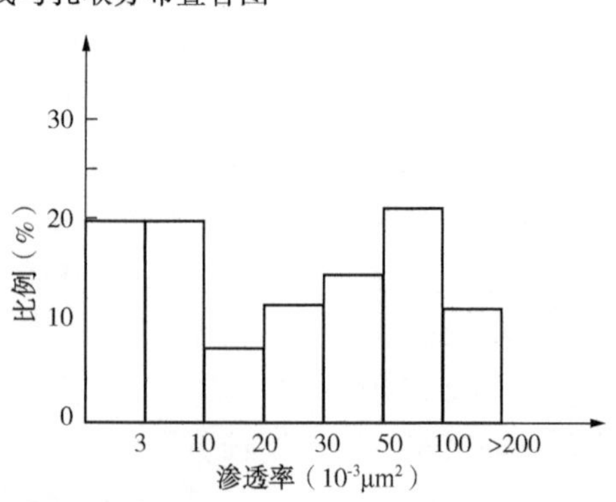

图5-16 孔隙分布与渗透率分布

对应于压汞曲线特征的岩矿参数见表5-3。铸体图象分析参数实例见表5-4，其中文220井3390.05m即为一级储层。一类储层纵向上主要集中于沙三$_3$亚段，是良好储层。文220井射开3383.8~3397.0m进行试油，4m/m油嘴自喷产油43.3t/d，产天然气3058m^3/d。再以文209断块为例，断块中文227井沙三$_3$亚段初日产达200余吨，断块稳产后平均单井产量30~50t/d。

表5-3 文220、文211井岩矿特性

井号	井深(m)	胶结类型	圆度	分选	石英含量(%)	长石含量(%)	岩屑含量(%)	泥质含量(%)	灰质含量(%)	白云质含量(%)
文220	3395.02	孔隙式	次棱	中	55.2	33.6	11.2	7	1	4
文211	3590.60	孔隙式	次园	好	72.5	20.3	7.2	8	2	1

表5-4 文东沙三段储层铸体图像分析参考实例

井号	井段(m)	孔隙最大直径(μm)	孔隙最小直径(μm)	孔隙平均直径(μm)	孔隙直径加权平均(μm)
文246	2939.10	204.045	12.7741	65.3985	55.6848
	2945.70	99.5413	3.01088	32.0012	31.0027
	2947.40	284.086	15.0544	71.7554	66.1572
文242	3626.60	146.066	16.3532	147.8119	43.1144
文220	3365.81	251.62	3.01088	14.0486	16.7611
	3390.05	229.074	3.01088	53.8911	48.76595
	3395.02	220.072	3.68756	63.6155	57.3765
文153	3394.50	84.1162	15.7892	30.6645	29.148
	3528.68	192.567	3.01088	57.735	54.0725

② 二类储层。

压汞曲线上显示了两种类型：一种是启动压力很高，在2.0MPa左右，显示出孔喉半径很小，一般峰值在0.1~0.25；另一种是启动压力虽然较低，但曲线很陡，最大汞饱和度很低，孔喉分布图显示分选很差，分布范围广。

沉积相以漫溢、水下流河道为主，成岩相以黏土杂基支撑相为主，也有碳酸盐胶结成岩相。孔隙度一般小于16%，铸体图象分析面孔比小于20%，平均直径小于40。

文153井和文241井的实例可以反映出二类储层的特点，其曲线形态及参数如图5-17与图5-18所示。相对应的岩矿特征见表5-5。二类储层图象分析实例见表5-4中的文153井3394.50m。

表5-5 文241、文153井岩矿特性

井号	井深(m)	胶结类型	圆度	分选	石英含量(%)	长石含量(%)	岩屑含量(%)	泥质含量(%)	灰质含量(%)	白云质含量(%)
文153	3782.15	接触式	次棱 次园	好	52.7	35	12.3	1	2	5
文241	3141.0	按-孔	同上	好	65.7	23.8	10.5	1	5	5

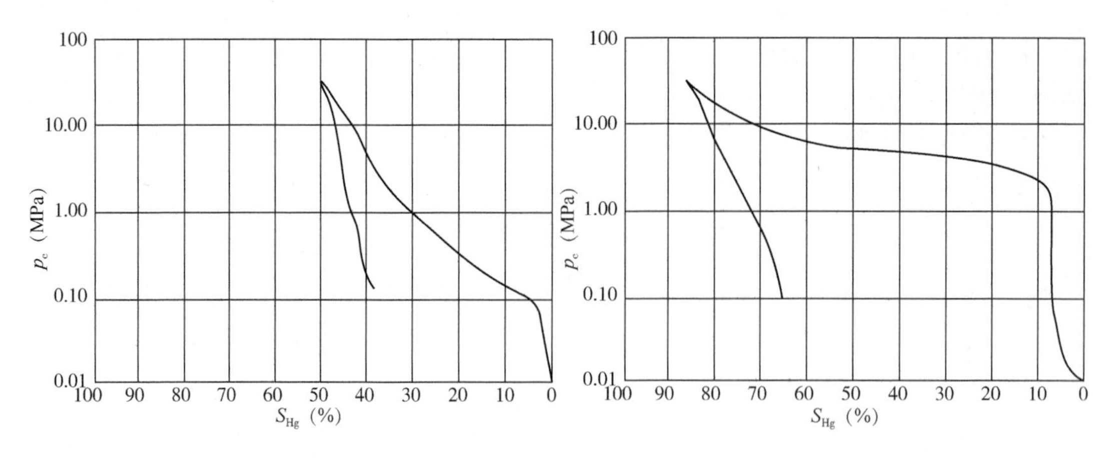

图 5-17　文 241 压汞曲线与分布叠合图　　　图 5-18　文 153 井压汞曲线与分布叠合图

（5）成岩相、微相分类界限。

综合沉积相标志、并结合测井资料，对文东地区进行沉积微相分析，主要存在 5 种砂体微相，见表 5-6。通过文东沙三段微相模式图(图 5-19)可知，Ⅰ区主要为沟道、湖滩、河口坝，Ⅱ区主要为漫溢、水下分流河道。

表 5-6　文东地区沙三段主要砂体微相特征

微相	沟道	漫溢	湖滩	水下分流河道	河口坝
水流性质	重力流	重力流	波浪湖流	牵引流为主	波浪湖流
沉积构造	重荷、泄水	前积沙纹层理	交错、波状	交错层理	波状层理
岩性	粉、细砂岩	(泥质)粉砂岩	粉、细砂岩	粉、细砂岩	粉、细砂岩
概率曲线	三、二段式	三段式	三段式	二段式	三段式
碎屑组构	似斑状	不均一	较均一	较均一	较均一
撕裂屑	多	少见	无	无	无
特殊胶结物	泥晶方解石	泥晶方解石	泥晶白云石		泥晶方解石
特殊显微构造	微冲刷、逆变	无	无		
盆内组份	较少	较少	多		多
成分成熟度	较低	较低	较高	较高	较高
结构成熟度	较低	较低	较高	较高	较高
沉积韵律	正韵律为主	正韵律为主	均一块状或反韵律	反韵律或正韵律	反韵律为主

文东储层成岩相的分布有多种因素控制，主要是沉积相、断层活动、温度和水介质条件。不同的因素导致了成岩相的分布在平面上有交叉、在纵向上有叠复，如文东地区沙三段成岩相分布图，Ⅰ区主要为不稳定组分强烈溶蚀相，Ⅱ区主要为黏土杂基支撑成岩相和碳酸盐胶结成岩相(图 5-20)。

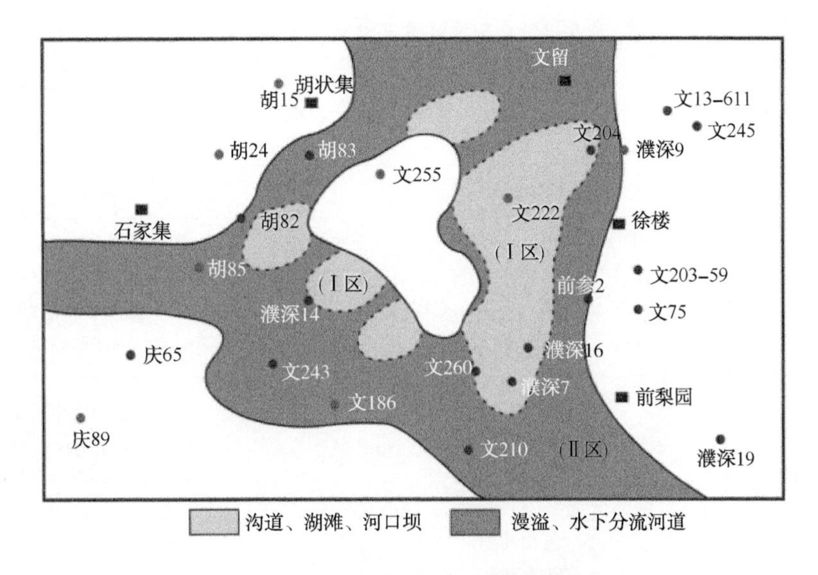

图 5-19　文东地区沙三段微相模式图

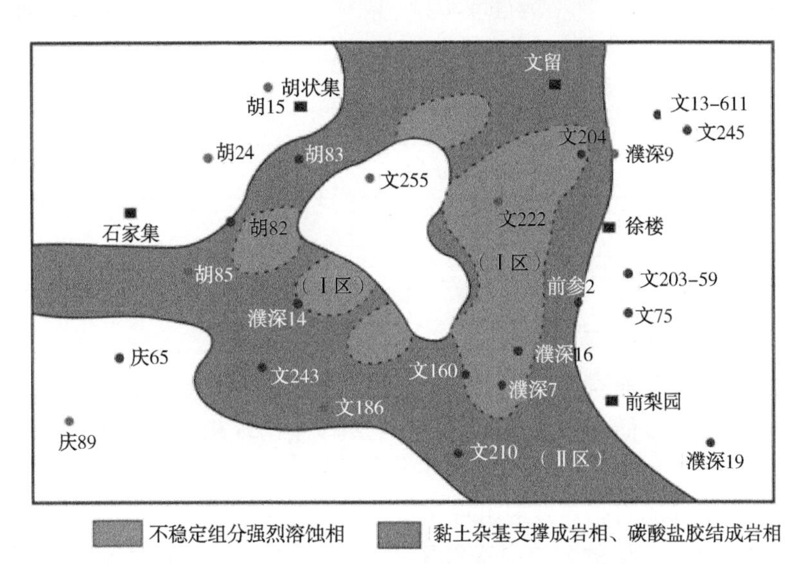

图 5-20　文东地区沙三段成岩相分布图

5.2　储层分类标准

5.2.1　文东地区储层分类标准

综合以上资料，结合文东储层微相、成岩相、孔隙类型等资料，确定文东油藏储层有效储层可分为两类。文东地区沙三段储层分类标准见表 5-7。文东地区研究表明，油气聚集最有利的构造带是文 209 断块、文 10 断块、文东构造带、文 95 断块和文 220 断块。最有利的沉积相带是重力流主沟道、湖滩；最有利的成岩相是不稳定组分溶蚀相，其储集空间以一期次生孔隙为主，这是一种聚集期孔隙(即孔隙形成时间与油气大规模聚集期相一致)，储层类别为一级。其余地区为二级储层，可作为油气挖潜区。

表 5-7　文东地区沙三段储层分类标准

储层类型	Ⅰ类	Ⅱ类
微相	沟道、湖滩、河口坝	漫溢、水下分流河道
成岩相	不稳定组分强烈溶蚀相	黏土杂基支撑、碳酸盐胶结
构造分布	文 209 断块、文 10、95、220 断块、文东构造带	文西构造带、文南构造带
孔隙类型	残余粒间孔隙、粒内溶孔 （小孔，细喉）	粒间隙、粒内溶孔及微孔隙 （小孔，细喉）
物性	孔隙度大于 16% 渗透率为(0.1~1)×$10^{-3}\mu m^2$	孔隙度小于 16% 渗透率为(0.02~0.1)×$10^{-3}\mu m^2$
孔喉结构特征参数	比面积>20% 启动压力<1.0MPa 峰值>0.40μm 平均直径>40μm S_{Hgmax}>70%	比面积<20% 启动压力>1.0MPa 峰值<0.40μm 平均直径<40μm S_{Hgmax}<70%
油气聚集	油气最有利分布区	油气挖潜区

5.2.2　桥口储层分类及评价指标

5.2.2.1　桥口地区成岩相模式划分

（1）不稳定碎屑变化成岩相：不稳定组分主要指长石、不稳定岩屑、云母及碳酸盐颗粒与杂砂岩有联系，在以低孔、低渗透储层为主层段中出现相对有效的含气层，常常与这类成岩微相有关。

（2）黏土杂基支撑成岩相：普遍出现在该地区沙三$_3$亚段的深水重力流水道及部分沟间和漫溢微相中。这类储层的特点是高孔隙度、低渗透率，孔隙对形成油藏可能是无效的，但对天然气藏还是有效的。

（3）石英次生加大成岩相：这类储层孔渗性也低，储油不佳，但对深层气还是有意义的。

5.2.2.2　桥口地区成岩相、微相分类界限

根据沉积特征和沉积环境分析，桥口地区主要发育湖底扇、轴向重力流沉积，内扇、中扇、外扇亚相、水道微相和近漫溢 5 种微相。通过桥口地区成岩相、微相模式图(图 5-21)可知，Ⅰ区主要为湖底扇中扇辫状水道，Ⅱ区主要为中扇前缘、水道间，研究区主要分为 3 类成岩相。桥口储层微相、成岩相参数的分类界限表见表 5-8。

表 5-8　桥口储层微相、成岩相参数的分类界限表

储层类型	Ⅰ	Ⅱ	Ⅲ
微相	湖底扇中扇辫状水道	中扇前缘、水道间	外扇、漫溢
成岩相	不稳定组分碎屑变化相	黏土杂基支撑	石英次生加大

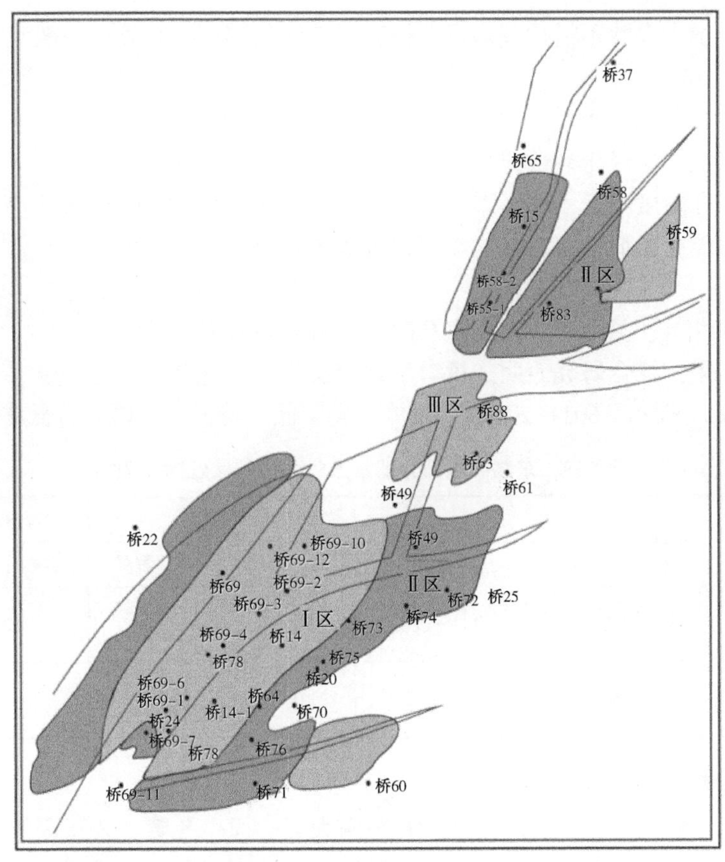

图 5-21　桥口地区成岩相、微相模式图

5.2.2.3　桥口地区储层分类

利用多参数定性评价，桥口气藏储层分类标准的确定主要采用了两种方法：一是从储层的产量出发，确定能反映产量物性的分类界限；二是用相关分析方法，分别建立孔隙结构、声波时差等与物性参数的相关曲线或相关方程，从而确定各参数的分类界限。

(1) 通过试气层物性与产量关系来确定储层物性分类界限。

根据桥口气藏试气资料，建立储层物性与产量的关系(图 5-22 及图 5-23)，确定出储层物性分类标准。

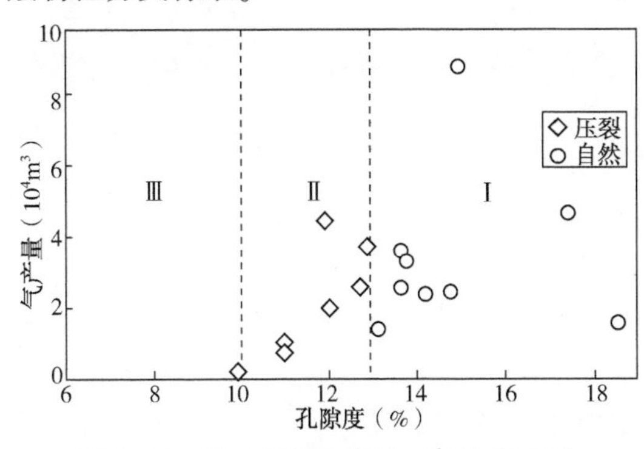

图 5-22　桥口气藏孔隙度—产量关系图

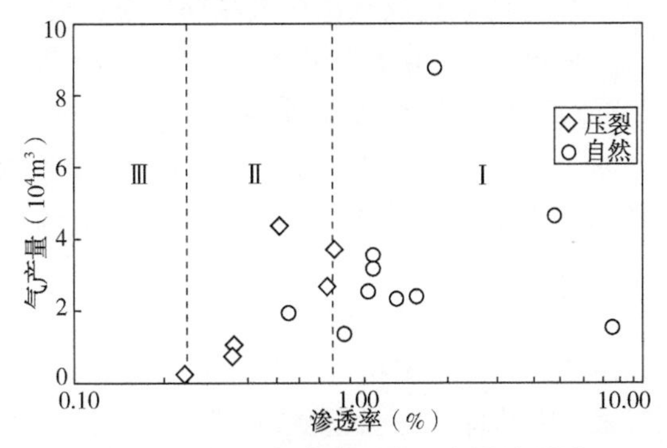

图 5-23　桥口气藏渗透率—产量关系图

Ⅰ类储层：绝大多数不需压裂即可获得工业气流的储层，孔隙度一般大于13%，渗透率大于$0.8\times10^{-3}\mu m^2$。

Ⅱ类储层：孔隙度为10%～13%，渗透率为$(0.25\sim0.8)\times10^{-3}\mu m^2$，这类储层自然产能低或无自然产能，但经压裂改造后可以获工业气流。

Ⅲ类储层：孔隙度小于10%，渗透率小于$0.25\times10^{-3}\mu m^2$，由于物性很差，压裂改造后也无产能或仅能获得低产气流，这类层很难成为有效储层，目前技术经济条件下暂无工业开采价值。

（2）通过物性与孔隙结构关系确定孔隙结构特征参数界限。

物性评价结果：综合研究表明，桥口气藏储层物性普遍较差（表5-9），根据《天然气藏地质评价方法》（SY/T 5601—2009），总体上属于低—特低孔、低—特低渗透储层。

表5-9　东濮凹陷部分低渗透气藏储层物性对比表

气藏	含气层位	埋深（m）	岩性	胶结类型	孔隙度（%）		渗透率（$10^{-3}\mu m^2$）	
					岩心分析	测井解释	岩心分析	测井解释
桥口	$Es_3^{中}$	3550～3850	细砂岩 粉砂岩	孔隙型	11.85	12.15	0.57	0.65
	$Es_3^{下}$	3650～4650	细砂岩 粉砂岩	孔隙型	10.76	11.03	0.31	0.5

（3）孔隙类型及孔隙结构特征。

孔隙按成因可划分为原生孔隙和次生孔隙两大类。原生孔隙主要指因沉积作用形成的碎屑颗粒间的孔隙，次生孔隙则指在沉积岩石形成后，因溶蚀、交代等成岩作用在岩石中形成的孔隙和缝洞。孔隙结构是指孔隙和喉道的几何形态、大小、分布及其相互连通的关系，是储层的微观结构特征，采用岩石薄片、铸体薄片、电镜扫描、孔隙铸体骨架、图像分析、压汞等方法测量，用毛管压力求取孔隙结构参数，是评价储层孔隙结构的常用方法。综合桥口气藏化验分析资料，气藏孔隙类型和结构特征如下。

① 储集空间以次生溶蚀粒间孔隙为主。

桥口气藏储层埋藏深度大，在强烈的成岩作用下，尽管孔隙类型较多，但原生粒间孔隙保存相对较少。薄片和电镜观察认为，该气藏储层以次生溶蚀孔隙最为发育。次生溶蚀孔隙中，粒间溶蚀孔隙发育，且孔隙较大，是气藏储层的主要孔隙类型。另外，粒内溶蚀孔和填隙物内孔隙也比较发育，是对主要储集和渗流空间的有益补充。

② 孔隙结构反映深层气藏储层条件较差。

桥69-5井等5口井32个样品岩石毛管压力分析结果，气藏储层岩石平均喉道半径和喉道中值半径较小，平均喉道半径为0.06～1.32μm，多在0.1～0.5μm，中值半径0.04～0.75μm，排驱压力0.1～2.93MPa，饱和中值压力0.2～18.08MPa，反映了深层气藏的孔隙结构特点。沙三中亚段和沙三下亚段没有明显的区别，这可能与分析样品选取有关。

与东濮凹陷其他深层低渗透气藏相比（表5-10），桥口气藏储层平均喉道半径与白庙气田和户部寨气田相近，但排驱压力和饱和中值压力要小一些；与濮67气藏相比，桥口气藏孔隙结构特征明显要好，平均喉道半径和中值半径都大于濮67气藏，而排驱压力和饱和中值压力低于该气藏。

表 5-10　东濮凹陷深层气藏孔隙结构特征参数表

气藏	含气层位	孔隙类型	孔隙结构参数			
			平均喉道半径(μm)	中值半径(μm)	排驱压力(MPa)	饱和度中值压力(MPa)
桥口	$Es_3^{中}$	粒间溶蚀孔	0.07~0.52	0.04~0.75	0.18~2.93	0.82~18.08
	$Es_3^{下}$	粒间溶蚀孔	0.06~1.32	0.04~0.22	0.1~2.0	0.2~17.92

③ 孔隙结构参数与物性具有良好的匹配关系。

孔隙结构参数是储层孔隙和喉道大小、分布、连通状况的综合反映，不同的参数反映不同的孔隙结构特性，这些特征互相影响，彼此之间存在一定的相关性。另外，孔隙结构特征参数中，有效孔隙百分比的大小直接关系着储层储集性能的好坏，而排驱压力、孔喉中值半径、喉道平均直径等参数又与渗透能力密切相关。

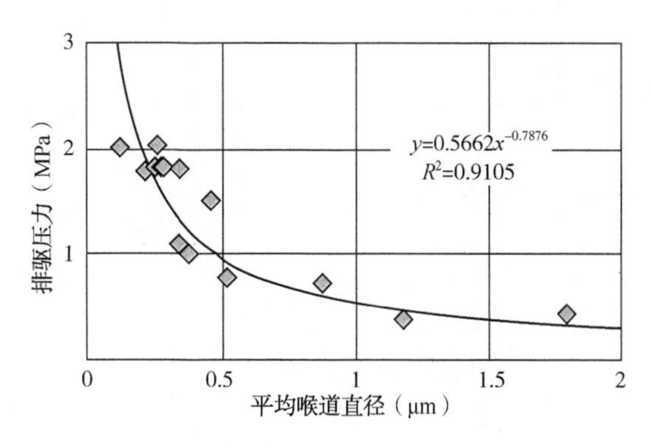

图 5-24　桥口气藏排驱压力-平均喉道直径关系图

桥口气藏物性与孔隙结构特征参数关系研究表明(图 5-24—图 5-26)，孔喉中值半径大、喉道平均直径大的岩石具有较高的渗透率；反之，渗透性较差。排驱压力与渗透性呈对数反相关关系，岩石渗透率随着排驱压力的增加而减小。

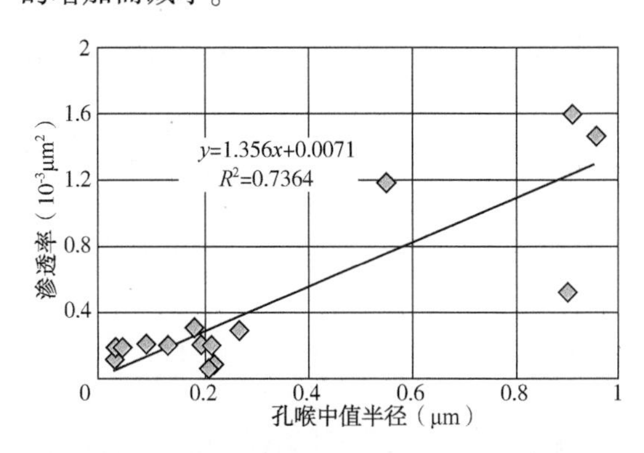

图 5-25　桥口气藏渗透率与孔喉中值半径关系

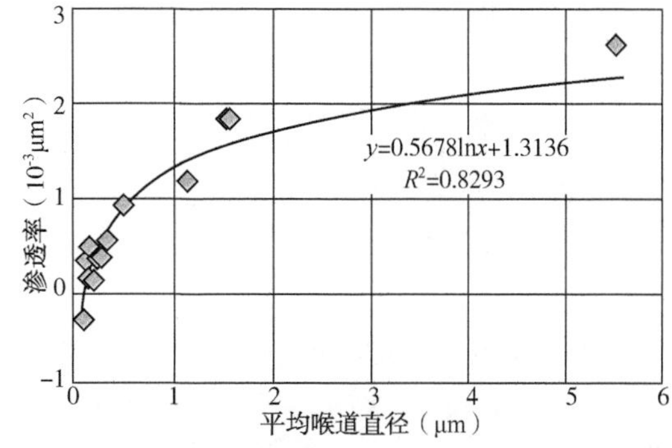

图 5-26　桥口气藏渗透率与喉道平均直径关系图

④ 岩石孔隙结构可分为三类。

毛管压力曲线的形态集中反映了储层的孔隙结构特征，根据该曲线形态特征即可对不同的孔隙结构进行分类。研究认为，桥口气藏岩石孔隙结构大致可分为三类(图 5-27)。

Ⅰ类孔隙结构：以粒间溶蚀孔隙和晶间孔为主，孔隙度大于 13%，渗透率大于 $1.0\times10^{-3}\mu m^2$，排驱压力、中值半径中等，孔喉大小中等，具自然产能，在毛管压力曲线图上向左下方靠拢，凹向右方，具有明显的平台。具该类孔隙结构的储层主要分布于东濮凹陷桥口气藏沙三中亚段。

Ⅱ类孔隙结构：以残余粒间孔、粒内溶孔为主，孔隙度为 10%~13%，渗透率为 $(0.25\sim1.0)\times10^{-3}\mu m^2$，排驱压力较高，中值半径较小，孔隙较小，喉道较细，常需压裂

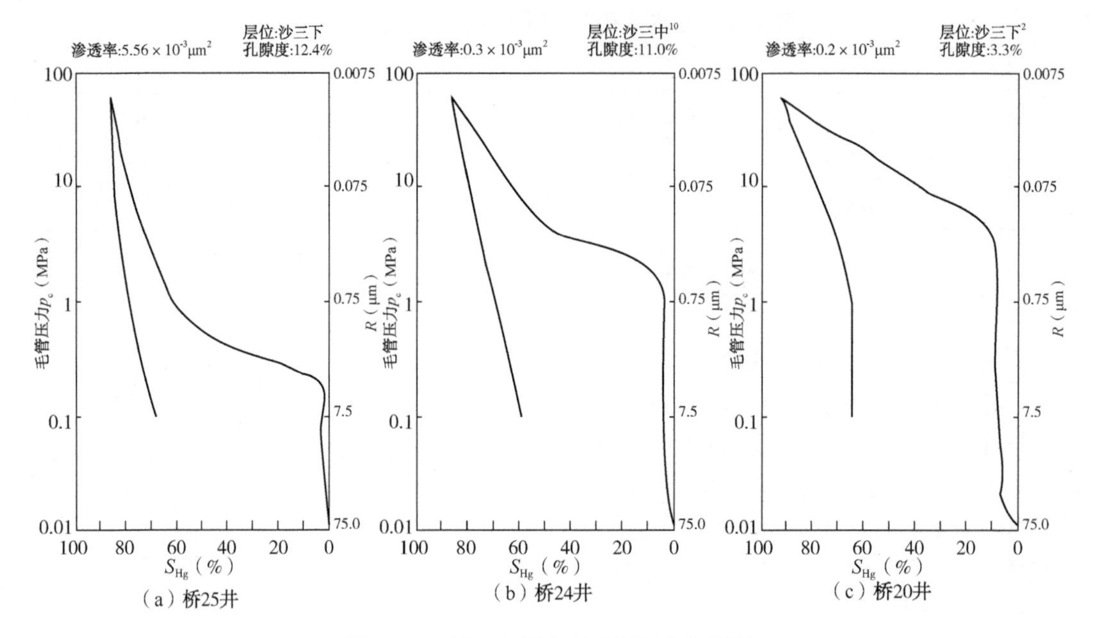

图 5-27 桥口气藏典型毛管压力曲线图

才能获得工业气流，主要分布在桥口气藏沙三下亚段 1-3 砂组。这类孔隙结构在毛管压力曲线图上凹向右方，但不及 I 类偏度大，没有明显的平台。

Ⅲ类孔隙结构：以残余粒间孔、填隙物内微孔、微缝为主，孔隙度小于 10%，渗透率小于 $0.3\times10^{-3}\mu m^2$，排驱压力高，中值半径小，孔喉小，一般不具工业气流，分布最广。这类孔隙结构的毛管压力曲线向右上方靠拢，凹向左方，无平台，表明孔喉小，分选差。

前文中也已建立了相关的孔隙结构与物性关系图版。根据该图版，确定储层孔隙结构特征参数的分类界限。

Ⅰ类储层：平均喉道直径 D_m 大于 0.5μm，排驱压力 p_d 小于 0.5MPa，中值半径 R_{50} 大于 0.58μm；

Ⅱ类储层：平均喉道直径 D_m 为 0.15～0.5μm，排驱压力 p_d 为 0.5～～1.6MPa，中值半径 R_{50} 为 0.14～0.58μm；

Ⅲ类储层：平均喉道直径 D_m 小于 0.15μm，排驱压力 p_d 大于 1.6MPa，中值半径 R_{50} 小于 0.14μm。

5.2.3 桥口地区储层分类标准及评价

综合以上主要参数，结合储层岩性、孔隙类型等资料，确定桥口气藏有效储层可分为两类，各类储层特征及分类标准如下(表 5-11)。

表 5-11 桥口气藏储层分类标准

储层类型	Ⅰ	Ⅱ	无效砂层
微相	湖底扇中扇辫状水道	中扇前缘、水道间	外扇、漫溢
成岩相	不稳定组分碎屑变化相	黏土杂基支撑	石英次生加大

续表

储层类型		Ⅰ	Ⅱ	无效砂层
孔隙类型		粒间孔、溶蚀孔、晶间孔（中孔道、中喉道）	残余粒间孔、粒间溶孔、填隙物内微孔、微缝（中小孔隙、细喉道）	残余粒间孔、填隙物内微缝（小孔隙、极细喉道）
物性	孔隙度 φ（%）	>13	13~10	<10
	渗透率 K（$10^{-3}\mu m^2$）	>0.8	0.8~0.25	<0.25
孔隙结构特征参数	$\overline{R}$（μm）	>0.5	0.15~0.5	<0.15
	排驱压力 P_d（MPa）	<0.5	0.5~1.6	>1.6
	S_e（%）	75~80	70~80	<70
	中值半径 R_{50}（μm）	>0.58	0.14~0.58	<0.14
测井响应特征	声波时差（μs/m）	>240	240~225	<225
	自然伽马曲线形态	箱状、桶状、钟状	指状、漏斗状、连续齿状	低幅齿状，较为平直
产能特征		不需压裂可获工业气流	压裂可获工业气流	很难成为有效储层，目前条件下难以开采

注：$\overline{R}$ 为平均孔喉半径；S_e 为喉道半径大于 0.1μm 的累进汞饱和度。

Ⅰ类储层：岩性为粗粉砂岩、细砂岩，自然伽马曲线形态为箱形、钟形；粒间溶蚀孔隙、粒内溶蚀孔隙和晶间孔隙发育；物性好，孔隙度 φ 大于 13%，渗透率 K 大于 $0.8\times10^{-3}\mu m^2$，声波时差大于 240μs/m，储集系数大于 60；毛管压力曲线向左下方靠拢，凹向右方，具有明显的平台；不需压裂普遍能获得大于 $1\times10^4m^3/d$ 的工业气流。

Ⅱ类储层：主要岩性为粉砂岩、泥质或灰质细粉砂岩，自然伽马曲线形态为指形、漏斗形、连续齿形；孔隙类型主要为残余粒间孔隙、粒内溶孔、填隙物内微孔及微缝；物性较好，孔隙度为 8%~13%，渗透率 K 为 $(0.25\sim0.8)\times10^{-3}\mu m^2$，声波时差为 225~240μs/m，储集系数处于 40~60；毛管压力曲线图上凹向右方，但无明显的平台，孔喉分布为细歪度，分选相对较差；试气低产或无自然产能，压裂后大部分可获得工业气流。

5.2.4 储层分类评价

5.2.4.1 文东储层分类评价

文东地区的平面分布与沉积相、成岩相的分布具有一致性，如图 5-28 所示。Ⅰ类储层主要分布于隆起区周围，是油气勘探开发主力区。Ⅱ类储层分布广，是油气挖潜区。

5.2.4.2 桥口储层分类评价

根据以上储层分类原则，对桥口气藏 50 口井储层进行了分类评价，统计砂层总厚度 7495m，其中，储层总厚度 3560.4m。评价认为，桥口气藏以Ⅱ类储层为主，占 74.4%，Ⅰ类储层较少，仅占储层总厚度的 25.6%。受沉积微相、成岩作用等影响，各类储层在各砂组中所占比例存在较大差异（表 5-12）。

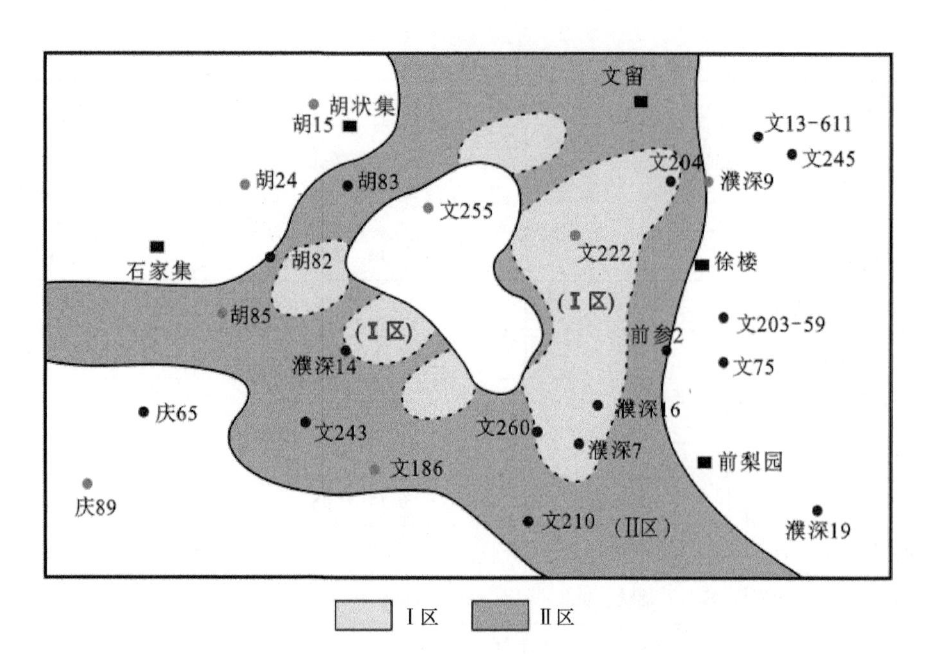

图 5-28　文东地区沙三$_3$ 亚段储层分区图

表 5-12　桥口气藏分层系储层分类评价结果表

层位	储层总厚度(m)	Ⅰ类		Ⅱ类	
		厚度(m)	占百分比(%)	厚度(m)	占百分比(%)
沙三中^{10}	627.6	215.0	34.3	412.6	65.7
沙三中^{11}	602.8	184.5	30.6	418.3	69.4
沙三下^{1}	788.1	201.6	25.6	586.5	74.4
沙三下^{2}	450.3	84.4	18.7	365.9	81.3
沙三下^{3}	302.7	42.3	14.0	260.4	86.0
沙三下^{4}	586.0	58.5	20.5	227.5	79.5
沙三下^{5}	219.3	56.7	25.9	162.6	74.1
沙三下^{6}	139.5	33.9	24.3	105.6	75.7
沙三下^{7}	144.1	34.3	23.8	109.8	76.2
合计	3560.4	911.2	25.6	2649.2	74.4

(1) Ⅰ类储层。

Ⅰ类储层总体上在桥口气藏中所占比例较少，在各砂组中仅占 14.0%～34.3%。平面上，受沉积微相控制，Ⅰ类储层主要分布在湖底扇中扇辫状水道砂体展布区(图 5-29)。纵向上，Ⅰ类储层具有由浅到深逐渐减少的特征，主要分布在较浅的层位中，沙三中亚段 10-11 砂组和沙三下亚段 1 砂组等 3 个砂组Ⅰ类储层厚度之和占气藏Ⅰ类储层总厚度的三分之二。沙三下亚段 2-7 砂组中Ⅰ类储层很少，在各砂组中所占比例大都小于 25%。

(2) Ⅱ类储层。

Ⅱ类储层较Ⅰ类储层发育程度高，约占储层厚度的三分之二。平面上，其主要分布在各砂组中扇水道和部分中扇前缘、水道间微相中，分布范围大于Ⅰ类储层(图 5-29)；纵向上，Ⅱ类储层在各砂组中占65.7%~86.0%，说明气藏大部分储层需压裂才能投产。

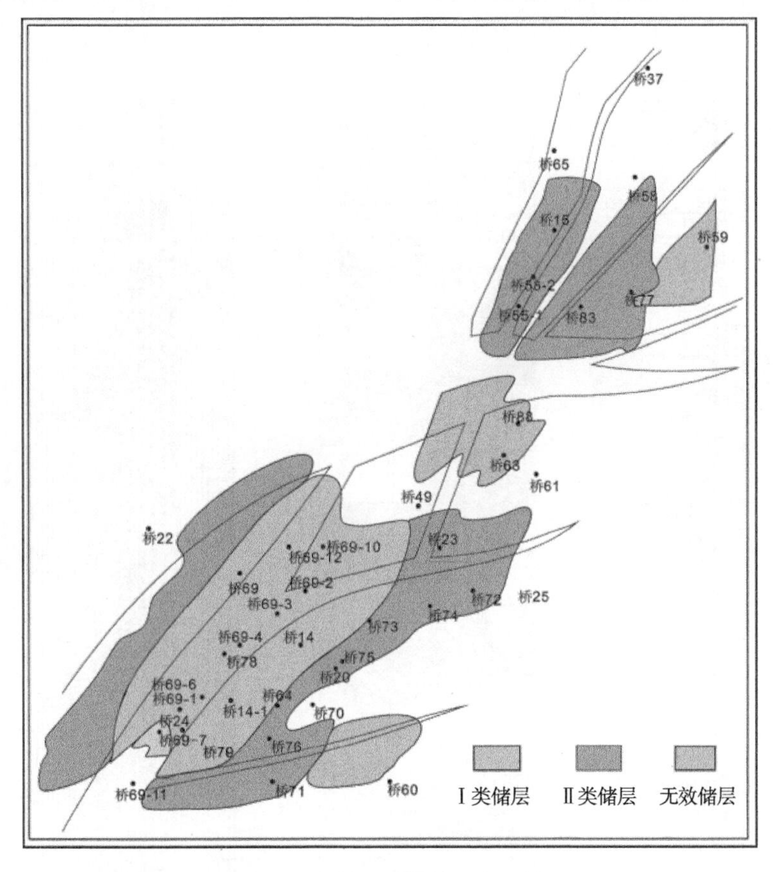

图5-29 桥口气藏储层分类图

总体上，桥口气藏储层品质较差，Ⅰ类储层数量较少，而且主要分布在较浅层位，深部多为需压裂改造才能获得工业气流的Ⅱ类储层，这将严重影响气藏开发的经济效益，增大气藏的开发难度。

5.3 综合评价

由东濮凹陷储层分类划分标准，研究初步认为3700~4300m储层一般为致密储层Ⅰ类，3700~4500m一般为致密储层Ⅱ类，Ⅲ类储层致密储层大于4500m以上。5200m可能是有效气藏储层的极限。

5.3.1 文东地区综合评价

研究目的层段：胡96井，3500~4200m，包括沙三中上、沙三中下亚段，如图5-30所示。

5.3.1.1 岩性特征

井段3491~4014m，视厚度523m：上部深灰色泥岩与灰白色盐膏岩呈不等厚互层，夹薄层浅灰色粉砂岩；下部深灰色泥岩与浅灰色粉砂岩呈不等厚互层，夹浅灰油迹粉砂岩，浅灰色荧光粉砂岩，深灰色页岩；取心段3883.46~3889.11m，岩心净长4.32m；

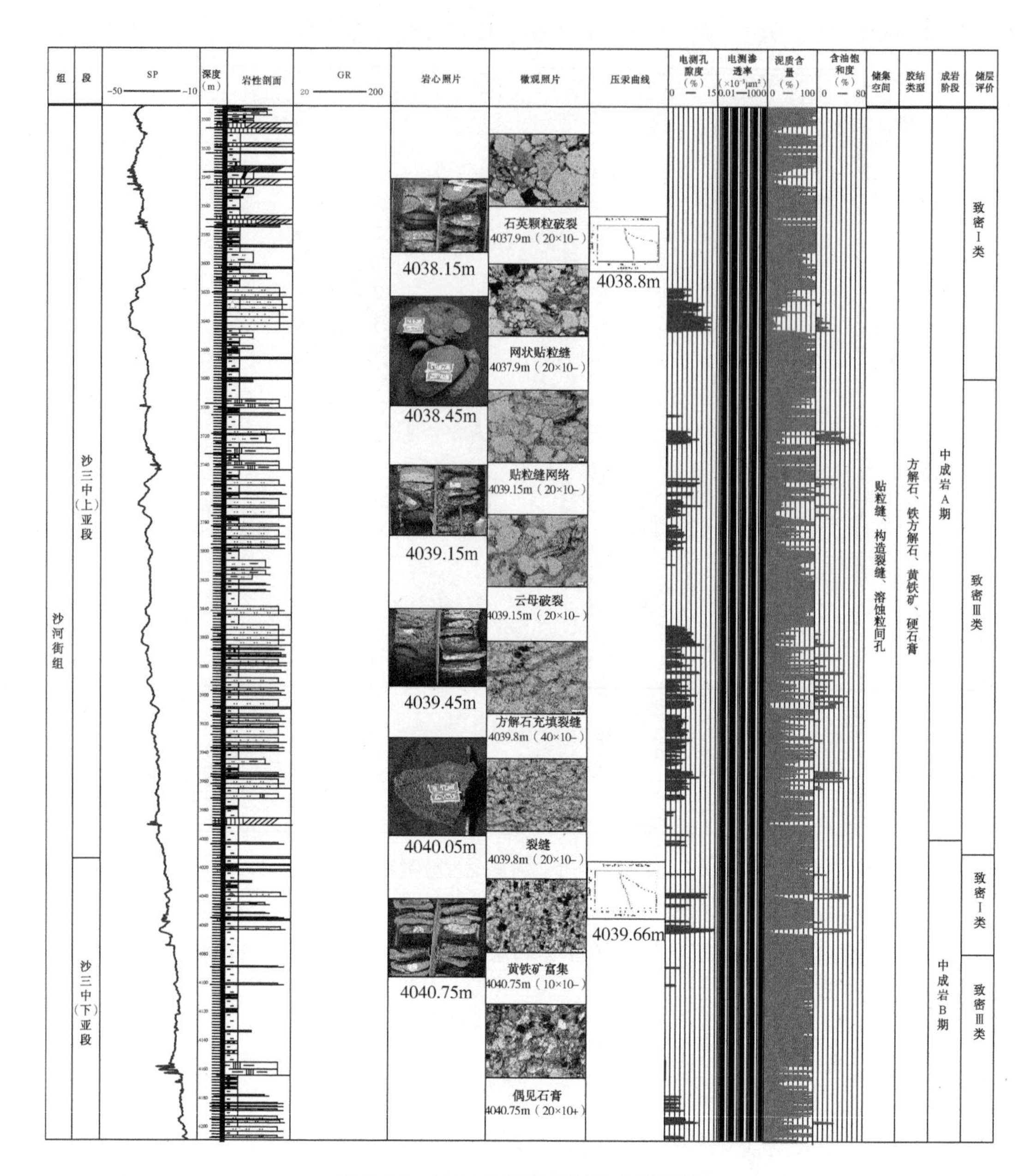

图 5-30 胡 96 井深层储层综合评价图

整体以深灰色泥页岩为主，顶部浅灰色粉砂岩与深灰色粉砂质泥岩互层，砂岩厚度小于 0.8m。

井段 4014~4210m，视厚度 96m：浅灰色油迹粉砂岩、粉砂岩与深灰色泥岩呈不等厚互层，夹薄层深灰色页岩，灰色泥膏岩；取心段 4037.85~4041.18m，岩心净长 3.19m；下部以深灰色泥页岩为主，夹薄层浅灰褐色粉砂岩，厚度 5~30cm 不等；上部为浅灰褐色粉细砂岩，夹薄层深灰色泥页岩，往上为深灰色泥页岩夹薄层粉砂岩；近顶部见含砾中砂岩到细砂岩重复性变化，砾石成分以砂岩为主，其次为泥岩，分选较差，磨圆较好。

5.3.1.2 孔喉结构

4038.8m 样品：孔喉分选中等，细歪度。4039.66m，9 号样品：分选中等细歪度。

3490~3680m 为致密Ⅰ类储层；3680~4010m 为致密Ⅲ类储层；4010~4080m 为致密Ⅰ类储层；4080~4210m 为致密Ⅲ类储层。

在沙三中亚段小于 3800m 层段，孔隙度平均为 10%~14%，渗透率一般在(1~10)×$10^{-3}\mu m^2$ 之间，相当于常规低渗储层。

在沙三中亚段 3800~4250m 层段，孔隙度平均为 5%~12%，渗透率主要分布在(0.1~5)×$10^{-3}\mu m^2$，相当于致密储层Ⅰ类。

在沙三中、沙三下亚段大于 4250m 层段，孔隙度锐减到 1%~5%，渗透率大多低于 0.2×$10^{-3}\mu m^2$，相当于致密储层Ⅱ类。

当埋深超过 5300m 后，孔隙度小于 1%，渗透率低于 0.05×$10^{-3}\mu m^2$，相当于致密储层Ⅲ类或者为超致密储层。

5.3.2 桥口地区综合评价

研究目的层段：桥 33 井，3500~4120m，包括沙三中^{下}亚段(3406.4~3792.5m)、沙三^{下}亚段(3792.5~3963.6m)、沙四段(3963.6~4503.64m)，如图 5-31 所示。

3490~3700m 为常规低渗透储层；3700~4140m 为致密Ⅰ—Ⅱ类储层。

井段 3406.4~3792.5m，视厚度 386.1m：灰、浅灰色粉砂岩、粉砂质泥岩同深灰色泥岩呈略等厚—等厚互层，夹 8 层浅灰色不同级别的含油砂岩。泥质岩类颜色深，多为深灰、灰黑色，其性较硬、脆、质纯；砂质岩自上而下分布较均匀；单层厚度一般为 2~4m；上、中、下岩心因颜色深浅交替出现粒级大小变化以及粉砂质条带的出现；岩石多具水平层理、波状层理、交错层理和团块构造，岩心断面局部见炭屑、碳化木和植物化石。

井段 3792.5~3963.6m，视厚度 171.1m：灰、浅灰色粉砂岩、粉砂质泥岩同深灰色泥岩呈不等厚互层；中部夹 2 层浅灰色荧光粉砂岩；泥质岩类多为深灰色、灰黑色且自上而下逐渐变深；岩石性硬脆、质纯；砂质岩自上而下分布较均匀；单层厚度一般为 2~4m。

研究区沙三中亚段储层埋深一般在 3400~3900m，成岩阶段多属于中成岩阶段 A 期。储层岩性以浅灰色粉砂岩，泥质粉砂岩为主，泥质—灰质胶结，岩石相对疏松，颗粒多呈点—线接触，也可见凹凸接触。研究区河口砂坝溶蚀成岩相较为发育，储集空间主要为各种次生溶蚀孔隙和微裂缝，孔隙结构以中孔细喉为主，物性相对较好，孔隙度一般介于 10%~15%，渗透率一般介于(1~5)×$10^{-3}\mu m^2$。水下分流河道等微相，主要发育杂基充填压实成岩相和石英次生加大成岩相，储层中也有以一定数量的溶蚀孔隙发育，孔隙度一般介于 10~12%，渗透率一般介于(0.5~1)×$10^{-3}\mu m^2$，孔隙结构为小孔细喉。因此，该地区沙三中亚段储层多属于Ⅰ—Ⅱ类储层。

研究区沙三下亚段储层埋深一般在 3900m 以下，成岩阶段多属于中成岩 A~B 阶段。储层岩性以浅灰色粉砂岩，泥质粉砂岩为主，岩石较为致密，颗粒多呈线—凹凸接触。该研究层段中扇亚相发育溶蚀成岩相和次生加大成岩相，储层物性相对较好，孔隙结构以小孔细喉为主，孔隙度一般介于 8%~12%，渗透率一般介于(0.5~1)×$10^{-3}\mu m^2$。外扇亚相主要发育杂基充填压实成岩相，储层物性较差，孔隙度一般小于 8%，渗透率一般小于

$0.1\times10^{-3}\mu m^2$，孔隙结构为小孔微喉。因此，该地区沙三下亚段储层多属于Ⅲ类储层，少数为Ⅱ类储层。

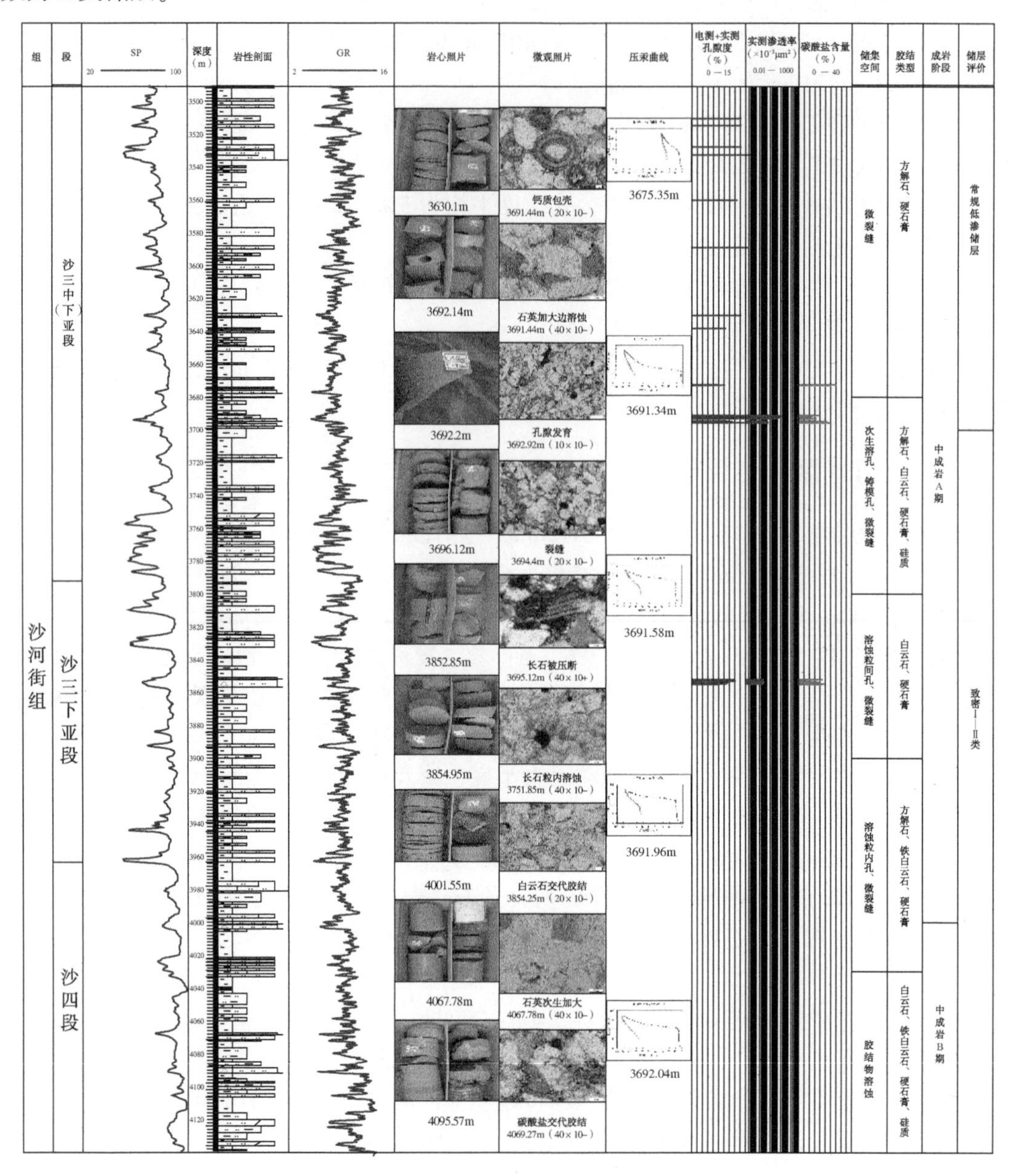

图 5-31　桥 33 井深层储层综合评价图

6　有利储层控制因素

通过对深层有效深层储层物性的影响层发育的主控因素进行分析，可以深入总结深部储层有效性的成因机制，从而预测深层优质储层的分布。

通过综合研究发现，控制东濮凹陷深层有效储层发育的因素很多，主要包括烃类充注、异常高压分布、膏盐岩发育、微裂缝的分布、储层单层厚度大小和粒度级别差异等因素。这些因素之间有时也是互相作用、互相影响、互相制约的，关系错综复杂。下面通过烃类充注、膏盐岩发育(异常高压)等主控因素对储层的影响，来探讨东濮凹陷深部储层发育的规律。

6.1　油气富集对成岩作用的抑制

烃类充注对储层的影响主要体现在对碎屑颗粒和胶结物的影响，即一方面在残余原生孔隙的基础上对深部储层改造(溶蚀为主)形成混和孔隙与次生孔隙，另一方面延缓压实、抑制胶结而将这些孔隙保存下来。因此，早期的烃类充注对储层物性的影响大，晚期的烃类充注对储层的影响很小。

流体包裹体记录了含油气流体及其他各种来源流体的性质、组分、物化条件和地球动力学条件，对储层和断裂带中流体包裹体的均一化温度的测定，结合盆地热演化史和埋藏史特征，可以确定油气运移时间和成藏期次。本次研究选取了濮深 7 井、濮深 19 井、桥 20 井等 10 口探井开展储层烃类包裹体分析(图 6-1—图 6-4)，研究结果显示本区油气多具有两期成藏，分别为东营组沉积末期—东营组抬升期和明化镇组沉积期至今。特别是东营末期烃类充注对储层孔隙演化具有重要的影响。

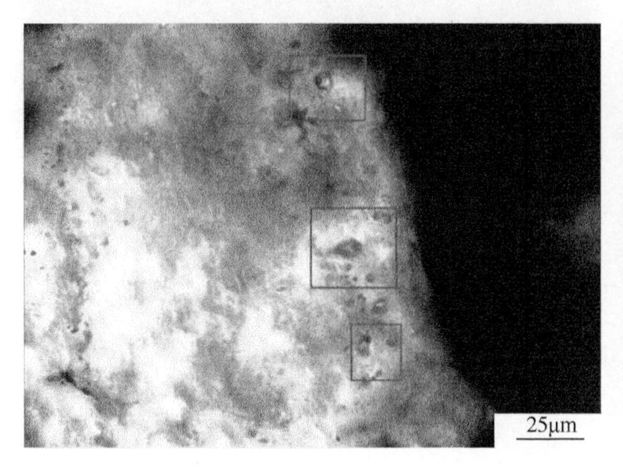

图 6-1　濮深 19 井 4846.9m 包裹体分布特征

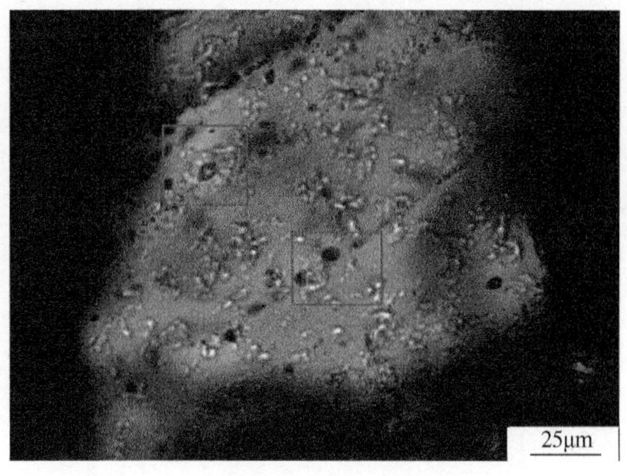

图 6-2　新 12 井 4521.65m 包裹体分布特征

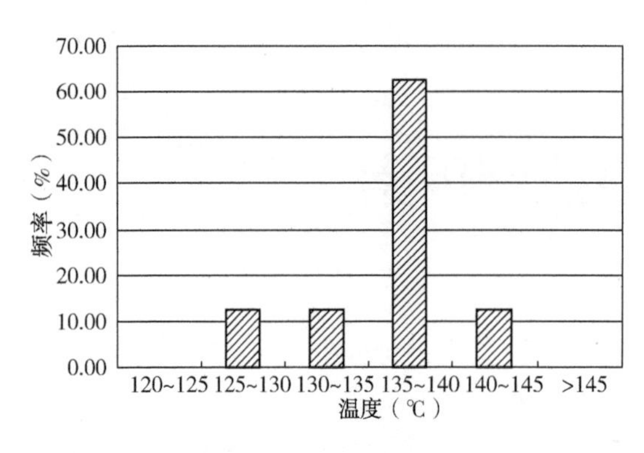

图 6-3　濮深 19 井沙三中(4848.9m)与油包裹体共生盐水包裹体均一温度分布直方图

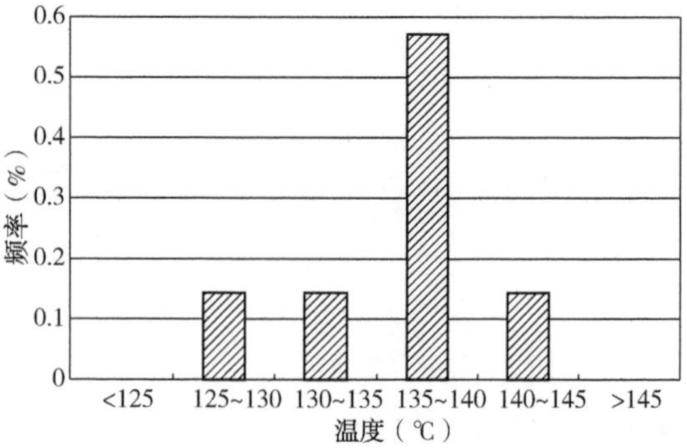

图 6-4　新 12 井沙三中(4521.65m)与油包裹体共生盐水包裹体均一温度分布直方图

根据铸体薄片分析，东濮凹陷深部储层的次生溶蚀孔隙比较发育，其中不乏是在烃类充注控制下产生的。比如文东地区的文 260 井沙三中亚段、文 203-59 井沙三下亚段、濮深 7 井沙三中亚段及濮深 19 沙三中亚段等。通过对濮深 7 井荧光薄片分析，在深度 3550~3700m 间储层含油性活跃，录井显示多为油浸级别。总体上粒间充填或浸染的沥青呈棕色、棕褐色或黑色等，粒间孔内沥青荧光下为不发光呈黑色，变质程度较高，为炭质沥青。粒内边缘及胶结物可见发绿色荧光的油质沥青，少许有胶质沥青(图 6-5 及图 6-6)。

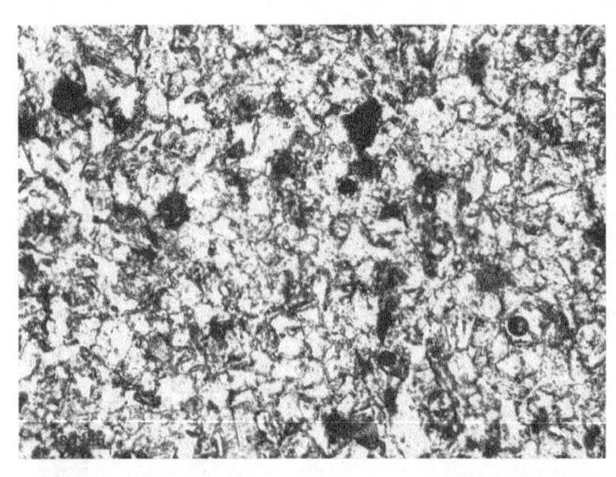

图 6-5　濮深 7 井 3665.1m 单偏光下沥青分布

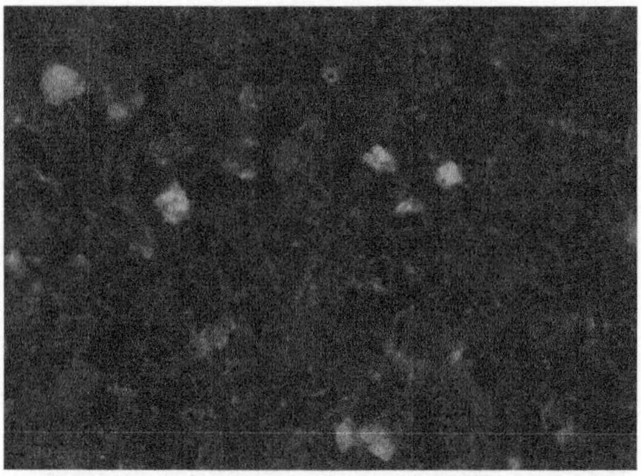

图 6-6　濮深 7 井 3665.1m 沥青荧光特征

6.1.1　烃类充注过程中石油对深部储层孔隙的影响

石油的充注会对石英的硅质胶结作用有一定的影响，同时烃类充注过程中产生的有机酸也会溶蚀碎屑颗粒和碳酸盐胶结物，产生溶蚀孔隙。

6.1.1.1　石油充注对深部储层石英的影响

大多数学者都认为烃类充注对石英的次生加大有明显的抑制作用。石油的富集会阻碍晚期成岩阶段石英的沉淀，从而导致含油饱和带砂岩中的自生石英的含量低于含水饱和带砂岩。石油的充注不会使石英矿物的胶结作用立刻停止，石英的次生加大作用仍在继续，但胶结作用受到一定的抑制，当石油充注到一定程度后，胶结作用将会停止。

铸体薄片观察分析表明，东濮凹陷早期烃类充注的深层储层中，石英次生加大不具普遍性。有些含油砂岩中石英次生加大不明显，而有些则具有石英次生加大，但加大边较薄，溶蚀不明显。石油充注虽对石英加大影响微弱，但有利于黄铁矿发育。如濮深 18 井第 4 次取心底部 4235m 附近，裂缝充填马牙状方解石，晶形较好，表明该裂缝开启；在距顶 3.6m 处发现约 0.04m 黄铁矿发育带，距顶 3.0～3.7m 发育含油条带。

6.1.1.2 烃类充注对深部储层长石和碳酸盐胶结物的影响

多数学者都认为烃类充注的流体与孔隙水接触释放出一定的有机酸，会产生酸性地层水，对早期的碳酸盐胶结物、长石产生溶蚀作用而形成次生孔隙。另一方面，油气的充注限制了地层水的流动，烃类流体部分替换孔隙水而阻碍了矿物与离子之间的质量传递，抑制碳酸盐胶结作用。如图 6-7—图 6-9 所示，含油砂岩孔隙度比不含油砂岩孔隙度高；含油砂岩碳酸盐含量、方解石含量及晚期胶结物含量，比不含油砂岩低。

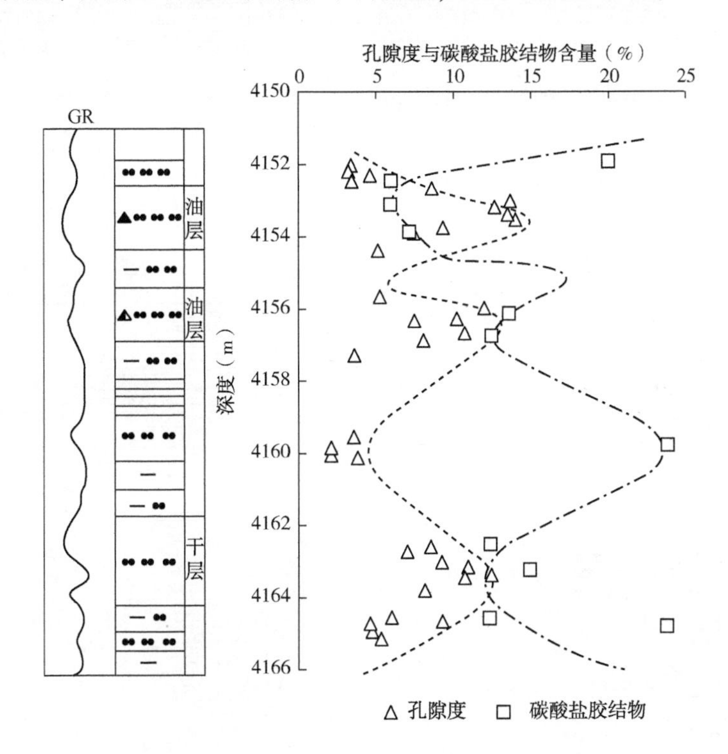

图 6-7　文 203-59 井孔隙度与碳酸盐胶结物关系(第 4、5 次取心段)

通过对烃类充注样品分析认为：凡是含油砂岩，其长石类及碳酸盐类矿物的溶解都十分明显。虽然含油砂岩中碳酸盐胶结物也有较高的含量，但胶结较为疏松，次生孔隙较为发育，而不含油的砂岩，碳酸盐矿物胶结较为致密，大多数孔隙往往被碳酸盐胶结物充填，其矿物溶解及次生孔隙发育一般较差；油层中碳酸盐胶结物主要为方解石、铁方解石，而白云石及铁白云石含量很低。油层附近的干层或水层中不仅白云石及铁白云石含量较高，对早期方解石、铁方解石也有交代作用(图 6-10)。

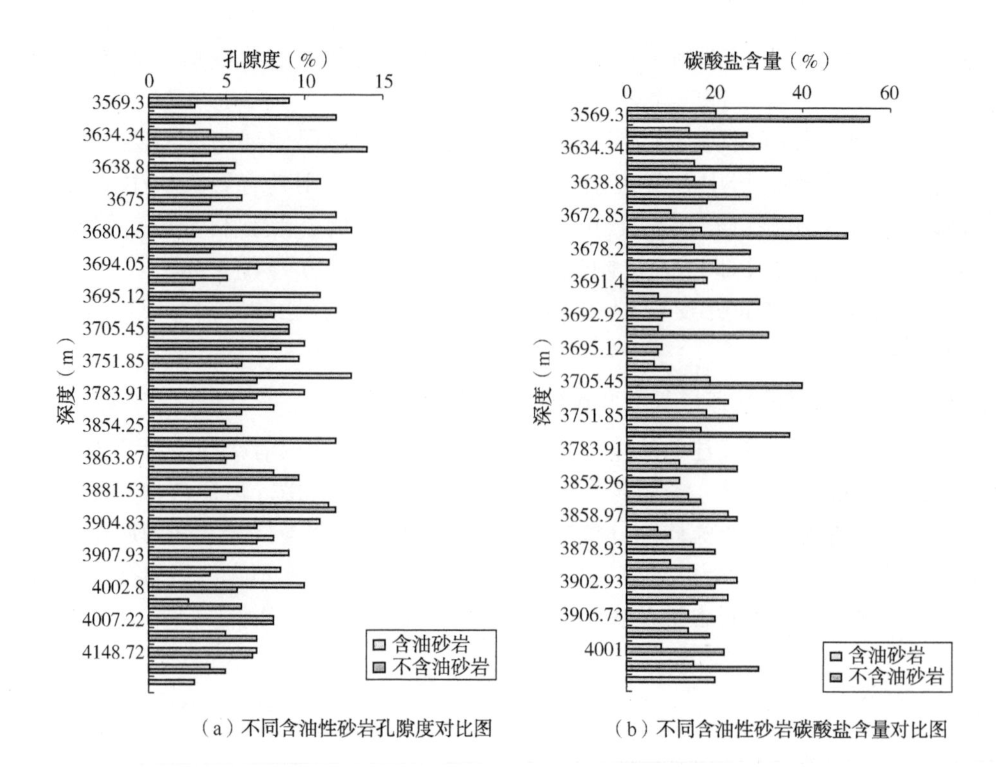

（a）不同含油性砂岩孔隙度对比图　　（b）不同含油性砂岩碳酸盐含量对比图

图 6-8　相似条件下含油砂岩与不含油砂岩胶结物含量与物性比较

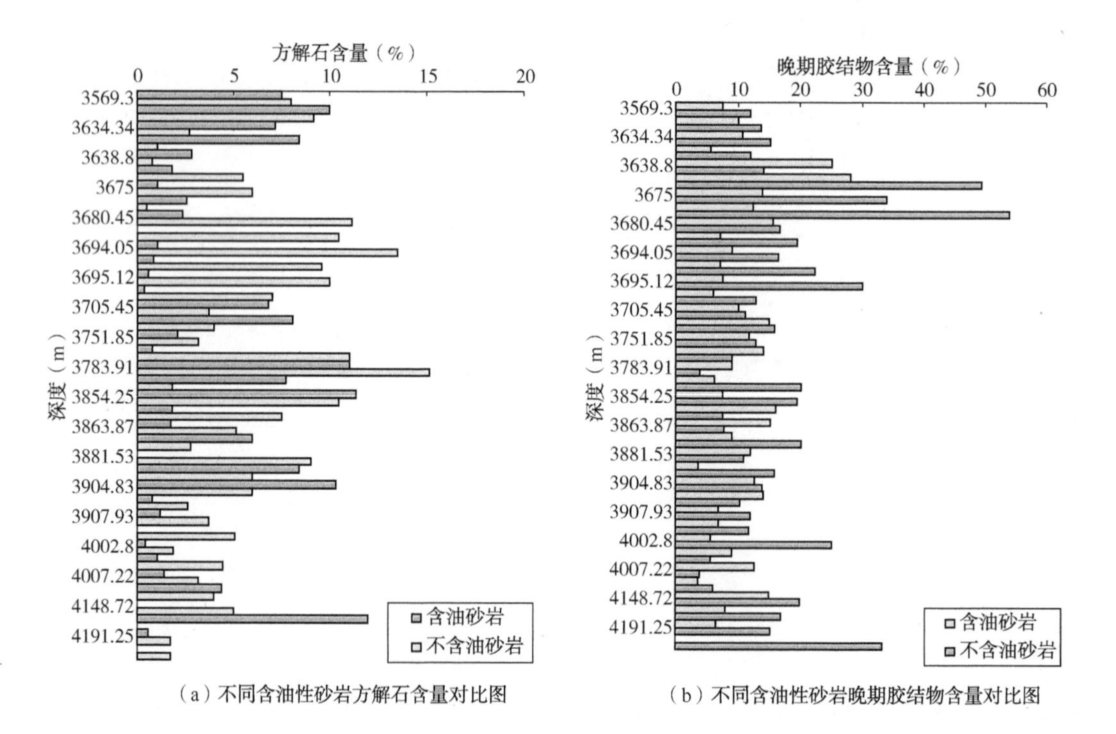

（a）不同含油性砂岩方解石含量对比图　　（b）不同含油性砂岩晚期胶结物含量对比图

图 6-9　相似条件下含油砂岩与不含油砂岩方解石含量与晚期胶结物含量比较

此外，烃类充注使地层孔隙流体由单相流动变为多相流动时，其两种流体渗透率之和降低，结果导致流体排出受阻，在储层中形成异常压力。这些异常压力的形成和发育，大大削弱了正常压实作用对深部地层的影响，使得深部储层中一部分孔隙得以保存下来，改善了储层性能。

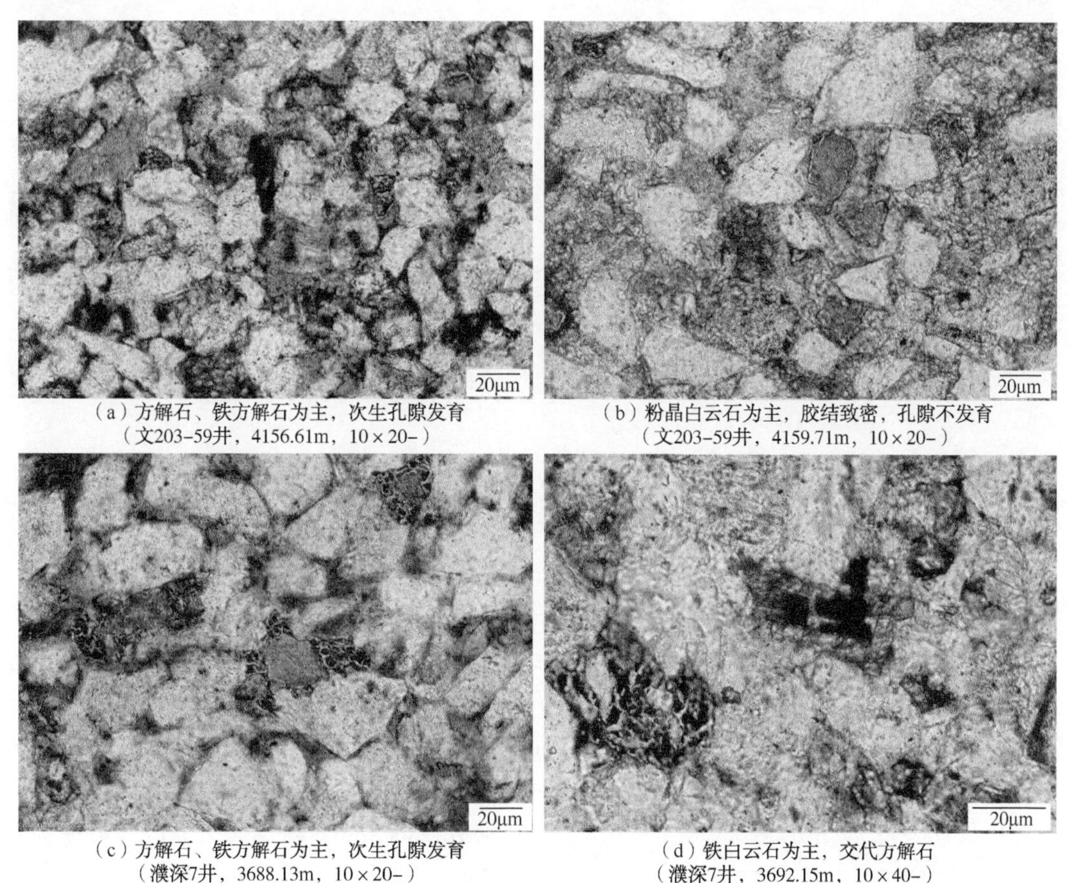

（a）方解石、铁方解石为主，次生孔隙发育（文203-59井，4156.61m，10×20-）

（b）粉晶白云石为主，胶结致密，孔隙不发育（文203-59井，4159.71m，10×20-）

（c）方解石、铁方解石为主，次生孔隙发育（濮深7井，3688.13m，10×20-）

（d）铁白云石为主，交代方解石（濮深7井，3692.15m，10×40-）

图 6-10　烃类充注对深部储层的改造特征

6.1.2　烃类充注过程中气对深部储层的影响

通过对杜桥地区深部储层的薄片观察，可知储层物性普遍较差，孔渗性较差，主要处于低—特低孔、低—特低渗透的物性范围内。储集空间多以粒间溶蚀孔隙(图 6-11)形式出现，可观察到粒间孔隙、溶蚀颗粒的孔隙(图 6-12)与微裂缝(图 6-13)。

图 6-11　粒间溶蚀孔
（桥 35 井，3627. 18m，20×10-）

尽管杜桥地区孔隙类型多样，但被保存下来的原生粒间孔隙较少，原生孔隙也多与次生孔隙在一起形成混合孔，溶蚀作用强烈，次生孔隙含量大，多是次生溶蚀孔隙。而且在次生溶蚀孔隙中，粒间溶蚀孔隙发育，且孔隙较大，是良好的储集空间，微裂缝只是偶有发现，能够提高孔隙之间的连通性。

图 6-12 溶蚀颗粒形成孔隙
（桥 33 井，3692.92m，20×10+）

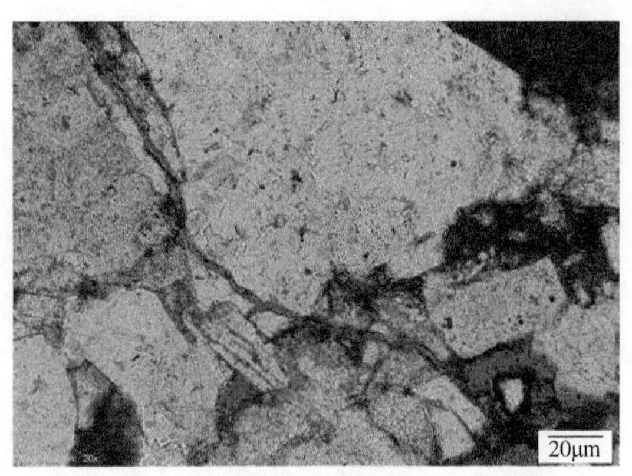

图 6-13 微裂缝
（桥 24 井，4089.35m，20×10-）

6.2 盐膏岩(异常高压)对深层储层的影响

6.2.1 膏盐层有利于形成异常高压

在盐岩与其他岩性组成的混合盖层中，构造挤压往往会在盖层中形成裂缝与断层，造成地层压力的散失。但由于膏盐层在温度压力增加时塑性明显变好，使裂缝与断层得以充填，从而使断层和裂缝消失在膏盐岩盖层中而无法穿透并到达膏盐岩之上的岩层，使得异常高压没有因为断层穿透盖层而散失，从而对异常高压起到保护作用。

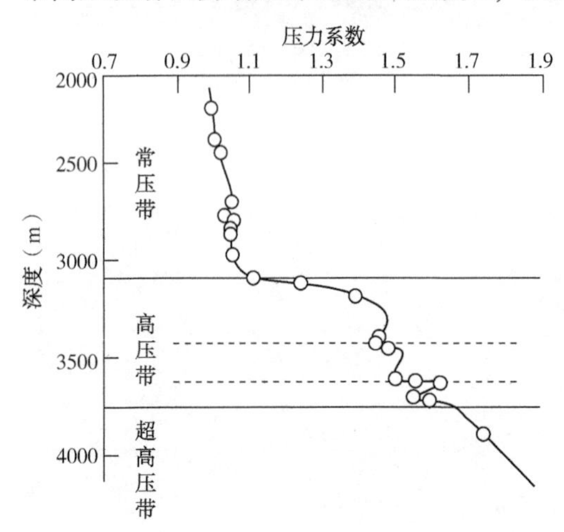

图 6-14 东濮凹陷压力系数变化趋势

研究区的实际资料也证明了盐岩是异常压力形成的主要影响因素。根据实测地层压力资料分析发现，东濮凹陷深层超压现象十分突出，在桥口、文留都有异常高压(表 6-1)。东濮凹陷压力场具有层状地层压力系统结构(图 6-14)，可以看到有 2 个明显的压力界面，即高压带的顶界面、高压带与超高压带的分界面。其中，在高压带内还具有 2 个次级压力异常界面。经分析对比，2 个压力界面基本上与沙一段盐岩层及文 23 盐岩层对应，高压带内的 2 个次级压力异常界面与文 9 盐岩层和卫城下盐岩层基本对应。这充分说明盐岩层对异常压力的形成具有主导作用。

表 6-1 东濮凹陷地层压力系统结构(实测压力资料)

地区	压力转换顶面深度 (超压—超高压—压力回返)	压力系统结构	依 据
桥口	2900m—3850m—4500m	常压—超压—超高压—回返	实测
文留	2910m—3200m—3900m	常压—超压—超高压	实测

6.2.2 盐下、盐间异常高压对深层储层的影响

受膏盐主导产生的异常压力分布较广，在 35 口取心观察井中，以胡 96 井、濮深 18 井、胡 83 井最为典型。

胡 96 井取心井段储层形成于深湖—半深湖背景下的浊积扇沉积，为扇中沟道砂体类型，颗粒粒度变化明显，具有分选中等而磨圆好的结构特征。该段储层向上为沙三中^{上}亚段含膏泥岩等优质盖层，作为上部封堵条件。西侧与沙三下亚段文 23 盐岩断层接触，侧向形成封堵。向东砂岩渐变为盐膏岩(图 6-15)。在周围膏盐层的封闭下可构成流体封存箱，其压力系数为 1.53，异常高压减缓了压实、压溶作用的进行，有利于原有孔隙的保存和后期的溶蚀改造，该储层有效孔隙度介于 10.8%~15.3%，平均为 13.15%。

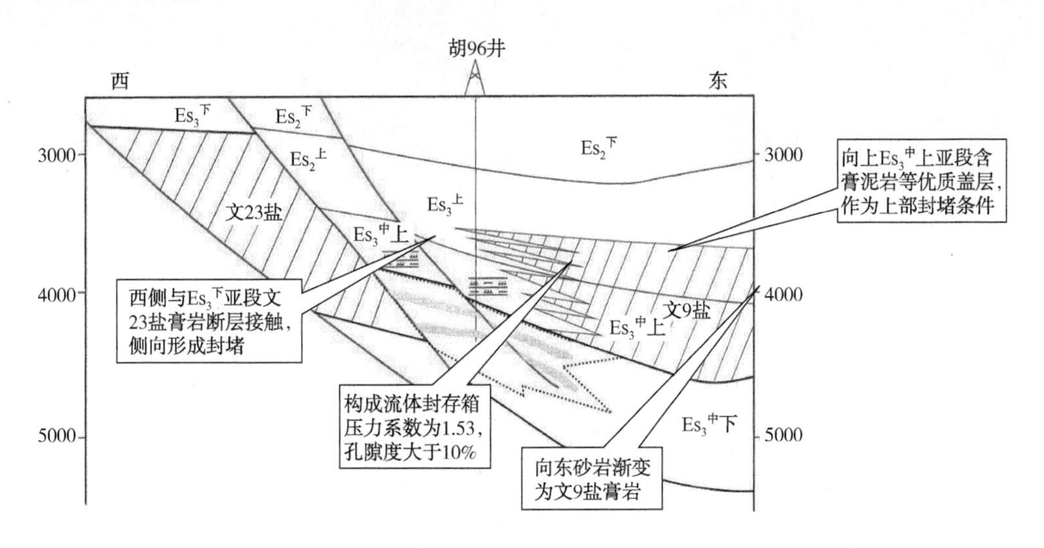

图 6-15　膏盐形成的封闭环境对深部储层的影响

异常高压对深层储层物性的影响主要表现在物理和生物化学两种作用机理。

在物理作用机理方面，首先，超压可以减小地层的有效应力，减缓对超压层系的压实作用，并抑制压溶作用，保存一定的原生孔隙。濮深 18 井沙三中亚段发育辫状河三角洲前缘砂体，其上覆盖致密盖层，储层物性良好，砂岩储层孔隙度最高 17.6%，渗透率最高 $12.9\times10^{-3}\mu m^2$，含油饱和度最高 63.2%(图 6-16)。

形成如此优质储层就在于该井处于异常高压范围之内。在 3950~4300m 深度区间内，地层压力系数一般大于 1.4。其中 4224.5m 附近的地层压力系数达到 1.8(图 6-17)，其岩石颗粒接触类型以线接触为主(图 6-18)，而相近埋深的新 12 井地层压力系数为 1.3，其颗粒接触类型以凹凸接触为主，局部有缝合接触(图 6-19)，因此超压可以减缓压实作用，抑制压溶作用。

其次，超压的形成还可以阻止超压体系内流体的运动和离子、能量交换，减缓或抑制成岩作用和胶结作用，使深部储层保持较高的孔隙度和渗透率。在 4050~4100m 深度段，濮深 18 井平均压力系数为 1.68，储层碳酸盐胶结物平均含量为 8.7%；在 4200~4250m 深度段，平均压力系数为 1.76，其平均碳酸盐胶结物仅为 6%。

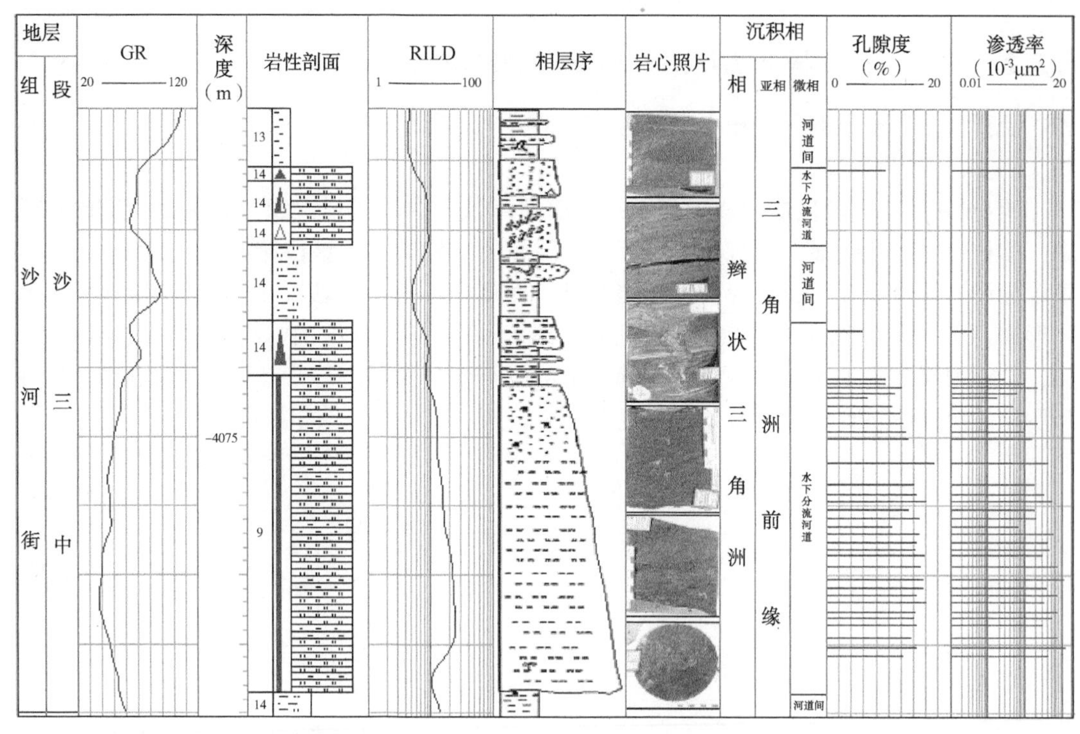

图 6-16　濮深 18 井沉积储层综合评价图

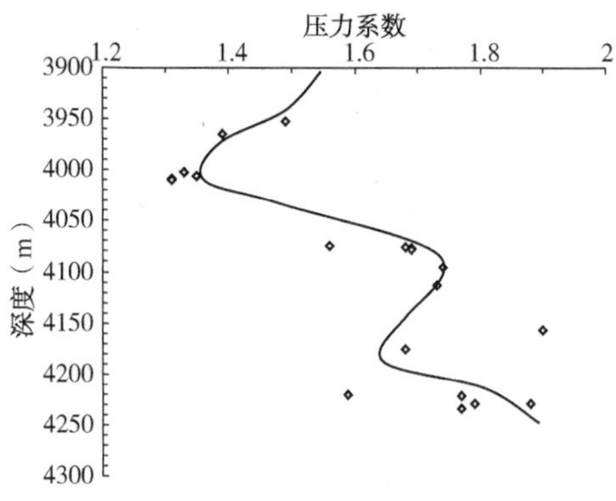

图 6-17　濮深 18 井压力系数变化趋势图

图 6-18　颗粒点—线接触
（濮深 18 井，4235. 8m，20×10-）

图 6-19　颗粒缝合线接触
（新 12 井，4224. 5m，20×10+）

最后，异常高压的存在，还促使形成了更多的微裂缝，增加了超压体系内的储集空间，改善了储层的连通性，这在岩心上有较明显的体现。濮深 18 井深层裂缝较发育，裂缝形态规模各异，充填物质及充填程度不同，一般规模较大的裂缝有沥青质的存在，表明其曾是油气运移的通道(图 6-20)。

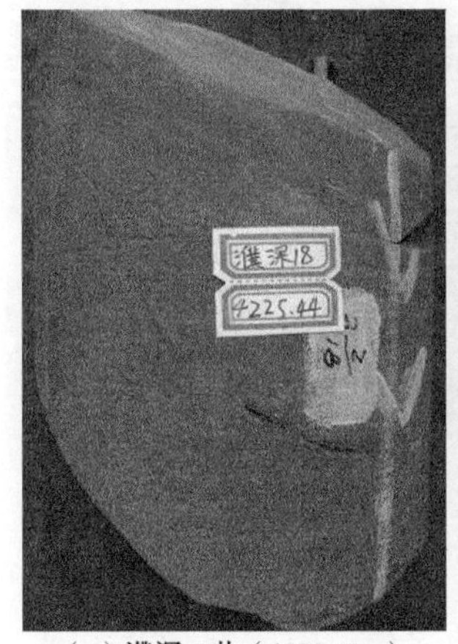

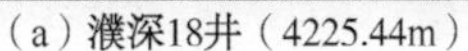
(a) 濮深18井 (4225.44m)

(b) 濮深18-1井 (3282.6m)

(c) 濮深18-1井 (3271.5m)

图 6-20　与超压相关的岩石裂缝和溶洞

在生物化学作用方面，超压系统的欠压实地层具有相对较低的热导率，阻止了其内部及下部地层热流的向上对流和扩散，从而使其内部和下部保持着一个相对较高的温度场，这一较高的温度促进烃源岩中有机质的热演化。在热演化过程中，一方面，随着烃类的生成和黏土矿物的大量脱水，地层内部流体体积急剧增加并受热膨胀，使地层孔隙流体压力进一步增大；另一方面，大量的有机酸随着烃类的生成而释放出来并溶解于孔隙中，在较高温度下水解形成酸性的水介质环境。这种酸性的水介质对碳酸盐矿物和长石的溶解作用显著增强，因而产生较大的次生孔隙。从濮深 18 井铸体薄片中(图 6-21 及图 6-22)，可以发现在压力系数较高的地层，薄片中普遍发育溶蚀孔，在压力系数更高的地层一般发育微裂缝，这大大提高了深层储层的物性。

图 6-21　溶蚀孔发育
(濮深 18 井，4080. 39m，20×10-)

图 6-22　溶蚀孔、缝发育
(濮深 18 井，4226. 54m，20×10-)

然而应该注意的是，超压对孔隙度的影响具有两面性。一般而言，相对低的超压有利于原生孔隙的保存和次生孔隙的发育，压力过高不利于孔隙发育。胡 96 井在 4038m 附近压力系数为 1.3，其储层物性较好，次生孔隙及微裂缝较发育(图 6-23)；而文 260 井在 3678m 附近压力系数为 1.82，其储层胶结致密，孔隙不发育(图 6-24)。

图 6-23　孔缝发育

(胡 96 井，4037.9m，10×10-)

图 6-24　胶结致密

(文 260 井，3717.29m，10×10+)

压力过大不利于孔隙发育的原因在于超高压抑制了有机质的演化，而压力必须达到一定值这种抑制作用才会明显。李健(2003)认为东濮凹陷，压力系数达到 1.7 以上时，有机质演化受到明显抑制。从图 6-25 可以看出，濮深 7 井有机质演化表现出明显的异常。镜质体发射率(R_o)和有机质最高热解峰值(T_{max})都以 3700m 为界，呈现两段式，上段处于正常压力系统，R_o 与 T_{max} 值相吻合，其值随埋深增加和地温升高而逐渐升高，下段 R_o 实测值变化不大，其明显低于正常趋势的预测值，表明有机质演化受到一定的抑制作用。濮深 12 井、濮深 7 井和濮深 13 井等井深层有机质，在压力系数大于 1.7 时，都受到明显的抑制。由此，可以把压力系数 1.7 作为有机质压力抑制门限，同时它也是超压对深层储层孔隙度产生不利影响的界限。

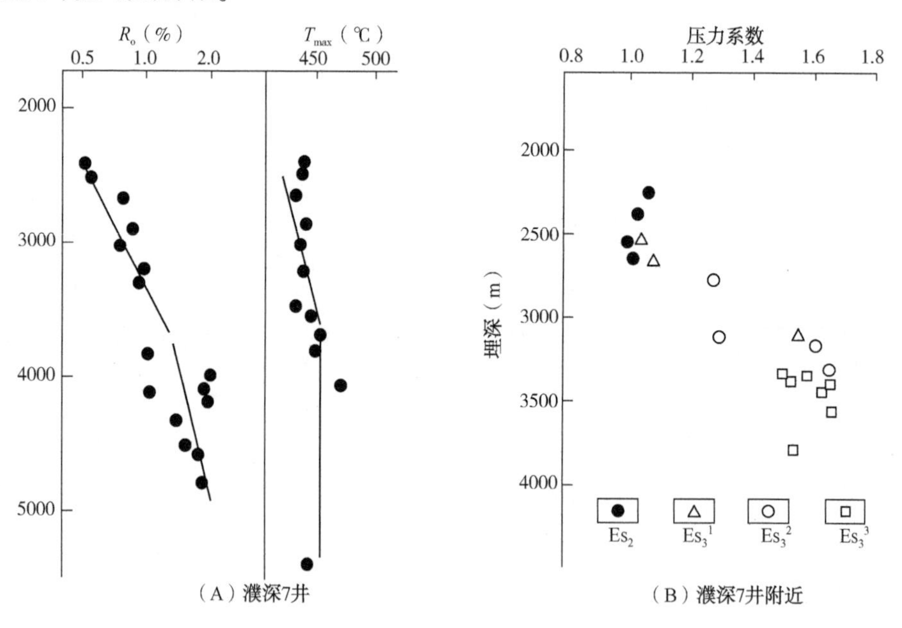

图 6-25　超高压对有机质热演化的抑制作用

6.2.3 盐膏岩(异常压力)改造深部储层的选择性

胡83井4180.00~4187.75m取心段紧邻沙三中上亚段底部文9盐岩(厚约70m)之下，砂体类型为三角洲前缘分流河道及席状砂，岩石成熟度较高，具备良好的成岩物质基础。由于盐岩的纵向封闭作用，盐下储层压力系数可达1.76~1.79，大部分孔隙得到保存。其中4181.1~4182.14m粉砂岩颗粒点—线接触，孔隙度介于12.2%~19.5%，平均为17.7%。

文13-611井4458.02~4465.34m(沙四上亚段)储层也紧邻盐岩(厚约200m)之下，但由于岩石中塑性岩屑、杂基含量较高，利于早期压实而难以后期溶蚀，导致储层物性很差，绝大部分孔隙度小于8%(图6-26)。

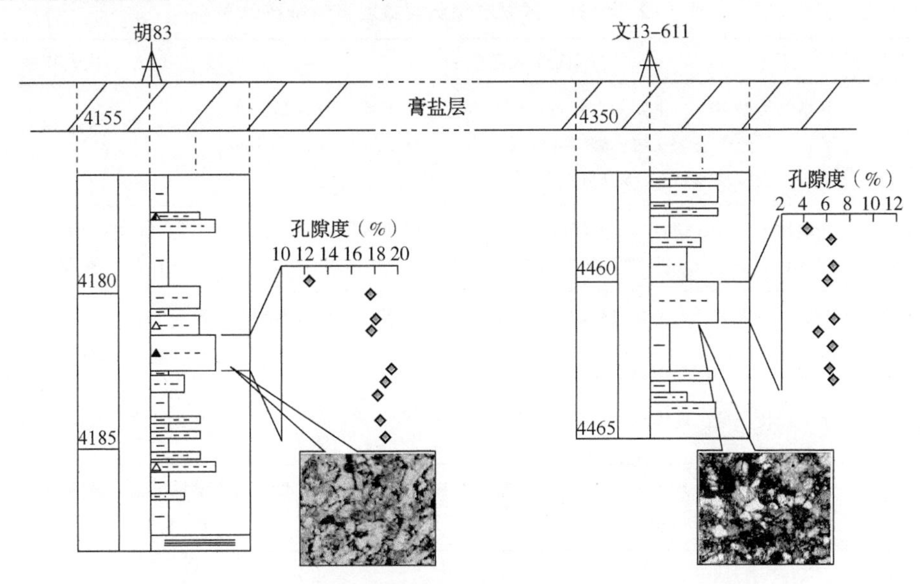

图6-26 盐下异常压力对不同成岩物质储层的影响差异

由此可见，储层原始成岩物质的差异影响了膏盐对深部储层的控制程度，即在储层成岩物质有利于早期孔隙发育及保存的前提下，膏盐主导下的异常压力对储层影响越大，甚至成为主控因素。因此，盐下、盐间(异常压力)对深部储层的改造具有选择性。

6.3 裂缝发育对深层储层的影响

6.3.1 裂缝发育特征及描述

通过详细岩心观察、描述和铸体薄片观测，在东濮凹陷的胡82井、桥33井、桥35井、桥65井、文13-611井、文204井、文210井、文243井、濮深3井、濮深4井、濮深6井、濮深8井、濮深14井、濮深16井、濮深17井、濮深18井、濮深18-1井等21口井岩心的储层中均发现有裂缝发育，在文210井、濮深8井、胡96井、濮深7井等29口井的铸体薄片中也观测到了裂缝，占观察井数的一半以上，但是裂缝发育段只占全部取心井段的15%左右。因此，本区深层储层裂缝虽然分布普遍，但是发育不均，裂缝只局限在某些井段内。此外，上述探井中的泥岩也存在许多微裂缝。

6.3.1.1 岩心裂缝发育特征及描述

（1）裂缝的倾角。

按照裂缝倾角大小，可以将裂缝分为垂直裂缝、高角度裂缝、低角度裂缝、水平裂缝和不规则裂缝等类型(表6-2)，其中倾角大于45°的为高角度裂缝，倾角小于45°的为低角度裂缝。东濮凹陷以垂直缝和高角度缝为主，低角度缝、水平缝、不规则缝发育较少(表6-3)。垂直缝在濮深6等井中较发育(图6-27)；高角度缝在文13-611井、濮深18井等井中比较发育(图6-28及图6-29)；低角度缝在濮深18井、胡82井等井中发育较为典型(图6-30及图6-31)；水平缝只发育在少数井中，如文210井(图6-32)；不规则缝在濮深16井发育较为典型(图6-33)。另外在文13-611井中发育有缝合线构造。

表6-2 部分井区深层储层裂缝发育特征统计表

裂缝类型	裂缝整体描述	代表井
垂直缝（>75°）	充填物类型多样，主要为方解石，还有部分充填泥质、石膏和黄铁矿，少部分裂缝未充填；裂缝规模大小不一，宽度从0.5mm到1cm不等，长度从5cm到15cm不等	濮深6井、濮深16井、濮深8井等
高角度缝（45°~75°）	充填物主要为方解石，未充填缝相对较多；裂缝规模大小不一，宽度从0.5mm到1cm不等，长度从5cm到30cm不等	濮深18井、濮深17井、文13-611井、濮深18-1井等
低角度缝（15°~45°）	充填物以方解石为主，未充填和部分充填缝相对多，低角度微裂缝较发育	濮深18井、濮深13井、胡82井、濮深18-1井等
水平缝（<15°）	水平缝较少见，规模较小，充填泥质或方解石	文210井、濮深18-1井等
不规则缝	充填物多样，有方解石、石膏、泥等；形状差异较大，典型的有“入”字形，规模一般不大	濮深6井、濮深18井、濮深18-1井等

表6-3 岩心裂缝角度分类统计表

裂缝角度	发育井位	发育统计
高角度缝	濮深6井、濮深16井、庆65井、濮深8井、濮深18井、文13-611井等	72%
低角度缝	濮深18井、濮深13井、胡82井、文210井等	15%

图6-27 垂直缝，濮深6井(4441.07m)

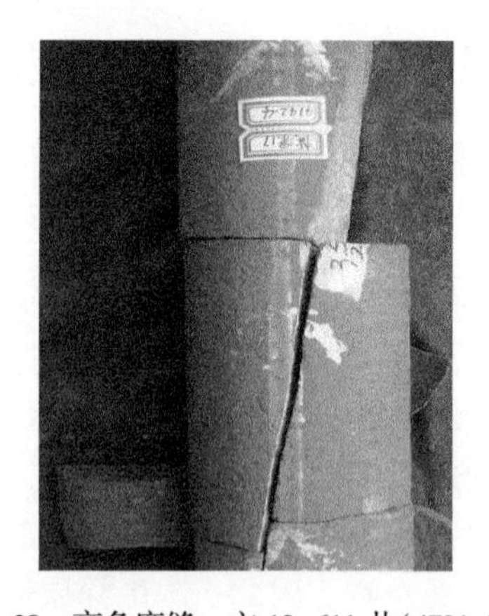

图6-28 高角度缝，文13-611井(4791.56m)

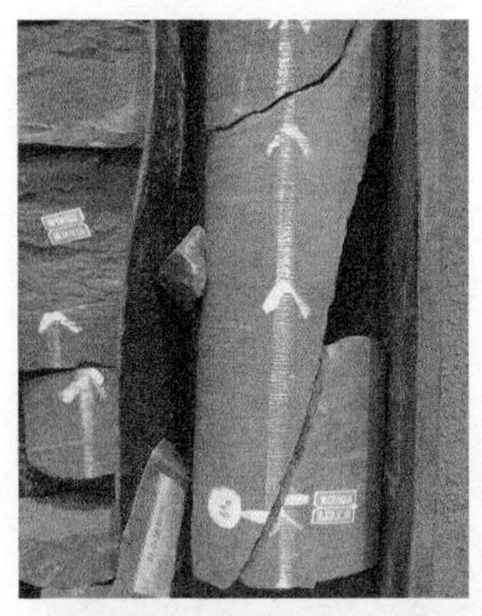

图 6-29　高角度缝，濮深 18 井(4079.89m)

图 6-30　高角度缝，濮深 18-1 井(3260.7m)

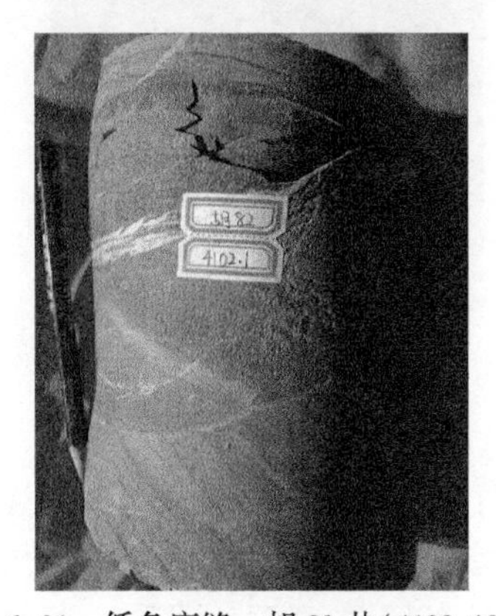

图 6-31　低角度缝，胡 82 井(4102.10m)

图 6-32　水平缝，文 210 井(3790.86m)

（2）裂缝的径向延伸。

裂缝的径向延伸是评价储集层裂缝三维分布的重要参数。由于裂缝的形成受岩石力学层控制，因此，其高度通常可在划分岩石力学层后在岩心上进行统计。从统计结果看，该区裂缝的径向延伸长度一般小于 1.0m，多在 0.5mm 到 30cm，延伸距离较近(图 6-34)。反映该区裂缝主要在岩层内发育(张震等，2009)。

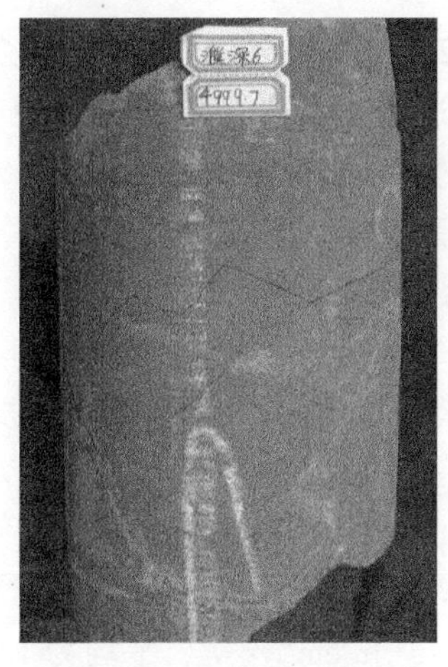

图 6-33　不规则缝，濮深 6 井(4999.70m)

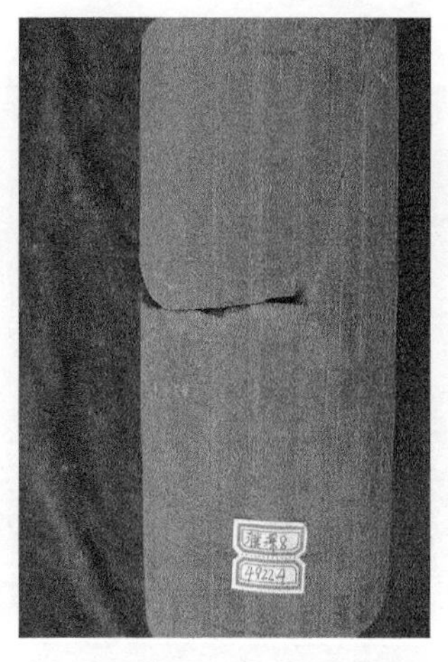

图 6-34　裂缝径向延伸，长度较小(濮深 8 井，4922.4m)

（3）裂缝的开度。

裂缝的开度主要影响储层的渗流能力。研究发现，与现应力场最大主压应力近平行分布的裂缝呈拉张状态，开度大，渗透率值高；与现应力场最大主压应力近垂直分布的裂缝，呈挤压状态，开度小，渗透率低(曾联波，2004)。研究区内岩心高角度裂缝开度较大(图 6-35)，多在 0.5mm~1cm 不等，而低角度缝开度较小(图 6-36)。

图 6-35　高角度缝，开度大
(濮深 8 井，4923.5m)

图 6-36　低角度缝，开度较小
(濮深 18 井 4226.44m)

（4）裂缝的充填性。

裂缝中的矿物充填会使裂缝的孔隙体积变小，有效性变差。根据裂缝中矿物的充填程度，一般可分为全充填、半充填和局部充填三种类型，反映其充填程度由强变弱，有效性由差变好。根据岩心观察，81%的裂缝被充填，多充填方解石、泥质、黄铁矿等矿物(表 6-4)。未充填或半充填裂缝占 19%。

表 6-4　东濮凹陷岩心裂缝充填矿物成分及占比

裂缝充填矿物成分	占比(%)	裂缝充填矿物成分	占比(%)
方解石	70	黄铁矿	9
泥质	15	石膏	6

6.3.1.2　镜下微裂缝发育特征及描述

通过 420 张薄片鉴定，发现有 97 张薄片发育裂缝，裂缝发育率为 23.1%。镜下微裂缝研究中统计了特征包括密度、开度、充填性、溶蚀性等裂缝特征。

（1）微裂缝的密度。

微裂缝的密度是评价微裂缝发育程度的一个重要指标，常采用 3 种表示方法，即体积密度、面积密度和线密度，本文采用面密度来统计。经统计，东濮凹陷镜下裂缝面密度为 0.33~5 条/cm^2 不等，平均为 1.57 条/cm^2，6 口井的统计结果见表 6-5，整体微裂缝较为发育(图 6-37)。

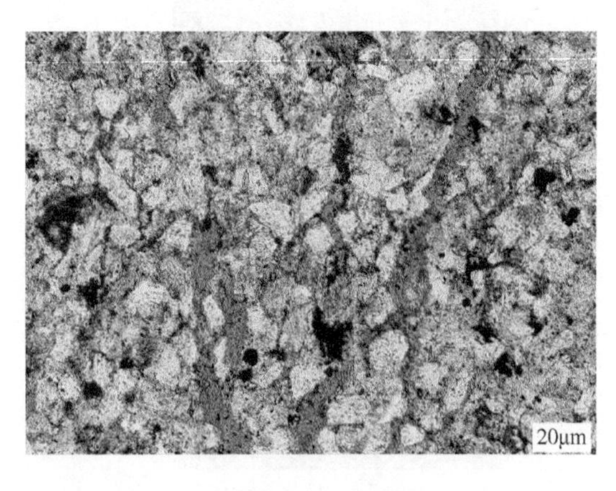

图 6-37　微裂缝
(胡 96 井，4390.8m，单偏光×200)

表 6-5　6 口井面密度及开度统计

井号	深度(m)	面密度(条/cm²)	开度/μm
桥 35	3634. 34	0. 33	16
桥 24	4091. 35	3. 00	8
胡 82	4101. 9	0. 67	18
胡 96	3383. 5	5. 00	25
	4038. 8	2. 67	48
濮深 8	4118. 15	0. 67	10
	4566. 95	0. 33	16
濮深 7	3675. 2	0. 33	27
	3695. 8	2. 00	34

(2) 裂缝的地下开度。

低渗透储层中对裂缝的集渗能力起决定作用的裂缝开度是它在目前埋藏深度下的地下开度，它通常比地表岩心减压膨胀以后的开度小许多。表 6-5 为统计 6 口井所得的微裂缝地下开度，范围在 8~48μm，平均 22. 7μm，开度比较大。全部统计发现，东濮凹陷微裂缝地下开度主要分布在 10~40μm，平均在 20μm 左右，而且随着深度的增加，整体上微裂缝开度逐渐变小(图 6-38)。

(a) 大开度
(桥33井，4001.55m，单偏光×100)

(b) 开度小
(桥33井，4069.27m，单偏光×100)

图 6-38　随深度增加微裂缝开度变小

(3) 裂缝的充填性。

根据裂缝中矿物的充填程度，可分为全充填、半充填和未充填三种类型(图 6-39)，反映其充填程度由强变弱，储层有效性由差变好。显然，岩石裂缝的充填特性将直接影响储层的孔隙度和渗透率，从而明显地阻滞油气的储集和渗流。裂缝中的矿物充填会使裂缝的孔隙体积变小，降低储层的孔渗性，显然对于储层有着很大的伤害。裂缝的发育特征对于储层有效性的影响是在裂缝未充填或是半充填的基础上来研究的。东濮凹陷岩石薄片中，统计 151 条裂缝中未充填的共 73 条，半充填裂缝 32 条，全充填裂缝 46 条，未充填和半充填裂缝占 69. 5%，所占比例较大，因此，东濮凹陷裂缝多为有效裂缝。其中充填物多为沥青，次为泥质充填，铁方解石充填最少（表 6-6），也见黄铁矿充填。东濮凹陷沙三段裂缝类型及表征参数分布特征见表 6-7。

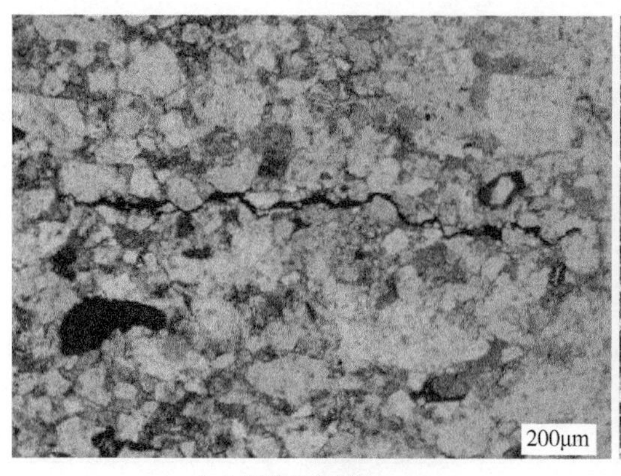

（a）裂缝未充填
（濮深14井，3984.67m，单偏光×40）

（b）沥青全充填裂缝
（桥63井，4867.6m单偏光×40）

（c）铁方解石全充填裂缝
（胡82井，4101.90m单偏光×40）

图 6-39　未充填裂缝和充填裂缝

表 6-6　东濮凹陷镜下微裂缝充填矿物成分及占比

镜下裂缝充填矿物成分	占比（%）	镜下裂缝充填矿物成分	占比（%）
泥质	16.67	方解石	8.97
沥青	73.36	黄铁矿	1

表 6-7　东濮凹陷沙三段裂缝类型及表征参数分布特征表

裂缝参数	宏观裂缝	微观裂缝
类型	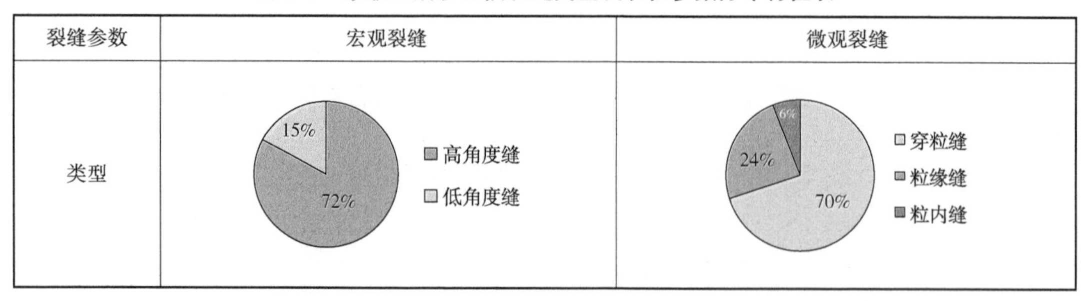	

续表

裂缝参数		宏观裂缝	微观裂缝
规模	延伸长度	该区裂缝的径向延伸长度一般小于 1.0m，多在 0.5mm~30cm，延伸距离较近。反映该区裂缝主要在岩层内发育	统计发现，该区微裂缝延伸长度一般小于 20mm，大多数集中在 0.5~4mm
	开度	研究区内岩心高角度裂缝开度较大，多在 0.5mm~1cm 不等，而低角度缝开度较小	统计发现，东濮凹陷微裂缝地下开度主要分布在 10~40μm，平均在 20μm 左右，而且随着深度的增加，整体上微裂缝开度逐渐变小
充填性		19% 81% 全充填缝 半充填/未充填缝	30% 70% 全充填缝 半充填/未充填缝
充填物		80 60 40 20 0 方解石 70% 泥质 15% 黄铁矿 9% 石膏 6%	80 60 40 20 0 方解石 70% 泥质 15% 黄铁矿 9% 石膏 6%

（4）裂缝的溶蚀性。

在很多裂缝性储层中都发现了裂缝的溶蚀现象造成裂缝溶蚀的原因有很多，在砂岩中一般是由于有机质成熟过程中分解出的有机酸类、二氧化碳等化学物质溶于地层水后易形成不饱和的酸性水，提高了地层水对裂缝中充填的或是裂缝周围的方解石的溶解度，从而造成裂缝溶蚀的现象。东濮凹陷裂缝多发生溶蚀，几乎每条微裂缝都或多或少地发生溶蚀现象，个别井中薄片裂缝溶蚀严重，有些裂缝甚至是溶蚀形成(图 6-40)。溶蚀作用明显是裂缝的开度变大，对与有效储层的形成有着一定的贡献作用。

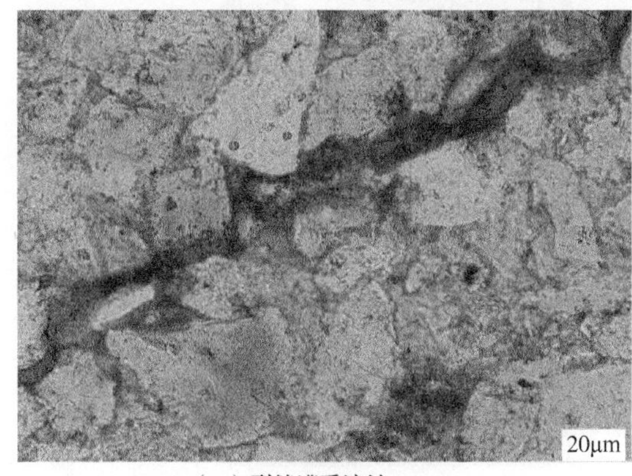

（a）裂缝遭受溶蚀
（胡82井，单偏光×200）

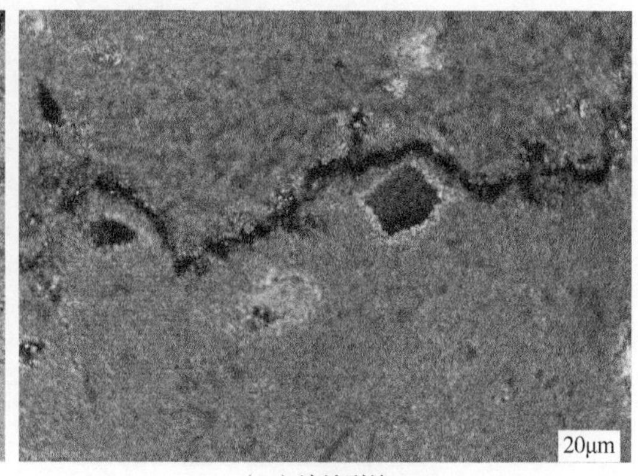

（b）溶蚀裂缝
（濮深8井，正交偏光×200）

图 6-40 裂缝溶蚀性

6.3.2 裂缝与深层储层含油性的关系

上述井中的深层储层中裂缝较为发育，对储层的物性有一定的改善作用，并对附近段内储层的含油性产生了一定影响。通过对 21 口裂缝发育井，裂缝发育层段含油性的分析发现，裂缝发育段含油的比例大于 40%，发育裂缝的层段含油的概率略高于不发育裂缝层段而含油的概率。在含油的裂缝中，以高角度缝和垂直缝居多。含油层段的裂缝充填物主要为方解石，部分为无充填裂缝，泥质充填和石膏充填的裂缝一般为无效裂缝。下面选取裂缝较发育的濮深 18 井，对其进行了重点分析。

濮深 18 井共有 4 次取心，在第 2，3，4 次取心中均发育裂缝。下面对该井的裂缝发育特征及其与含油性的关系进行分析。

图 6-41 高角度裂缝
（濮深 18 井，4079.89m）

第 2 次取心深度为 4074.89～4083.73m，该段取心下部以灰褐色油浸粉砂岩为主，油砂中发育平行层理和高角度裂缝，层理被轻微错断，构造裂缝平直。上部泥质粉砂岩和灰绿色泥岩互层，大部分砂岩含油。本次取心在 4079.89m 处发育高角度裂缝(图 6-41)，裂缝表面含有沥青。该裂缝上下砂体均含油，在 4079m 附近出现含油不均的现象，4081.59m 处见平行层理被微裂缝错开的现象，该处裂缝附近砂体整体为油浸粉砂岩(图 6-42)。

第 3 次取心深度为 4225.04～4230.45m，该段取心上部深灰色、灰色钙质粉砂岩与灰色泥岩互层，泥岩夹砂质条带，也有砂岩夹泥质条带。本次取心在 4225.44m 和 4226.44m 处见裂缝发育，裂缝附近 4226.84m 处见含油不均砂体，发育平行层理。

第 4 次取心深度为 4232.51～4236.99m，整体特征为浅灰色、灰色粉砂岩，夹泥质条带。本次取心在底部 4235m 附近发育裂缝(图 6-43)，马牙状方解石部分充填，晶形较好，表明该裂缝开启，但大部分裂缝被方解石充填；距顶 1.6m 处，也发现马牙状方解石充填裂缝，说明该裂缝开启；距顶 3.0～3.7m 发育含油条带。

图 6-42 油砂中微裂缝
（濮深 18 井，4081.59m）

图 6-43 不规则裂缝
（濮深 18 井，4234.01m）

通过对濮深 18 井的裂缝发育情况分析发现，裂缝发育层段附近含油情况较好。4079.89m 处高角度裂缝表面含有沥青，初步认为其对油气运移起到一定通道作用。

6.4 储层物性控制因素

6.4.1 文东地区物性控制因素

(1) 储层物性受埋藏深度影响。

储层埋藏深，则机械压实作用强烈，原生粒间孔隙在机械压实、化学压实作用下减少。同时，埋藏时间长、温度高使得胶结作用强烈、孔隙性变差。但当埋藏到一定深度时，由于次生作用、化学溶蚀等造成孔隙度稍有增加，如图 6-44 所示。本区段储层孔隙发育较好深度段为 3600~4300m。

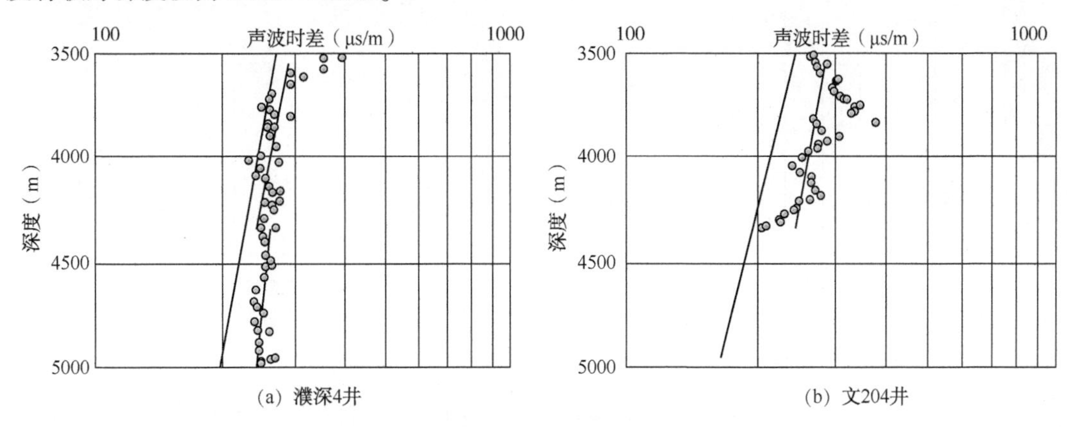

图 6-44 文东地区声波时差—深度关系图

(2)储层物性受沉积相带控制。

原始沉积相带决定了储层的物质基础，控制着沉积物的粒度、分选、杂基含量，矿物颗粒之间的接触方式等。沉积相带也对孔隙的次生作用有所控制，影响孔隙的最终保存。在埋深大致相同的条件下，沉积相带优越，不但原生粒间孔隙发育，保存下来的原生粒间孔隙多，而且由于原生粒间孔隙发育则有良好的流体交换条件，次生溶蚀孔隙也相应发育，反之次生溶蚀孔隙不发育。如图 6-45 所示，中扇水道沉积砂岩明显比外扇亚相沉积砂岩孔隙度高 3%左右。

(3)储层物性受填隙物成分、含量控制。

本区段孔隙填隙物主要是碳酸盐矿物、黏土矿物及自生石英、石英次生加大等。其中，自生石英微晶体及石英次生加大完全占据孔隙体积，其含量越高则孔隙度越低，对孔隙度影响较大(图 6-46a)。文 16-4 井沙三$_3$ 亚段，石英含量每增加 5%，相应连通孔隙度降低约 5%，二者间存在不严格的函数关系，经线性回归其关系式为：

$$\phi = -0.93P_{石} + 80.8 \tag{6-1}$$

式中 ϕ——连通孔隙度,%；

$P_{石}$——石英含量,%。

黏土矿物包括原生杂基及长石蚀变产物，也可以是泥岩中蒙脱石经成岩作用转化的伊利石。黏土含量增加，孔隙度降低，且对渗透率的影响更大，尤其是次生伊利石及绿泥石

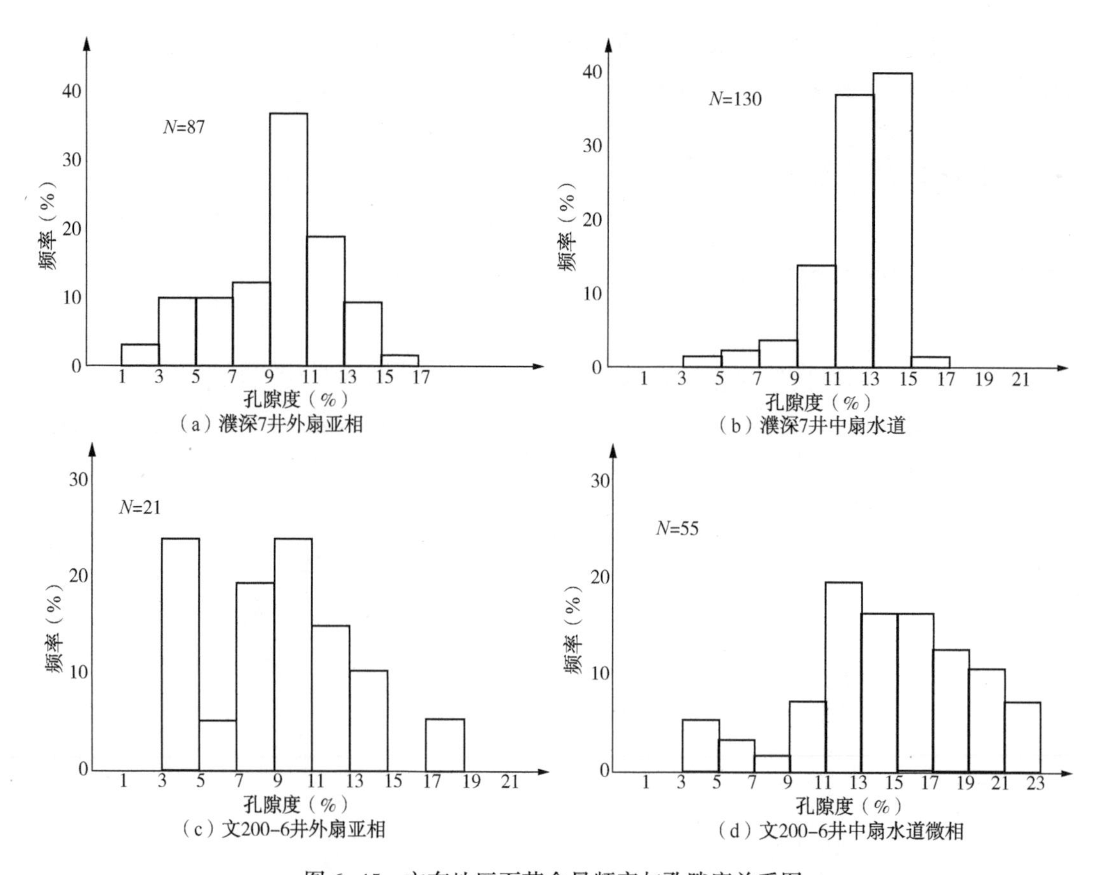

图 6-45　文东地区石英含量频率与孔隙度关系图

更是如此。如图 6-46 为濮深 7 井 3551.05～4185.41m 泥质含量与连通孔隙度关系，其关系式为：

$$\phi = -0.665P_{泥} + 18.1 \tag{6-2}$$

式中　ϕ——连通孔隙度,%；

$P_{泥}$——泥质含量,%。

由图 6-46 可知，黏土含量每降低 10%，则孔隙度增加 7%～8%。薄片观察发现，中等泥质杂基含量样品(泥质含量 5%左右)无论是原生粒间孔隙，还是次生溶蚀孔隙都更发育，泥质晶间孔隙也较发育。

碳酸盐矿物对孔隙具有胶结和充填作用，一般酸碳酸盐含量增高孔隙度减少。但当碳酸盐含量超过 20%时，由于碳酸盐矿物的易溶解性，有利于形成次生溶蚀孔隙，孔隙度略有随碳酸盐含量增高而增大的趋势，方解石的白云石化也可形成一定量的晶间孔隙使孔隙度增大(图 6-47)。

(4)孔隙保存条件对物性的影响。

本区段之所以在这样的深度内仍以原生粒间孔隙作为储集油气的主要孔隙，有如下优越条件使得这些原生粒间孔隙得以保存，并在有些部位加之次生溶蚀作用使得原生粒间孔隙进一步扩大。

①异常高压条件：本区段上、下均为不渗透的盐膏岩沉积，流体不易排出，孔隙流体内形成异常高压，这种异常高压无疑会阻碍机械压实作用。异常高压造成外界流体交换困难，构成封闭性的成岩体系，因此，既不利于自生填隙物的产生，也不利于次生溶蚀作用

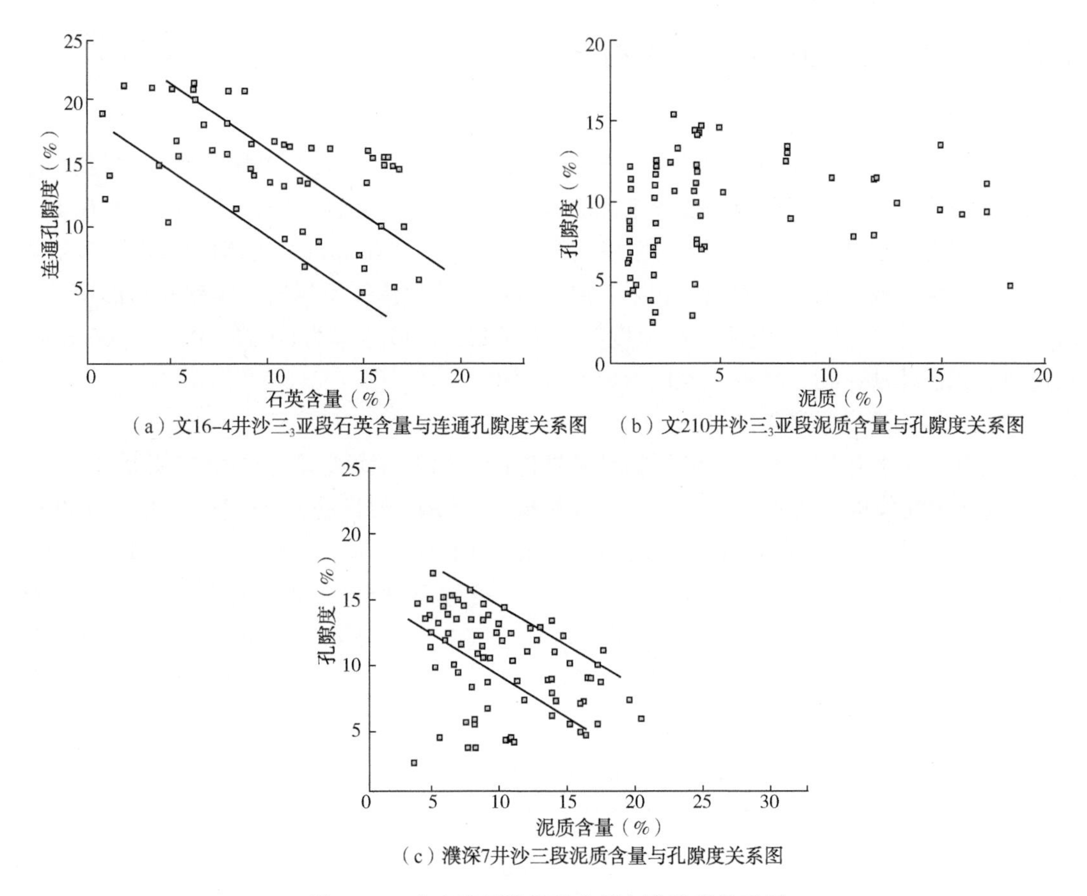

（a）文16-4井沙三$_3$亚段石英含量与连通孔隙度关系图　（b）文210井沙三$_3$亚段泥质含量与孔隙度关系图

（c）濮深7井沙三段泥质含量与孔隙度关系图

图 6-46　文东地区胶结物含量与孔隙度关系图

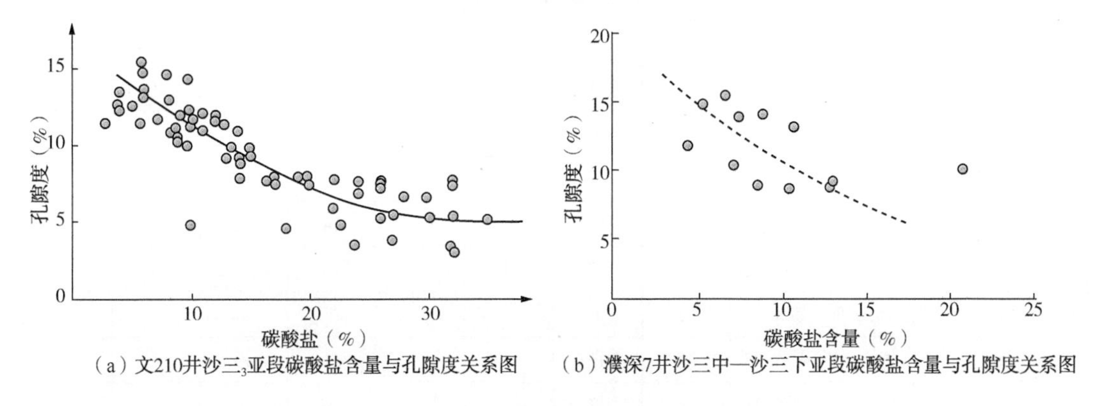

（a）文210井沙三$_3$亚段碳酸盐含量与孔隙度关系图　（b）濮深7井沙三中—沙三下亚段碳酸盐含量与孔隙度关系图

图 6-47　文东地区碳酸盐含量与孔隙度关系图

的发生。孔隙流体异常高压为原生粒间孔隙得以保存创造有利条件。

②早期油气运移：原生粒间孔隙充满油气后将抑制原生粒间孔隙的进一步演化。据生油研究，埋深3300m达到生油高峰，此时大量烃类经初次运移进入储层内部占据孔隙。随储层进一步埋深，温度升高，储层矿物可继续向深成岩作用演化，但孔隙的压实、充填、胶结、溶蚀等因油气充满孔隙而没有大量流体水的交换基本处于停止状态。因此，本区段储层矿物颗粒及填隙物等演化程度较高，但孔隙的成岩演化较低，原生粒间孔隙仍然得以保存，且作为本区段的主要孔隙类型。

6.4.2 杜寨—桥口地区物性控制因素

(1) 储层物性受沉积微相控制。

桥口气藏储层为湖底扇沉积砂体，中扇辫状水道水动力较强，沉积的碎屑颗粒较粗，分选好，泥质含量低。埋藏成岩过程中孔隙流体畅通，砂体物性较好，孔隙度一般在 12% 以上，渗透率大于 $0.5\times10^{-3}\mu m^2$。而中扇前缘及水道间砂体沉积时，水动力较弱，碎屑颗粒细，泥质含量高，加之连通范围有限，成岩过程中孔隙流体不畅通，碳酸盐易滞留其中形成沉淀，堵塞孔隙。中扇前缘孔隙度为 10%～12%，渗透率为 $(0.25\sim0.5)\times10^{-3}\mu m^2$。水道间沉积砂体薄，物性较差，难以形成有效储层。

(2) 储层物性受埋藏深度影响。

受压实等成岩作用的影响，储层物性随埋深的增加而逐渐变差。据桥 75 井等 10 口井 430 块常规物性分析样品统计(表 6-8)，孔隙度小于 10%的样品占 75.7%，10%～13%的占 23.8%，大于 13%的仅 0.5%；渗透率小于 $0.3\times10^{-3}\mu m^2$的占 76.9%，$(0.3\sim1.5)\times10^{-3}\mu m^2$占 21.4%，大于 $1.5\times10^{-3}\mu m^2$ 的占 1.7%；孔隙度大于 10%的样品，平均孔隙度 10.8%；渗透率大于 $0.3\times10^{-3}\mu m^2$的样品，平均渗透率为 $0.58\times10^{-3}\mu m^2$。受压实等成岩作用的影响，储层物性随埋深的增加而逐渐变差。由岩心物性统计结果可知，沙三中亚段物性明显好于沙三下亚段(图 6-48)。

表 6-8　桥口地区沙三中—沙三下亚段岩心物性分析范围表

井号	层位	取心井段(m)	样品数(个)				样品数(个)			
			总数样品数	孔隙度			总数样品数	$<0.3\times10^{-3}\mu m^2$	$(0.3\sim1.5)\times10^{-3}\mu m^2$	$>1.5\times10^{-3}\mu m^2$
				<10%	10%～13%	>13%				
桥 14	沙三下	3699.00～3703.48	6	6			6	6		
桥 20	沙三下	3978.43～4453.63	63	55	7	1	61	51	10	
桥 24	沙三中	3745.98～4008.85	8	4	4		8	3	5	
	沙三下	4071.59～4193.58	98	50	47	1	97	48	46	3
桥 25	沙三下	4555.10～4699.31	14	13	1		14	10	4	
桥 31	沙三下	4055.95～4151.68	21	12	9		20	8	8	3
桥 59	沙三下	4556.56～4558.8	1	1			1	1		
桥 60	沙三下	4662.56～4866.03	41	41			41	40	1	
桥 61	沙三下	4183.52～4345.23	19	19			19	18	1	
桥 63	沙三下	4427.06～4869.62	36	34	2		36	32	4	
桥 75	沙三下	4041.42～4275.05	108	79	29		108	99	9	
合计	总计		415	314	99	2	411	316	88	7
	占比(%)			75.7	23.9	0.5		76.9	21.4	1.7

(3)储层物性受局部发育次生孔隙发育带影响。

尽管气藏储层物性总体上有随深度逐渐变差的趋势，但受次生孔隙发育带的影响，深层中也存在物性较好的储层。如桥口气藏存在 3 个次生孔隙发育带，在发育带内，物性明

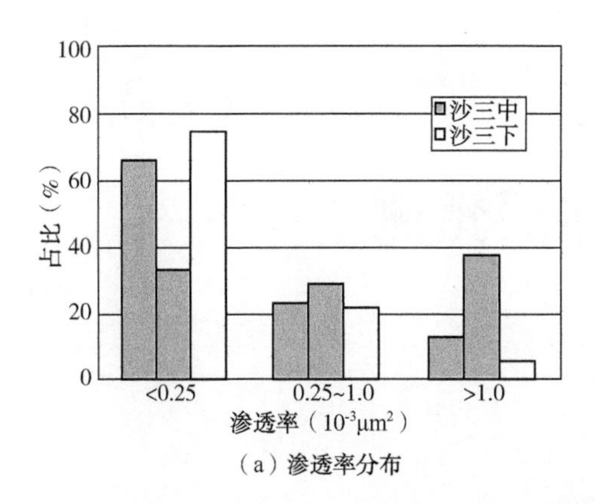

（a）渗透率分布

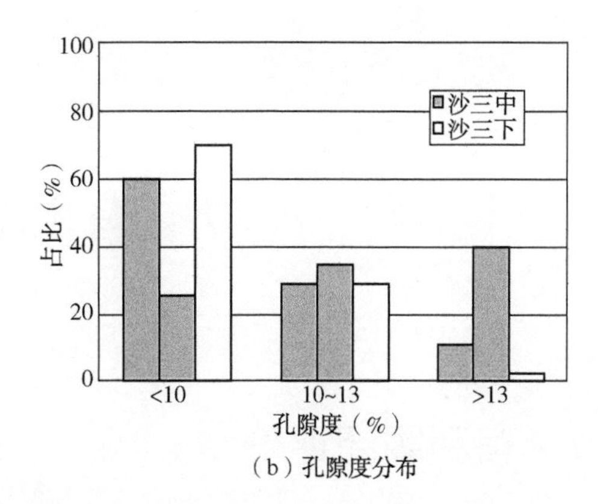

（b）孔隙度分布

图 6-48　桥口气藏岩心物性分布直方图

显好于其他部位。如桥 25 井、桥 61 井等井在沙三下亚段 7 砂组—沙四段顶部均钻遇良好储层。桥 25 井 95 号、96 号电测解释层，埋藏深度达 4700m，孔隙度仍高达 13.5%，密度曲线值降至 2.41g/cm^3，试气获得了日产 22443m^{3}的工业气流。

7 有利储层预测

7.1 有利圈闭评价

7.1.1 文东地区有利圈闭评价

文东油气运聚单元指文东构造带和前梨园洼陷共同组成的成藏单元，西边以文东断层为界，北边到文 16 块，南边到文 88 块。

单元油气主要来自前梨园洼陷，圈闭背景是文东滚动大型构造，油气输导体系以砂体型(文东斜坡)、断层—砂体型(盐上浅层沙二下亚段)和断层—砂体—盐控型(盐间沙三中亚段)为主，单元内部压力系数一般为 1.3~2.0(浅层沙二下亚段为 1.2~1.5，沙三中亚段为 1.6~1.8)。

该单元整体呈现滚动背景，由于受徐楼、文 13 等多条断裂的发育和盐岩分布的影响，文东构造带又可以分为文东反向屋脊带、文东滚动背斜带、文东地堑带等多个次级构造带，不同构造带油气富集程度有差别(图 7-1)。

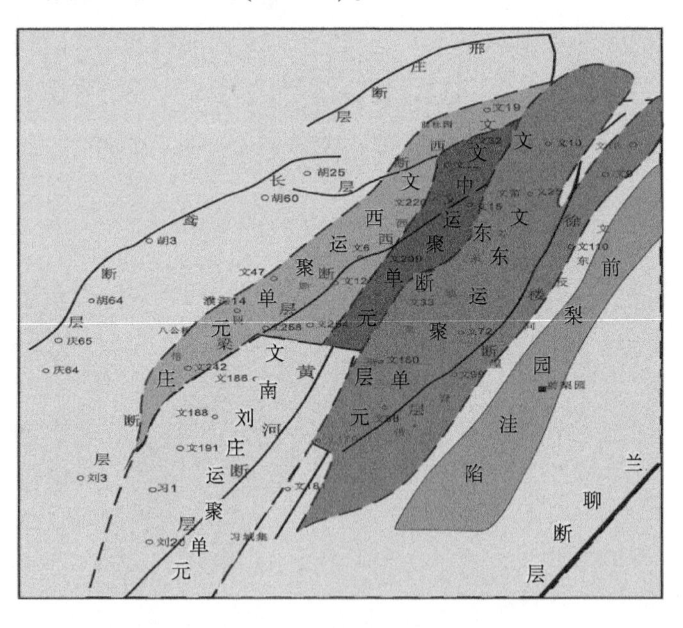

图 7-1 文留地区油气运聚单元划分图

7.1.2 桥口地区有利圈闭评价

根据桥口油气的分布特征(图 7-2)，桥口油气藏形成具有以下 4 个特点。

(1) 桥口构造的油源主要来自东部洼陷带。

桥口构造紧临葛岗集、前梨园和孟岗集生油洼陷，长期处于油气运移的有利指向，具有较好的油源条件。油源对比结果及油气分布规律表明：油源主要来自于东部洼陷。

(2) 断层控制了油气的运移和聚集。

生油洼陷中油气生成后经连通的砂层向高部位侧向运移，当断层活动时，油气可穿越断层进入较新的储层中，或沿断层垂向运移至上部较新储层中；当断层停止活动时，储层上倾部位被泥岩段或断层泥封堵，阻挡了油气的进一步运移，在断层靠近油源一侧构造高部位聚集下来形成油气藏。本区油气藏随西倾断裂的节节下掉，含油气层位变新，这种特点充分反映了断层对油气运移和聚集的控制作用。

(3) 保存条件影响了圈闭油气富集的程度。

由于盖层、侧向封堵条件及断裂的活动强弱的不同，各种圈闭的保存条件各不相同，油气的富集程度也不一样。在西翼，断裂活动结束晚，油藏遭受破坏，富集程度不高，而在东翼，由于断裂活动结束早，形成的油气藏受到的影响不大，油气富集程度高。

(4) 桥口构造东翼气藏为受构造及岩性双重控制的复合气藏，一方面气藏受断裂构造控制，另一方面气层向下倾部位变好又说明岩性变化具有重要的控制作用。

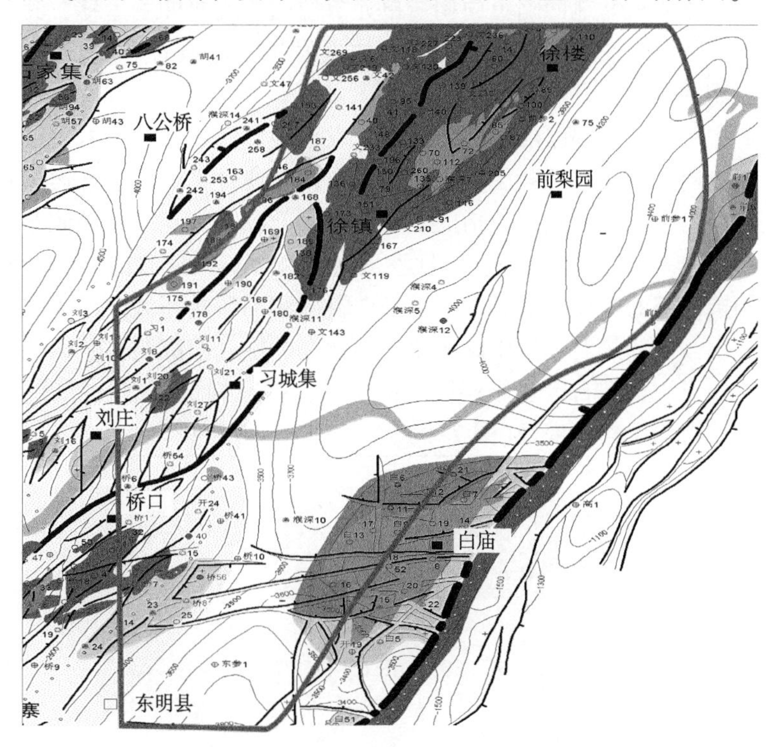

图 7-2　桥口地区沙三$_4$上亚段构造图

7.2　有利储层预测方法

7.2.1　文东地区储层预测方法

根据储层基础特征研究，结合成岩作用分析及控制因素研究，建立了研究区有效储层三种成因模式。

7.2.1.1 溶蚀型

次生溶蚀孔隙是文东地区沙三段储层最主要的储集空间，溶蚀型储层在研究区最为普遍。

沙三段发育三角洲前缘砂体，岩石成分成熟度、结构成熟度高，长石含量高，颗粒分选好，为溶蚀作用提供了很好的物质基础。而沙四段发育重力流砂体，岩石成分成熟度、结构成熟度低，长石含量低，岩屑、杂基含量高。相比沉积特征而言沙三段储层更容易发生次生溶蚀作用。观察研究区铸体薄片也表明，沙三段储层溶蚀作用强烈，主要储集空间为次生溶蚀孔隙，而沙四段储层压实作用强烈，溶蚀作用少见，微孔隙和裂缝是主要储集空间。

溶蚀机理前文已述，酸性流体多样，主要来自 2500～3000m，中成岩 A_1 亚期 80～120℃有机质低成熟期生成的大量有机酸和其他无机酸。酸性流体进入储层溶蚀颗粒和胶结物形成次生孔隙。次生孔隙的形成还需要溶解物质不断地被运移走。研究发现研究区主要有两种动力机制，一种是上升流，一种是循环热对流。

上升流指地层流体从盆地凹陷负向构造单元部位向上或向外侧运移，其动力主要来自压实作用、黏土矿物脱水及流体的膨胀作用，主要发生在盆地的中-浅部位。同时研究区断层发育，开启断层也是上升流的通道。

循环热对流主要见于东部断陷盆地。研究区发育多套区域性盐膏岩，层下多处于异常高压。地层上倾方向发育封闭性断层，会起遮挡作用，使得流体的上升运动趋于终止，而以循环热对流运动为主。循环热对流指的是在构造翼部或具一定厚度和倾角的地层里，并在砂体内部有一定温差(如 3℃/100m)，且渗透连通性较好，这时热的成岩流体由砂层底部向上流动，构造顶部的流体则沿着砂层上部向翼部流动形成环流。因碳酸盐类一般随深度增加溶解度减小，循环热对流使得碳酸盐胶结物在砂层底部沉淀，使得储层底部物性变差；而石英、钠长石、伊利石等在倾斜砂层的中、上部或构造高部位沉淀，碳酸盐溶解，形成次生孔隙，使得储层物性变好(图 7-3)。

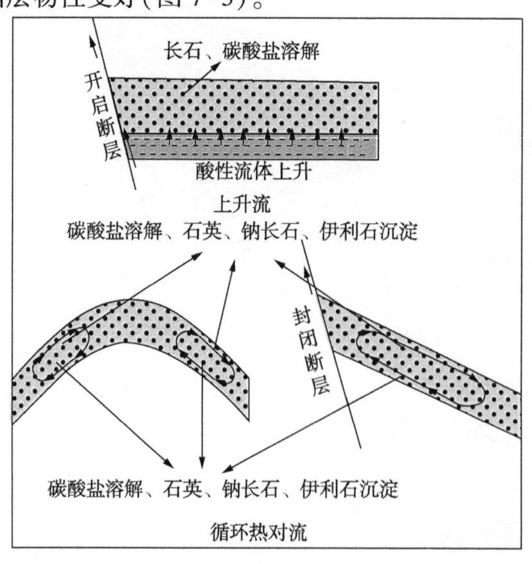

图 7-3 文东地区沙三—沙四段溶蚀型储层成因模式图

文 203-59 井实钻油藏剖面图如图 7-4 所示，4200～4500m 储层可见到溶蚀现象，如图 7-5 所示，属于溶蚀型储层。

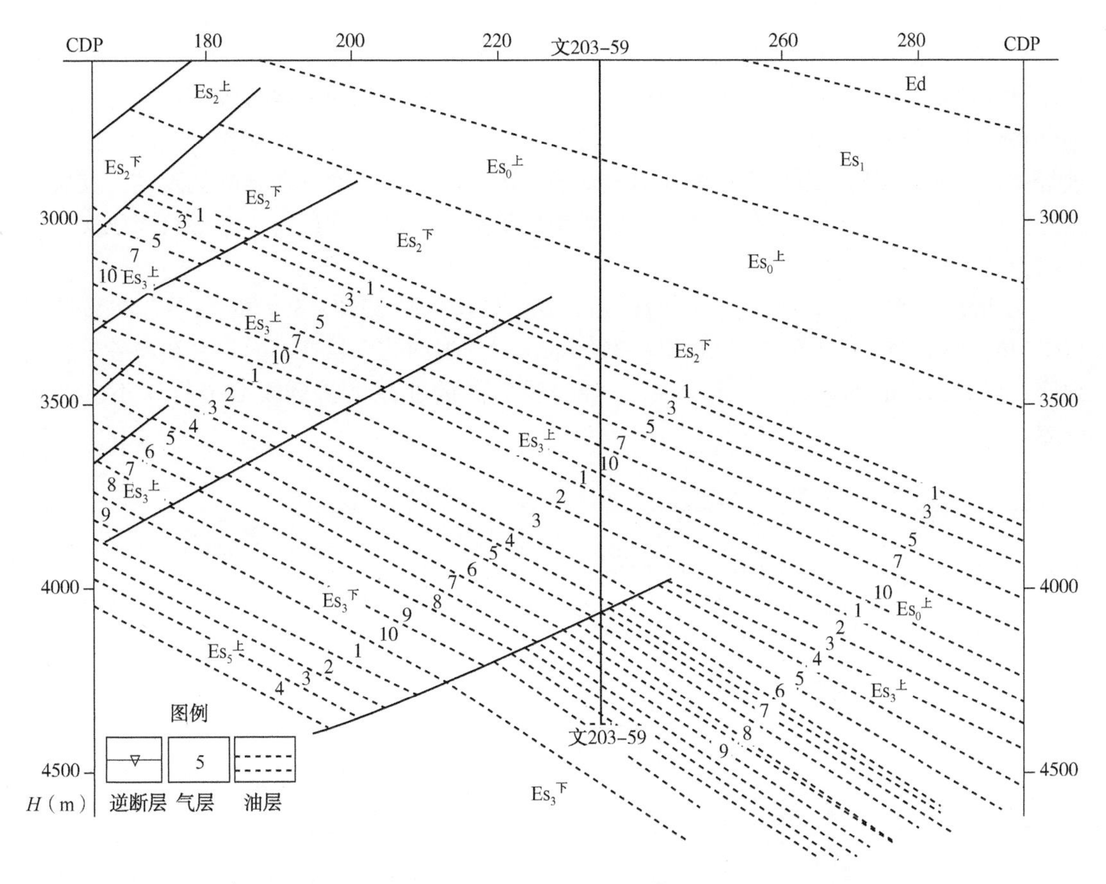

图 7-4　文 203-59 井实钻油藏剖面图

（a）文2033-59井，4153.11m（200-）　（b）文2033-59井，4163.15m（200-）

图 7-5　溶蚀型储层镜下特征

7.2.1.2　烃类充注型

研究区主要生油层系为沙三段，生油门限温度为 96.7℃，门限深度在 2500m 左右。在东营组沉积期，文东地区沙三段储层达到门限深度，温度达到生油门限温度，开始生烃。生烃过程中，有机质释放出大量有机酸，伴有烃类中携带的酸性气体，以及原油在生物降解和热化学硫酸盐还原作用时产生的有机酸，致使地层由最初的盐湖沉积碱性环境变为酸性环境。

烃类充注对储层物性影响分两方面：一方面，烃类侵位占据孔隙空间抑制压实作用，使得目前储层弱压实；另一方面，烃类占据孔隙抑制地层水流动，阻碍胶结物来源，同时酸性条件下，长石、岩屑和碳酸盐胶结物等不稳定组分发生溶蚀，产生次生孔隙。因此目前烃类侵位的储层压实程度弱，烃类有效保护孔隙，胶结物仍为早期碳酸盐胶结，储层物性好。而未被侵位的储层，压实作用、胶结作用等成岩作用继续进行，储层较强压实，储层物性差。

文 260 井 3562～3581m 为油浸粉砂岩，文 203－59 井 3578～3597m 为不含油粉砂岩(图 7-6)。对比它们的镜下特征(图 7-7)，油浸粉砂岩面孔率较高，而不含油粉砂岩胶结致密。对比它们的物性特征(图 7-8)，油浸粉砂岩的孔隙度渗透率明显好于不含油粉砂岩。

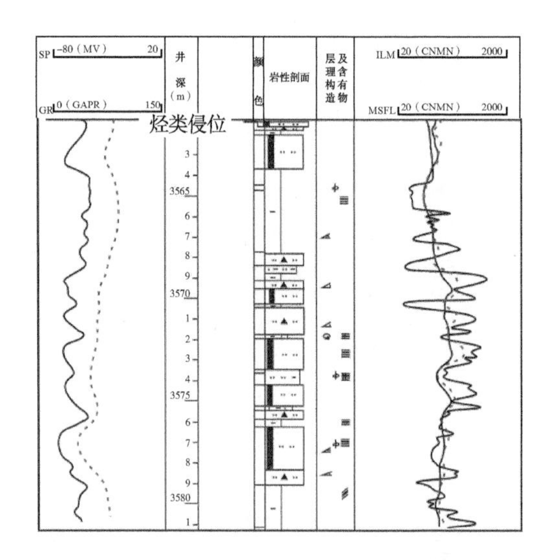

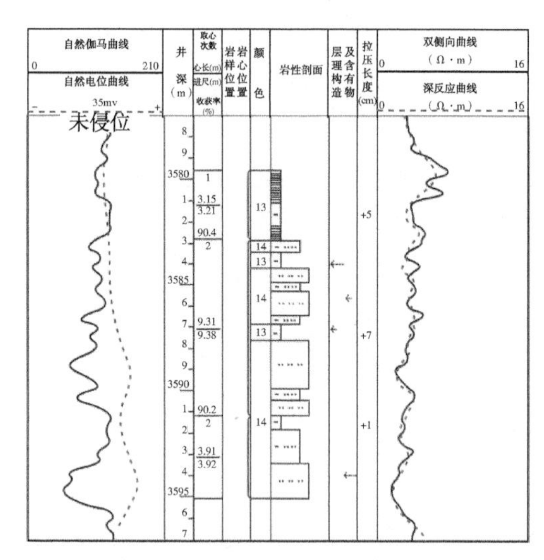

图 7-6　烃类侵位与未侵位储层录井对比图

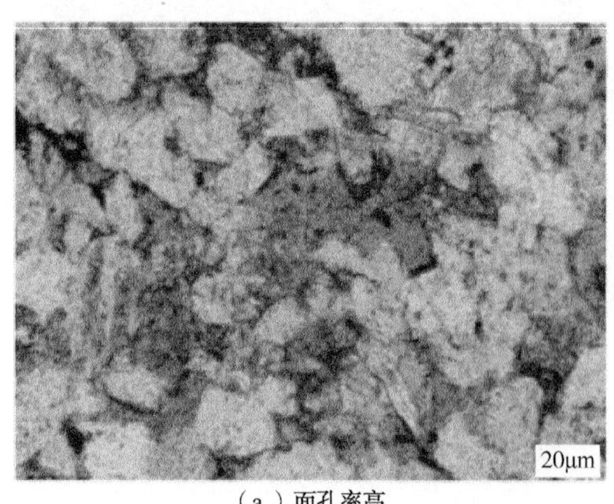

(a)面孔率高

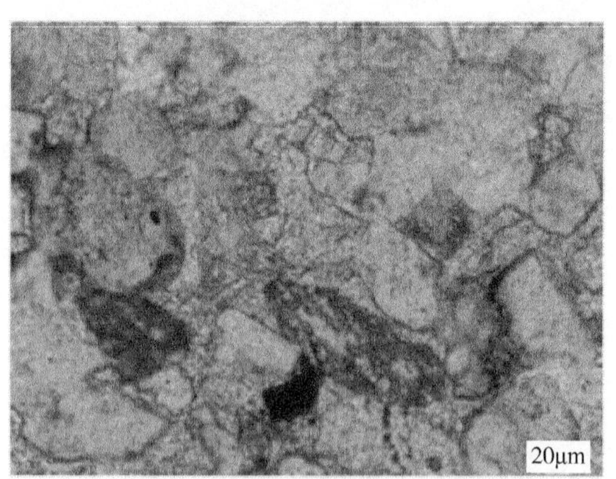

(b)胶结致密

图 7-7　烃类侵位与未侵位储层镜下特征对比图

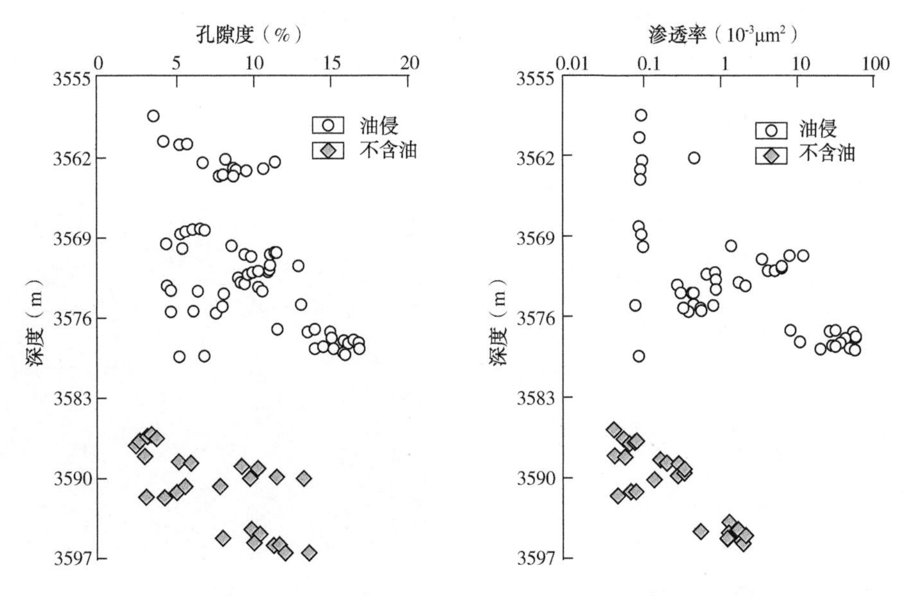

图 7-8 烃类侵位与未侵位储层物性特征对比图

7.2.1.3 盐膏岩型

研究区发育两套区域性盐膏岩，$Es_3{}^2$盐、$Es_3{}^4$盐。第Ⅱ、第Ⅲ异常孔隙发育带位于$Es_3{}^2$盐之下，$Es_3{}^4$盐之上，主要受这两套区域性厚层盐膏岩的影响；第Ⅳ异常孔隙发育带位于$Es_3{}^4$盐之下，主要受其产生异常压力影响。受多层区域盐膏岩的影响，研究区普遍发育异常压力，局部地区发育超高压异常。

盐膏岩对储层物性影响分两方面。一方面是靠近盐膏岩层区域盐膏岩胶结破坏储层物性。一方面是改善储层物性，包括本身密度小，塑性流动，可以减少压实作用；导热性强，抑制延缓盐下成岩作用进程；而最主要的是由于封盖作用使得盐下形成异常高压区域。

盐膏岩层之下存在异常压力区域，储层出现欠压实，保护原有孔隙，早期碳酸盐胶结，并可见裂缝；而在无盐膏岩层的正常压力区域，压实作用、胶结作用等成岩作用继续进行，颗粒紧密，孔隙多被胶结物充填，物性差，孔隙度低。沙四段储层埋深大，主要储集空间是微孔隙和裂缝，裂缝主要就是在$Es_3{}^4$盐之下异常压力作用下产生的(图 7-9)。

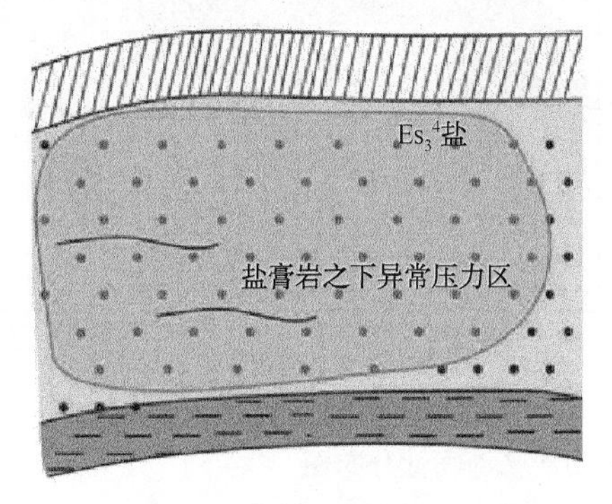

（a）异常压力区储层（欠压实
保护原有孔隙，早期碳酸盐胶结裂缝）

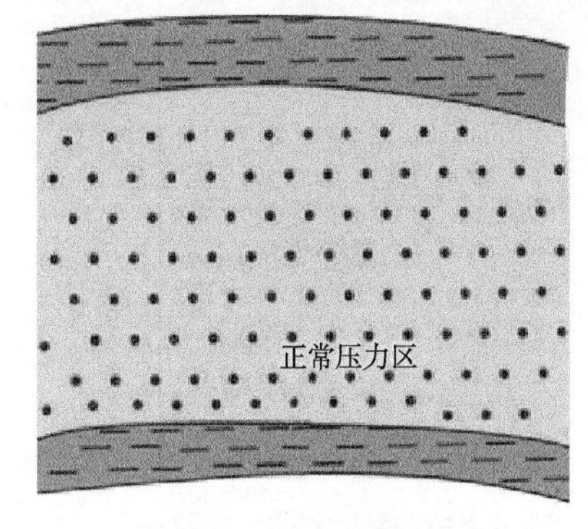

（b）正常压力区储层：较强压实
晚期碳酸盐胶结

图 7-9 文东地区沙三—沙四段盐膏岩型储层成因模式图

文 13-611 井 4310~4325m 和 4345~4348m 处分别发育 15m 和 3m 厚盐膏岩层，其下 4403~4415m 处发育电测解释为气层的 12m 储层(图 7-10)，镜下特征观察，主要储集空间为裂缝(图 7-11)。

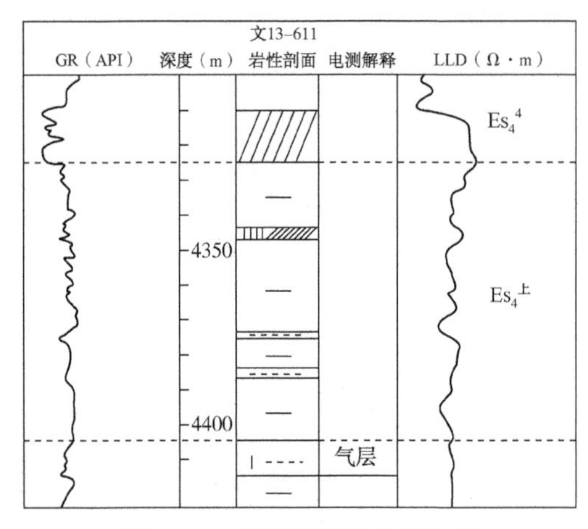

图 7-10 盐膏岩层及其下气层

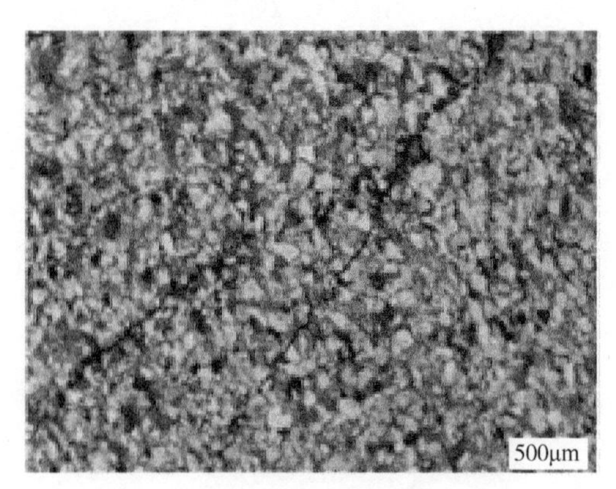

图 7-11 盐膏岩层下储层镜下特征
(文 13-611 井 4791.26m，40-)

7.2.2 文东有效储层发育带的确定

据实测物性资料，做出文东地区文 245 井、文 203-59 井、前参 2 井、文 75 井、文 260 井、濮深 7 井、文 210 井等 7 口取心井的沙三段储层实测孔隙度、渗透率频率分布图。据文东地区沙三段平面物性分布图(图 7-12)，储层物性分布受到沉积相带的影响，在水下分流河道和河口坝处物性较好，而分流间湾处物性差。尤其是文东构造轴线的东南侧的濮深 7 井孔隙度、渗透率最高。沙四段储层钻遇井较少，储层物性普遍较差。

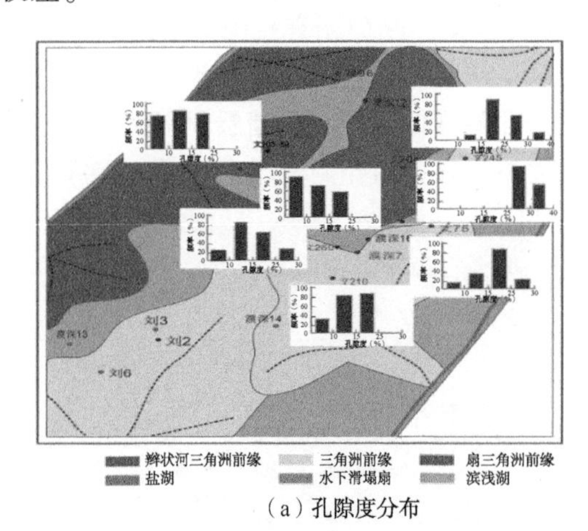

(a) 孔隙度分布

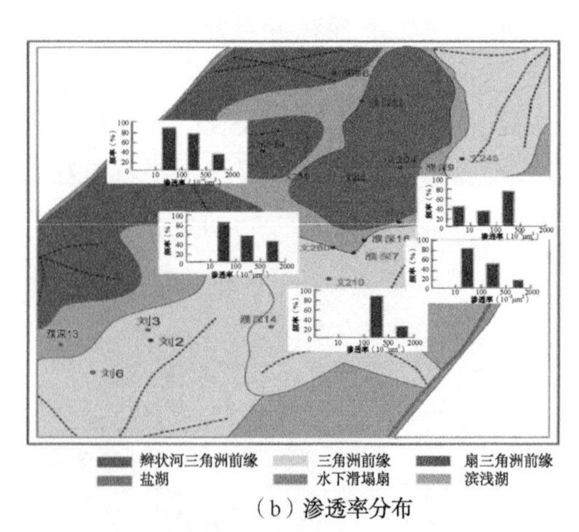

(b) 渗透率分布

图 7-12 文东地区沙三段储层平面物性分布图

据实测的物性测试结果，做出了文东地区沙三—沙四段碎屑岩储层物性垂向演化图。

据前人研究发现，在不同深度段异常孔隙的界限不一样，深度小于 4200m，孔隙度大于 12%；在 4200m 以下，孔隙度大于 8%称为异常孔隙。分析发现，3000m 以下存在 4 个异常孔隙发育带，其特征见表 7-1。但是各井的异常孔隙发育带的深度并不对应，即各井所遇到的异常孔隙发育带在平面上分布范围局限。因为高异常孔隙有多种成因，不同的成因决定了在区域上并没有统一的异常孔隙发育带。

表 7-1　文东地区沙三—沙四段储层异常孔隙发育带特征

异常孔隙发育带	深度(m)	孔隙度(%)	渗透率($10^{-3}\mu m^2$)	物性分级
第Ⅰ异常孔隙发育带	3500~3800	2.6~17.1	0.06~65	中孔低渗透
第Ⅱ异常孔隙发育带	4000~4250	1.9~14.3	0.005~22.5	低孔低渗透
第Ⅲ异常孔隙发育带	4500~4750	3.4~8.3	0.4~0.8	特低孔特低渗透
第Ⅳ异常孔隙发育带	5050~5300	0.6~12.1	0.02~1.8	低空特低渗透

(1) 第Ⅰ异常孔隙发育带：发育深度为 3500~3800m，孔隙度范围为 2.6%~17.1%，渗透率范围为$(0.05\sim65)\times10^{-3}\mu m^2$，属于中孔低渗透储层。

(2) 第Ⅱ异常孔隙发育带：发育深度为 4000~4250m，孔隙度范围为 1.9%~14.3%，渗透率范围为$(0.005\sim22.5)\times10^{-3}\mu m^2$，属于低孔低渗透储层。

(3) 第Ⅲ异常孔隙发育带：发育深度为 4500~4750m，孔隙度范围为 3.4%~8.3%，渗透率范围为$(0.4\sim0.8)\times10^{-3}\mu m^2$，属于特低孔特低渗透储层。

(4) 第Ⅳ异常孔隙发育带：发育深度为 5050~5300m，孔隙度范围为 0.6%~12.1%，渗透率范围为$(0.02\sim1.8)\times10^{-3}\mu m^2$，属于特低孔特低渗透储层。

由上可知，从浅到深，物性变差，异常孔隙发育带的物性也是由好变差，但是在大于5000m 的沙四段出现了物性较好的储层，主要与高压裂缝的出现有关。

7.2.3　桥口地区储层预测方法

在石油行业中，有效储层指的是已经有烃类流体的聚集且在后期开发中可以开采的储层，有效储层物性下限是指储层能够成为有效储层应具有的最小有效孔隙度和最小渗透率。识别有效储层的关键在于确定有效物性下限。本次利用杜寨—桥口地区较为充足的岩心、物性数据，结合试油、钻采资料，主要结合分布函数曲线法、含油产状法、孔隙度—渗透率交会法，共同确定有效物性下限值并相互验证。由此确定研究区深部有效储层发育与分布情况。不同方法物性下限的求取方法如下：

(1) 分布函数曲线法。

分布函数曲线法指在同一坐标系内分别绘制有效储层(油层、含油水层、油水同层、水层)和非有效储层(干层)的孔隙度、渗透率频率分布曲线，两条曲线的交点所对应的数值为有效储层物性下限值。

收集杜寨—桥口地区综合地质解释结果，参考各井完井报告等资料，采用分布函数法求取本区深层有效储层物性下限。由图 7-13 可知，杜寨—桥口地区有效储层孔隙度下限为 7.75%，有效渗透率下限为 $0.126\times10^{-3}\mu m^2$。

(2) 含油产状法。

考虑研究区试油资料比较缺乏，而岩心观测比较详细、记录比较清晰明确，建立岩心含油级别、物性与试油结果的关系，确定含油产状的出油下限。具体思路为：首先根据试油和生产测试资料，分别对有效层、可疑层与干层在物性坐标内投点，初步确定有效层物

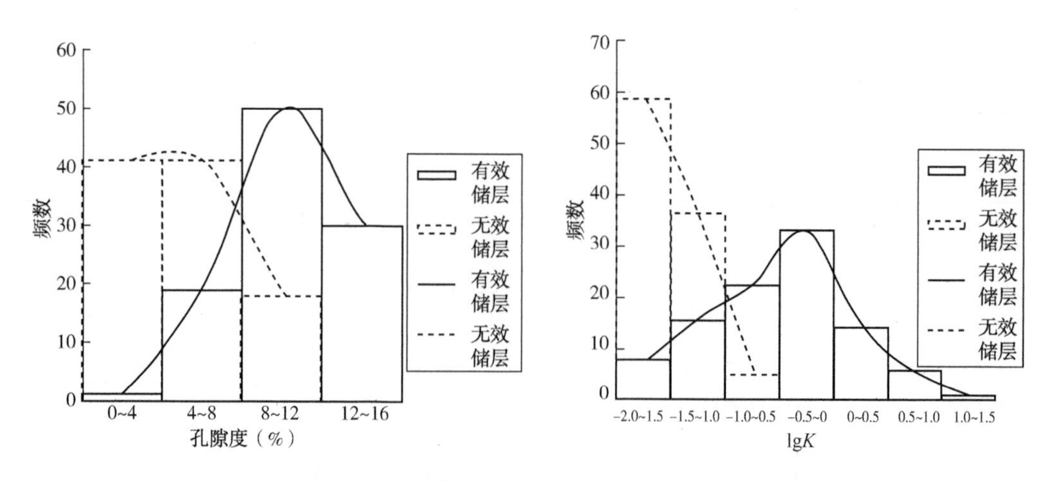

图 7-13　分布函数曲线法确定杜寨—桥口地区深部储层物性下限

性下限值，而后利用岩心观察中不同含油级别的数据点在同一坐标系内投点，共同确定物性下限。由图 7-14 分析可知，杜寨—桥口地区含油产状与物性、试油结果具有一定的一致性，岩心观测中含油级别在荧光之上的均可成为有效储层，进一步确定出油下限之后，确定物性下限值：孔隙度下限 7.25%，渗透率下限 $0.112\times10^{-3}\mu m^2$。

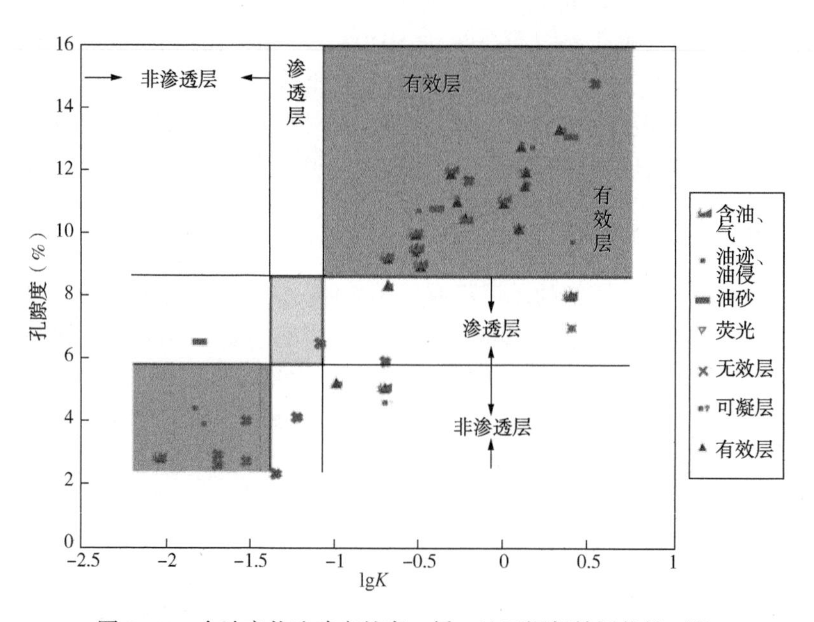

图 7-14　含油产状法确定杜寨—桥口地区深部储层物性下限

（3）孔隙度—渗透率交会法。

收集研究区物性资料(孔隙度取实测孔隙度值)做孔隙度—渗透率交会图(图 7-15)。孔隙度—渗透率交会图分为三段式：第一段，随着孔隙度的增加，渗透率增加幅度不大，此段主要为低渗透储层；第二段，随孔隙度增大，渗透率呈明显增大趋势，此段为渗透率和孔隙度均比较好的有效储层；第三段，随孔隙度的增大，渗透率急剧增大，此类储层为高孔高渗透储层。通常取第一、第二段的转折点为区分有效储层与无效储层的界限。由图 7-16分析，杜寨—桥口地区有效储层物性下限为：孔隙度 7.5%，渗透率 $0.112\times10^{-3}\mu m^2$。蓝线为孔隙度、渗透率最大值包络线走势，红线为趋势线。

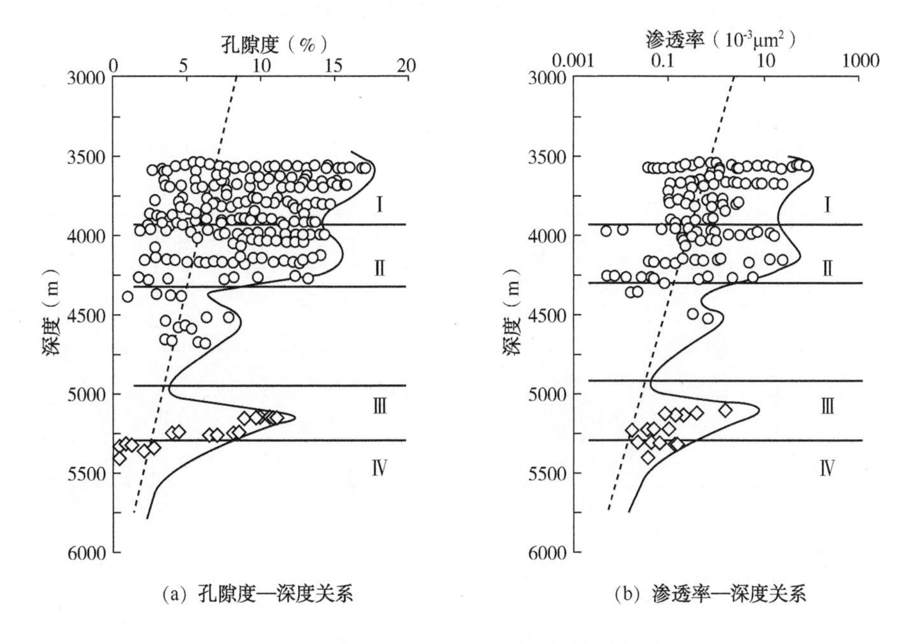

(a) 孔隙度—深度关系　　(b) 渗透率—深度关系

图 7-15　文东地区深部储层有效储层发育带确定

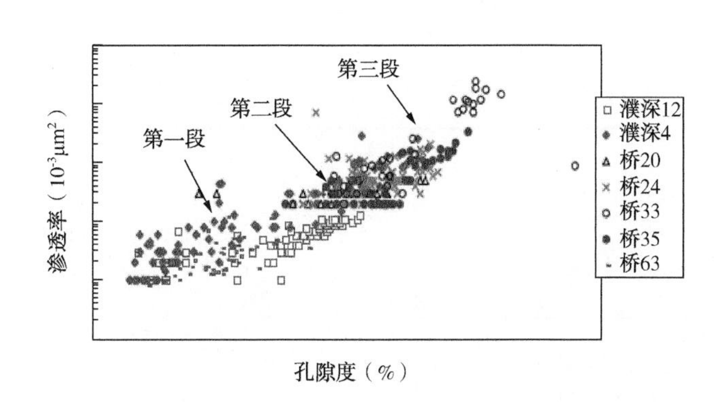

图 7-16　孔隙度—渗透率交会法确定杜寨桥口地区深部储层物性下限

综上所述，采用上述 3 种方法确定了桥口地区孔隙度和渗透率的下限值，经过综合评判，最终将该区的孔隙度下限值定为 7.75%，渗透率下限值定为 $0.126\times10^{-3}\mu m^2$，作为有效储层评价的物性下限指标。

7.2.4　桥口有效储层发育带确定

郭睿通过对国内外 64 个油田的下限值研究，指出在不同的埋藏深度条件下，油层物性下限值是不一样的，并通过进一步研究得出埋深与孔隙度下限值的关系为：

$$y=-0.0021x+15.573 \tag{7-1}$$

式中　y——孔隙度下限，%；

x——埋深，m。

由式(7-1)可得不同深度孔隙度下限值。结合本区孔隙度和渗透率的相关性可以计算出不同深度段渗透率下限值，见表 7-2、图 7-17 及图 7-18 所示。

表 7-2　杜寨—桥口地区不同深度有效物性下限值

深度(m)	计算孔隙度下限值(%)	计算渗透率下限值($10^{-3}\mu m^2$)
3500	8.223	0.14
3600	8.013	0.12
3700	7.803	0.11
3800	7.593	0.10
3900	7.383	0.10
4000	7.173	0.09
4100	6.963	0.08
4200	6.753	0.07
4300	6.543	0.07
4400	6.333	0.06
4500	6.123	0.06
4600	5.913	0.05
4700	5.703	0.05
4800	5.493	0.04
4900	5.283	0.04
5000	5.073	0.04

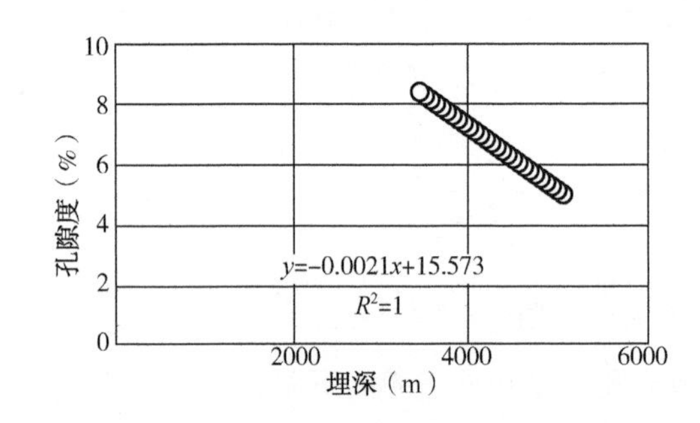

图 7-17　桥口地区埋深与孔隙度关系图

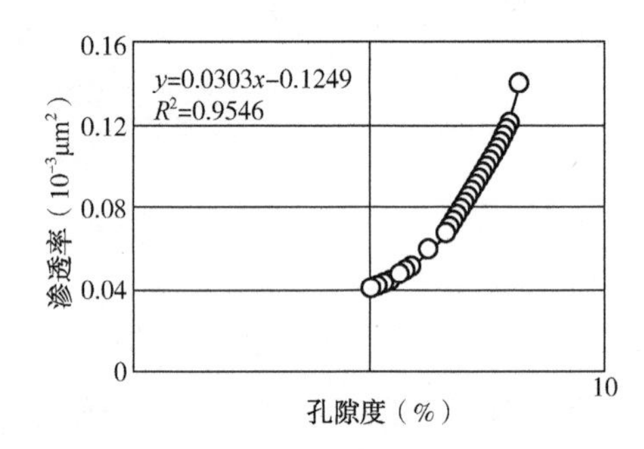

图 7-18　桥口地区孔隙度与渗透率关系图

根据濮深 12 井、濮深 4 井、桥 20 井、桥 24 井、桥 33 井、桥 35 井、桥 63 井共 7 口井的物性资料，做出孔隙度垂向变化趋势图，结合计算出的各深度段的理论有效物性下限值和各种方法计算出的有效物性下限值，据图 7-19 分析，杜寨—桥口地区自上而下有效储层可划分为四个带。

7.2.4.1　第 I 有效储层发育带

第Ⅰ异常孔隙发育带发育在 3300~3900m，孔隙度 2%~22%，涉及层位沙三上、沙三中及沙三下亚段。孔隙度多集中在 8%~15%。该有效储层发育带带平均孔隙度为研究区目的层最高孔隙度分布带；储集空间类型丰富，以少量残余原生孔隙和次生溶蚀孔隙共同发育为主，见破裂孔、铸模孔，存在开启裂缝；孔隙之间连通性好。成岩现象丰富，见长

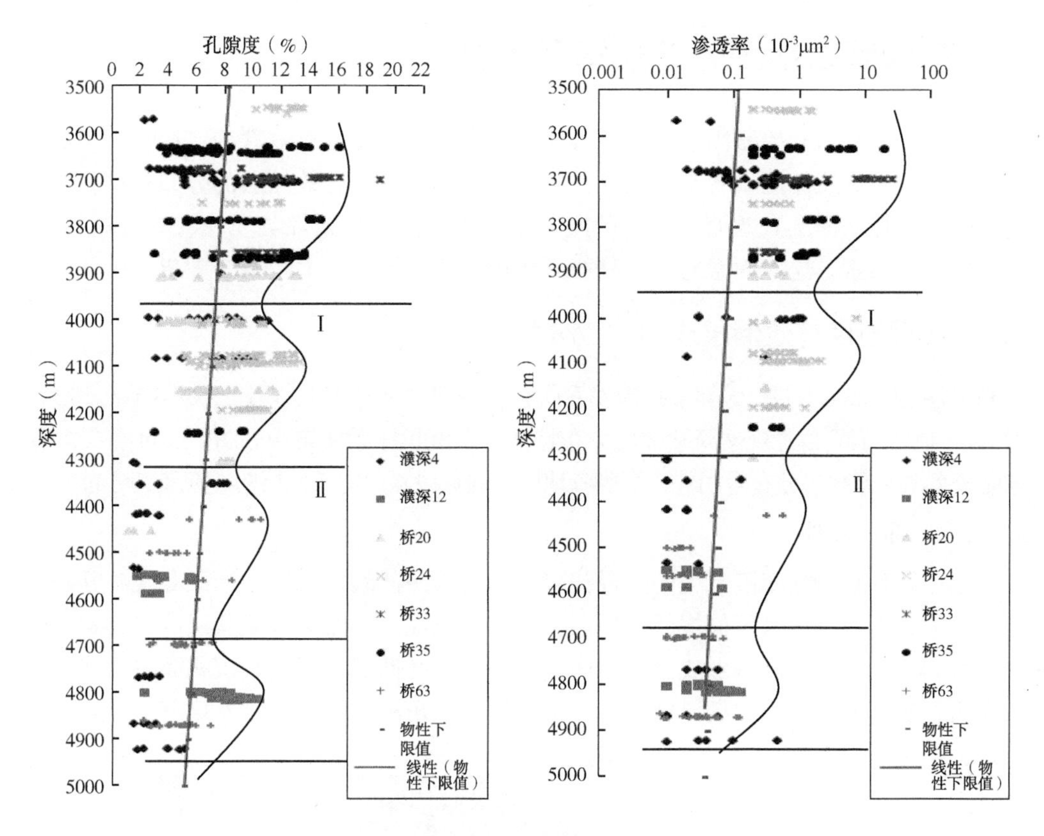

图 7-19　杜寨—桥口地区深部储层有效储层发育带确定

石和石英颗粒被溶蚀，石英次生加大少见，少量碳酸盐胶结，碳酸盐晶形较好。在第Ⅰ异常孔隙发育带沙三上亚段物性较其他层位差。

7.2.4.2　第Ⅱ有效储层发育带

第Ⅱ效储层发育带深度 4000~4250m，孔隙度 3%~15%，涉及沙三中、沙三下亚段及沙四段，其中沙三下亚段孔隙度发育好于其他层段。储集空间以粒内溶蚀孔和少量混合孔隙为主；孔隙之间连通性不好；长石等溶蚀作用与碳酸盐胶结作用并存，碳酸盐之间交代现象出现；见碳酸盐胶结物被溶蚀。

7.2.4.3　第Ⅲ有效储层发育带

第Ⅲ有效储层发育带深度位于 4350~4550m。孔隙度 3%~12%，沙三中亚段孔隙度较之沙三下亚段较小。该有效孔隙发育带胶结、交代作用强烈，多见泥质、沥青、碳酸盐充填，石英次生加大发育，孔隙不发育；储集空间以碳酸盐晶体的溶解及微晶粒间孔为主，孔隙结构不好。

7.2.4.4　第Ⅳ有效储层发育带

第Ⅳ有效储层发育带位于 4800m 附近。结合薄片和岩心观测，储层物性不好，少见 5%~10%的孔隙，多见碳酸盐呈基底式强胶结、交代，见少量碳酸盐和石英次生加大边被溶蚀；该孔隙发育带主要的储存空间为少量保存下来的次生孔隙和微裂缝。

7.3 有效储层平面分布规律及预测

通过储层评价指标控制因素分析，可以深入总结深层储层有效性的成因机制，将有效储层成因与相对优质储层发育带相结合，可以研究不同类型有效储层的分布规律。综合研究结果发现，控制深层有效储层发育的因素有很多，主要包括烃类充注、异常高压分布、裂缝的发育等因素。这些因素之间也是相互作用、相互制约，关系错综复杂。

7.3.1 不同地区有效储层成因类型分析

利用各地区纵向不同成因异常孔隙发育带位置及其主控因素，以沙三段不同亚段为单元，根据单井(地区)岩石薄片观察及孔隙度分布特征，以沉积体系展布为底图，通过叠合构造图、孔隙度分布图、膏盐层分布等图件，明确各地区不同亚段深部有效储层的类型及其分布。

7.3.1.1 东部洼陷带

文东地区紧临东濮凹陷最大的生烃洼陷——前梨园洼陷，文留构造又是油气运移的主要方向，因此本区深部有效储层的主控因素为烃类充注。当然本区膏盐层与异常高压的存在也是有利于深部有效储层形成的控制因素。制约本区储层发育的是沉积条件，沉积相分布图表明，研究区主要为浅湖滩坝砂体，部分发育三角洲前缘远砂坝及席状砂，虽然成熟度较好，但储层岩性细且单层厚度较薄(图 7-20 及图 7-21)。

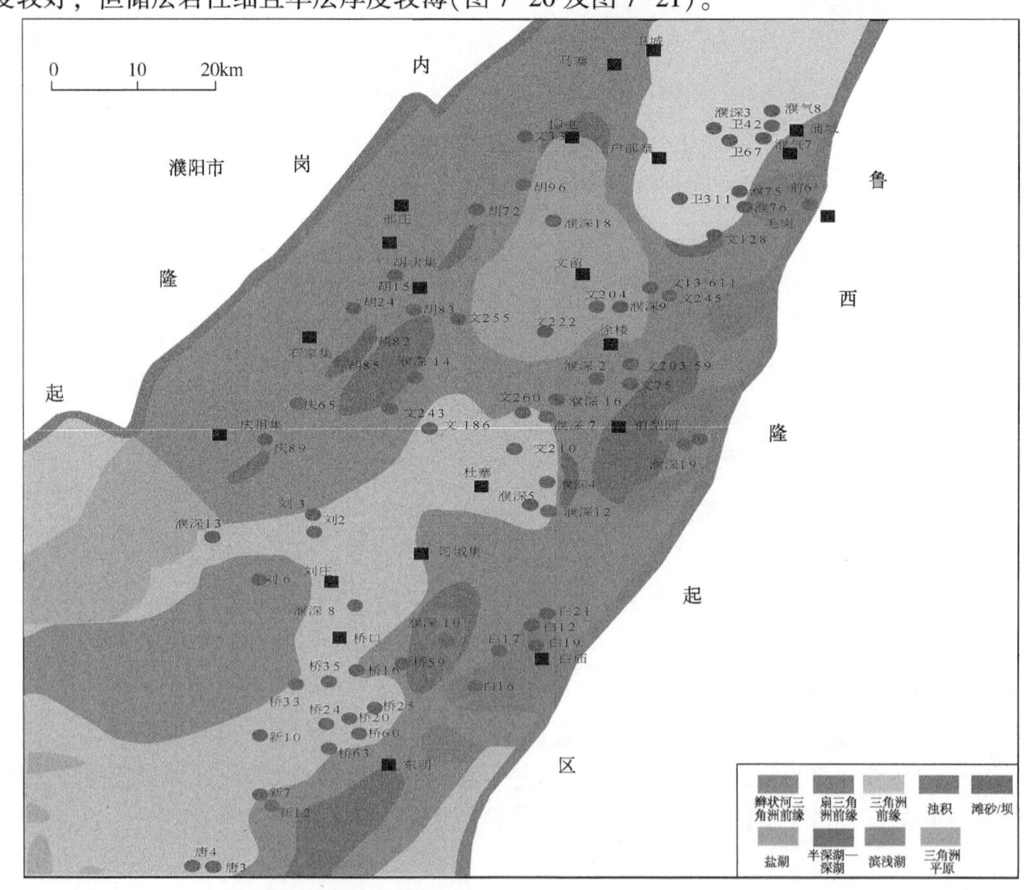

图 7-20 文东—桥口沙三下亚段沉积相分布图

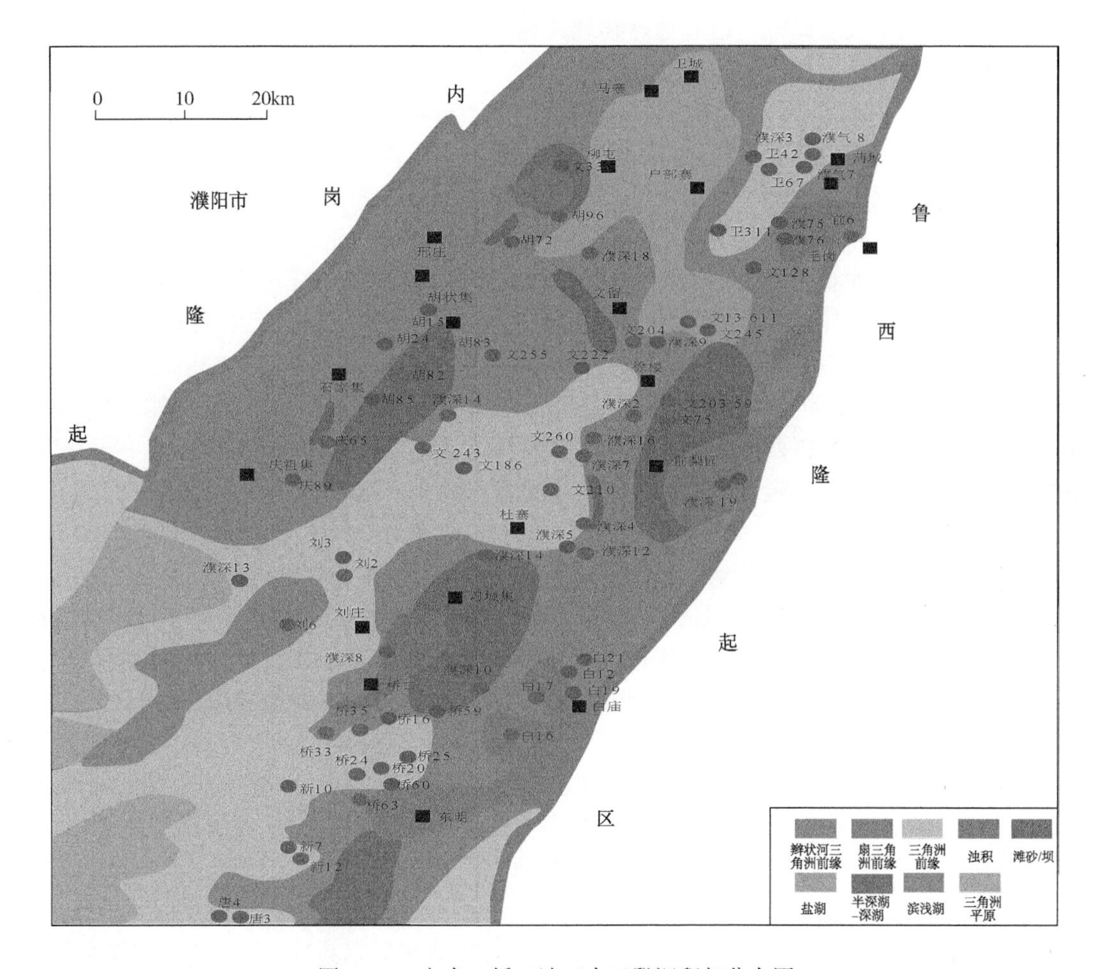

图 7-21　文东—桥口沙三中亚段沉积相分布图

7.3.1.2　文东储层压力分布

研究区实测压力数据常存在着一些假的异常测试数据点或人工输入错误，因此需要在压力场成图前核对复查实测压力结果并去掉明显不合理的压力值。对同一口探井同一层位的测试数据，对于初步整理后的基本合理可信的实测压力系数结果，只保留该层段内试油结果的最大值作为本层段内的压力上限值。实测压力系数的深度取值为测试深度的中点，测试层位视试油测试段的层位而定，对于测试层段处于两个层位之间根据地质统层分层数据取主要测试段所在的层位。为了确保数据的真实可靠，在整理后的实测压力数据基础上，成图前需参照声波时差压力剖面、钻井液密度、试油工作制度等方面综合考虑，基本上做到对筛选出的原始压力系数做进一步复查。

对可靠的实测压力数据，采用普通克里金方法内插值或外推可以预测目的层的压力平面分布，从而反映出某层段上的压力平面分布趋势图。这样结合测井计算结果，并综合考虑研究区沉积、构造等特征，获得了研究区主要目的层段压力平面分布，绘制出文东地区沙二下、沙三上、沙三中、沙三下亚段及沙四段现今平面压力分布图。需要说明的是，所做出的压力分布图只是从宏观上说明了同一区带上同一层位的地层扎隙压力在横向上大体的分布情况。因为这样的地层孔隙压力压力分布图的样式和精度取决于所取已钻井在面上的密集程度。若一个地区，主要构造上均已打过井，同一构造上同一层位地层孔隙压力系数一般来说变化不大。另外，已有地球物理计算方法的一个共同特点是通过对欠压实地层的检测来求取地层压力的。

平面上分析有助于了解压力在不同阶段的空间展布规律。东濮凹陷压力分布的整体格局与构造格局、沉降中心有着较好的对应关系，具有东高西低、东西分异的演变过程。在沙四段和沙三下亚段早期盆地呈单断箕状，沉降和沉积中心都位于兰聊断层附近的前梨园洼陷，沙三下亚段的高压区也集中于东洼，向盆地西斜坡方向压力降低；沙三中期为湖盆发育的深陷期，沉降和沉积中心逐渐向西部偏移，压力分布的特征是全区压力普遍较高，开始出现东、西洼分异，并且西洼的压力大于东洼；在沙三上期间，中央隆起带逐步形成，现今的“两洼一隆一斜坡带”的构造格局初步成形，相应的压力分布也呈现出了“两高一弱一正常带”的大格局，即东、西两洼是高压和超高压的主要分布区，中央隆起带上的主体文留地区压力较低，西部断阶带基本为正常压力；在沙二下期间“两高一弱一正常带”的大格局更为明显，中央隆起带上的文留主体也有一定的超压现象，西部断阶带和濮卫地区基本为正常压力。

控洼断层及构造抬升区的地层压力较低，兰聊断层附近基本为常压，压力系数低于1.2；长垣断层和文西断层附近地层压力降低迅速，反映了断层两侧压力体系的变化。西部斜坡由于抬升较高，持续处于常压状态，而不随埋深与层位发生变化。文东地区对应超压、强超压发育中心，沙二下亚段大部分属于常压，沙三上亚段普遍弱超压，到沙三中下亚段是超压发育主体层位。

前已述及，文东深部地层压力系数普遍较大，以下着重分析沙三中亚段分布特征(图7-22)。文东北部文13块和文16块构造主体沙三中亚段压力系数可高达1.7~1.8，文13西块压力数值最大，文13—文16两构造高点间鞍部相对较低。整体上文东构造主体向南北边部压力降低，文128北、文179南降低到1.4的弱超压范围。高部位向低部位，压力呈现先减小再增大的趋势。近洼斜坡区如文东滚动背斜东翼文75断块新钻井均揭示有1.6~1.8的压力系数。

7.3.1.3 文东储层岩盐分布

膏盐层主要通过以下方式来影响地层压力。第一，膏盐岩的物性封堵作用。由于膏盐层在温度压力增加时具有塑性强、易流动的特点，使裂缝与断层得以充填，从而使断层和裂缝消失在膏盐岩盖层中而无法穿透并到达膏盐岩之上的岩层，使得异常压力没有因为断层穿透盖层而散失。第二，膏盐岩的压力封闭机制。当膏盐层埋藏达到一定深度时，石膏将转化成硬石膏，并脱出近一半体积的结晶水，这些水进入相邻的地层孔隙中，将增大岩层中的孔隙流体压力，导致地层压力异常。同时，由于脱出的水较相邻泥岩层内部水的矿化度高，阻止了相邻泥岩内部水的正常压实排出。第三是由于膏盐岩层自身的特性，对压实作用具有“抑制效应”，能够保留大量的原生孔隙和孔隙水，造成其自身及其下伏地层的欠压实(图7-23)，从而形成了异常压力。

在东濮凹陷内新生界古近系沙河街组最突出的沉积层序特征是沉积了多套巨厚的、分布广泛的盐膏层沉积。东濮凹陷文东地区膏盐岩层之下以超压为主，压力系数与膏盐岩的发育程度具有良好的对应关系(图7-24)。

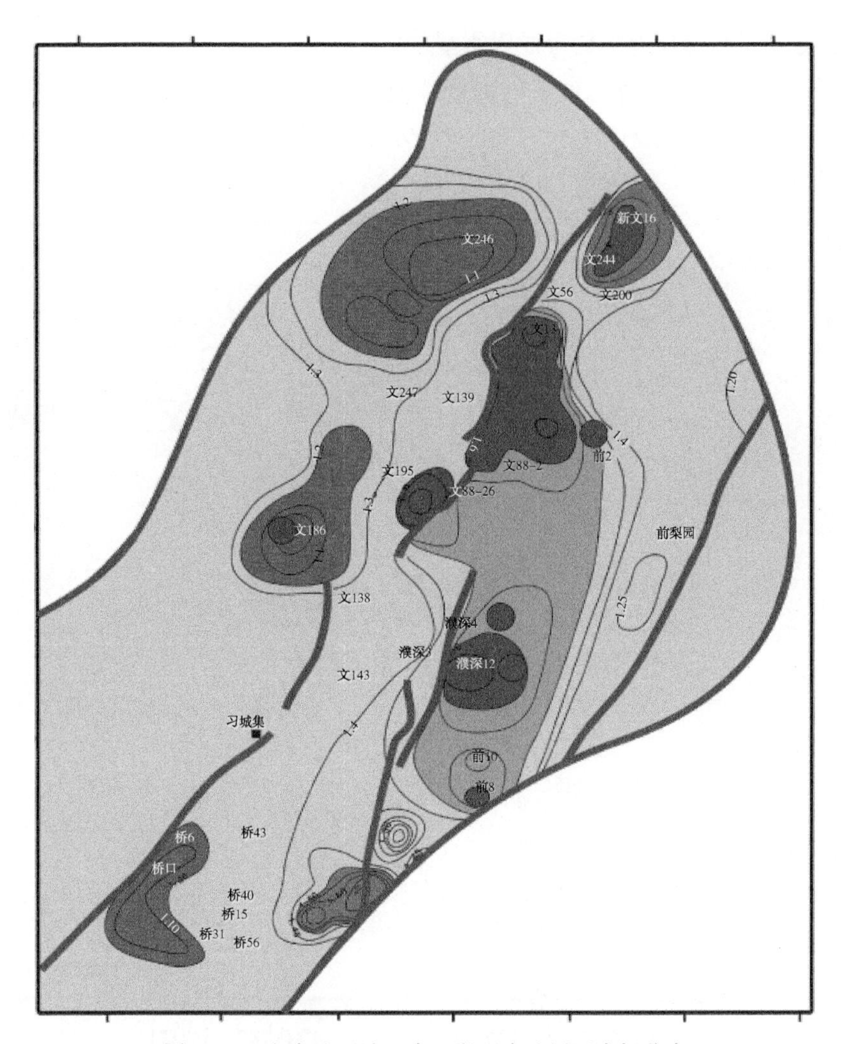

图 7-22　文东地区沙三中亚段现今地层压力场分布

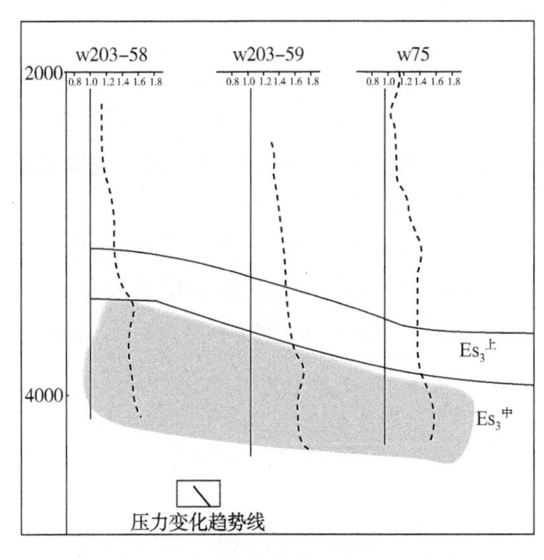

图 7-23　文东斜坡带压力剖面图形

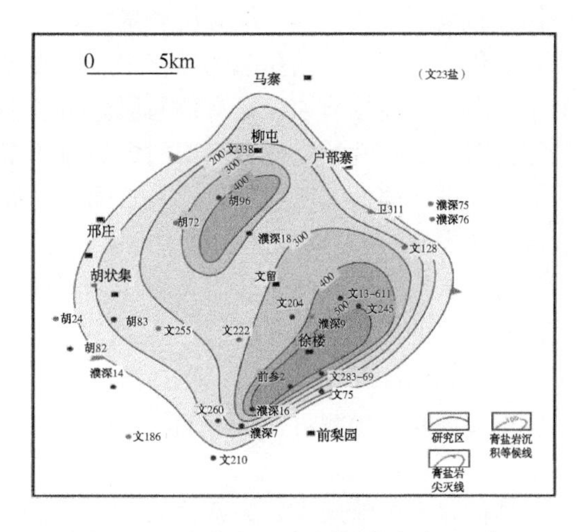

图 7-24　文东地区盐岩等厚图(文 23 盐)

7.1.3.4 文东—桥口储层有效储层成因类型分析

根据本区压力与岩盐分布，结合孔隙度等值线图(图 7-25)，认为该区有效储层主要发育在沙三中亚段，平面分布范围在文 203-59 到文 210 井一带，其中沙三中亚段以烃类充注型有效储层为主。

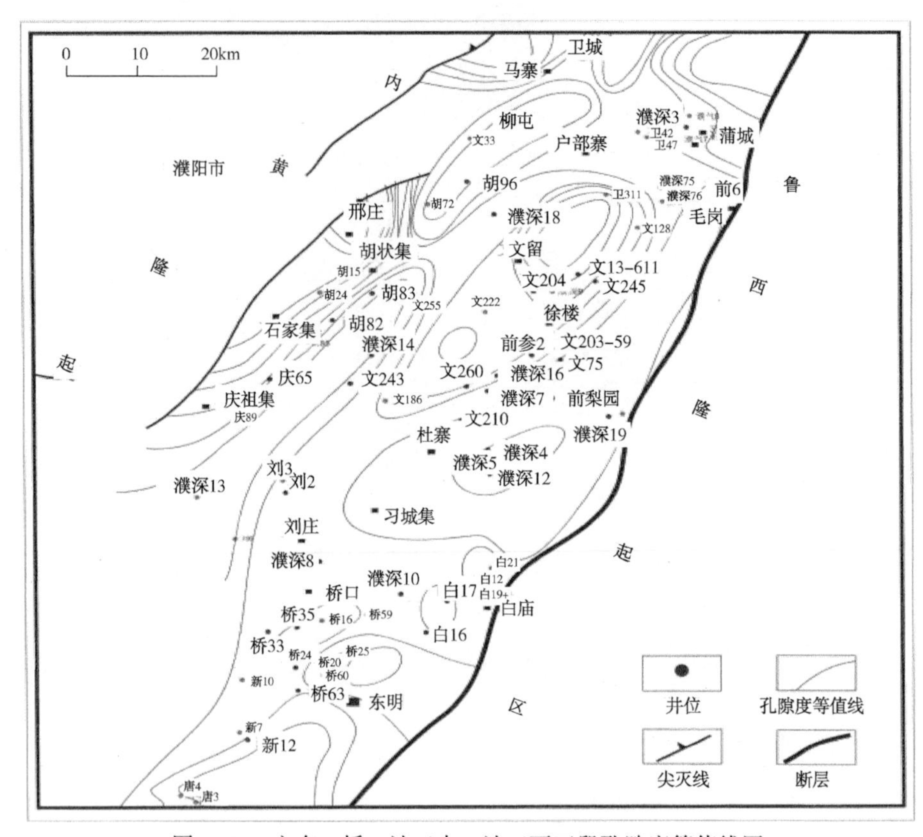

图 7-25　文东—桥口沙三中、沙三下亚段孔隙度等值线图

桥口地区受前黎园洼陷和葛岗集洼陷混合供烃，基本远离膏岩层影响。桥口地区储层主要发育三角洲前缘砂体(图 7-26 及图 7-27)，早中期受来自东部的扇三角洲前缘供砂，砂体分布范围较大，但东部储层质量较差。由于桥口地区为高地温异常，加速了深部储层成岩演化，不利于有效孔隙的保存于后期改造。另外，距离油源较远，因此控制早期储层的主要因素为碱性溶蚀，且有效储层分布较小，有效储层主要分布在沙三中亚段，其有效储层由东部的碱性溶蚀型和西部的烃类充注型组成(图 7-26 及图 7-27)。

洼陷带不同地区所处地质背景不同，如近物源的胡状集地区、温压高异常的文东(膏岩层也较发育)及桥口地区。这些地区均近油源，导致某深度区间的深部储层受烃类充注因素的改造作用比较明显。而膏岩层(异常高压)是影响文东地区储层的主要因素，而储层受沉积环境的影响不太明显。

文东地区沙三段有效储层包括溶蚀型、膏盐岩型和烃类充注型。结合沉积相分布、孔隙度平面展布，预测膏盐岩型储层如图 7-28a 所示，溶蚀型和烃类充注型储层受到断层的影响，为断层区域。

沙四段有效储层主要为膏盐岩型，受到沙三下盐及异常高压的影响，结合沉积相分布，预测区如图 7-28b 所示。

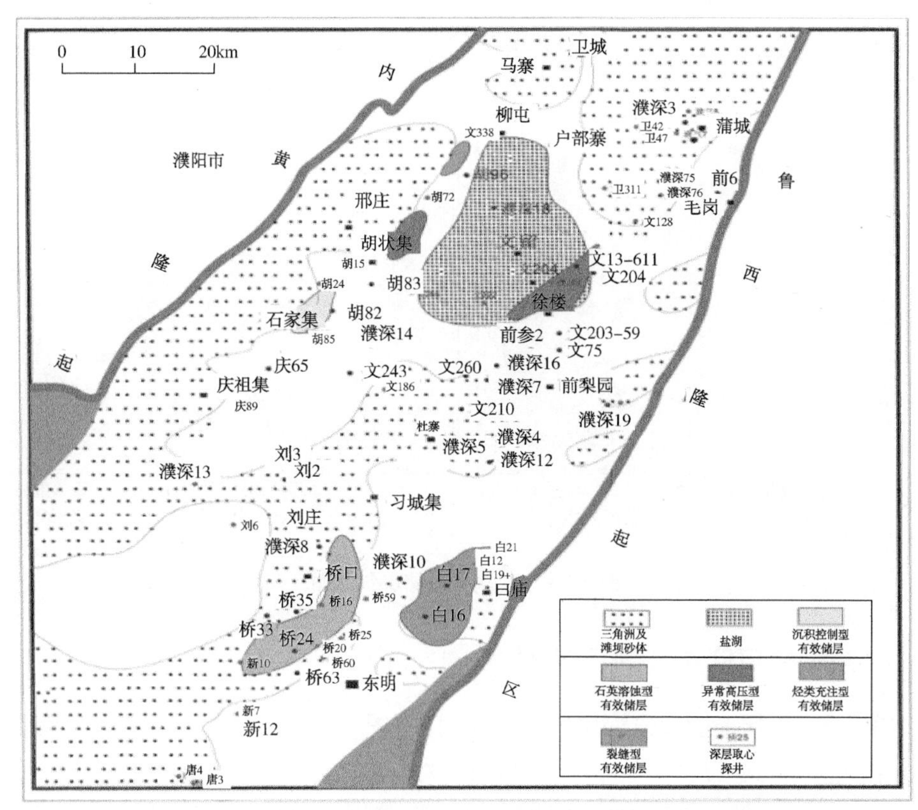

图 7-26　文东—桥口地区沙三下亚段不同成因有效储层分布图

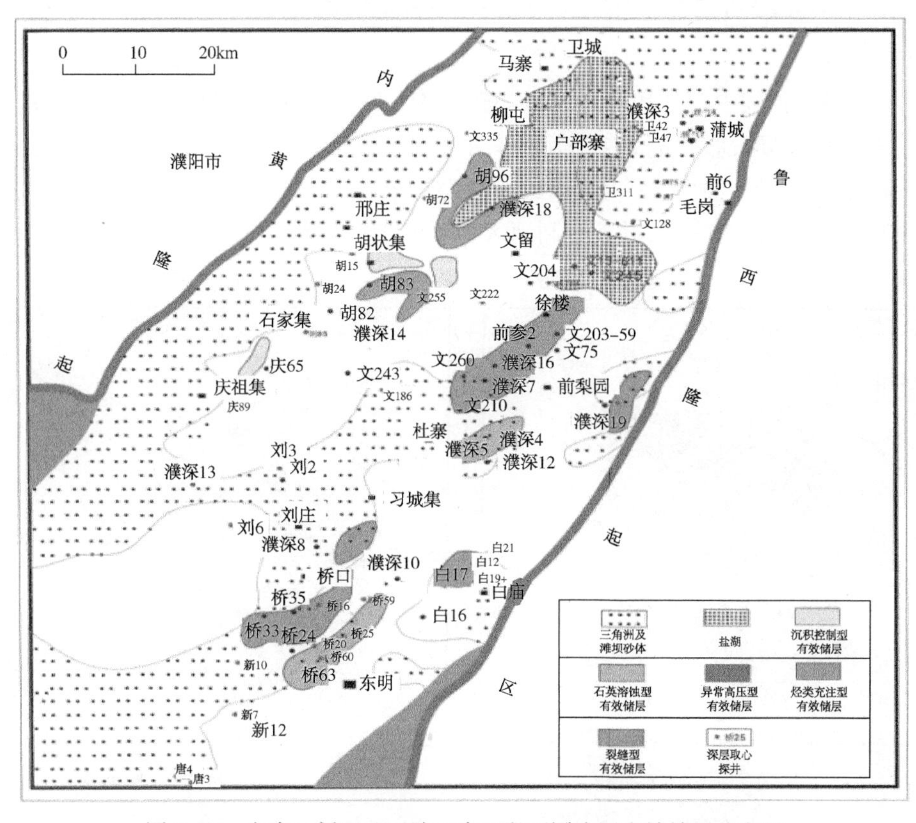

图 7-27　文东—桥口地区沙三中亚段不同成因有效储层分布图

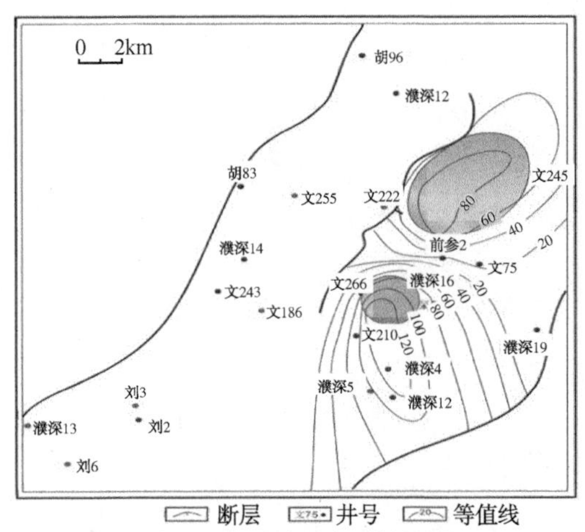

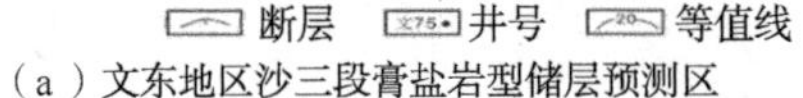

（a）文东地区沙三段膏盐岩型储层预测区

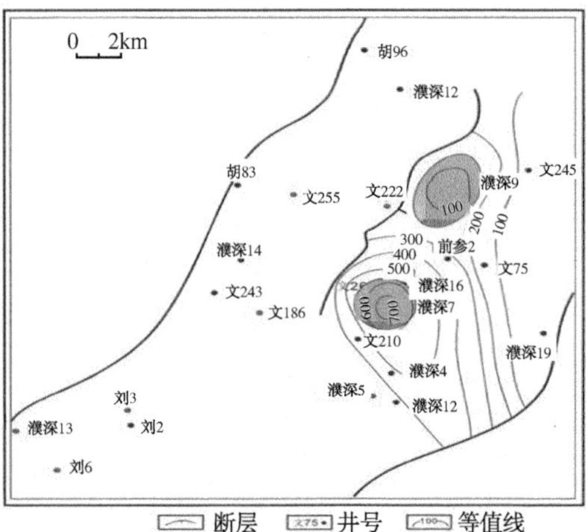

（b）文东地区沙四段膏盐岩型储层预测区

图 7-28 膏盐岩型储层预测图

7.3.2 文东—桥口储层有利区预测

从文东-桥口储层 Es_3^3 亚段深层气分布预测图（图 7-29a）中可以看出，文东地区 Es_3^3 亚段较有利地区主要分布在文 204—文 245 井一带、文 243—濮深 14 井一带，有利地区主要分布在文 260 井一带、濮深 12—濮深 19 井一带、胡 83 井附近。桥口地区 Es_3^3 亚段较有利地区主要分布在桥 33—桥 16 井一带，有利地区主要分布在桥 59—濮深 10 井及白庙地区附近。

从文东-桥口储层 Es_3^4 亚段深层气分布预测图（图 7-29b）中可以看出，文东地区 Es_3^4 亚段较有利地区主要分布在胡 82—濮深 14 井一带、刘 3 井附近，有利地区主要分布在文 260—濮深 16 井一带、濮深 12—濮深 19 井一带。桥口地区 Es_3^4 亚段较有利地区主要分布在濮深 10 井东部的白 17 井附近，有利地区主要分布在桥 60—桥 25 井一带、桥 59 井东部地区。

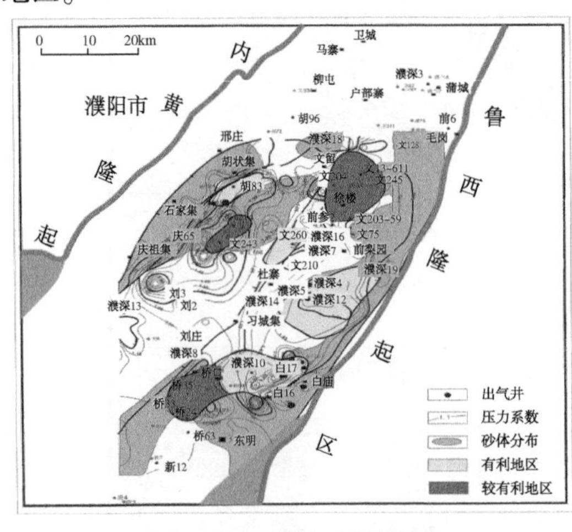

（a）Es_3^3亚段深层气分布预测图

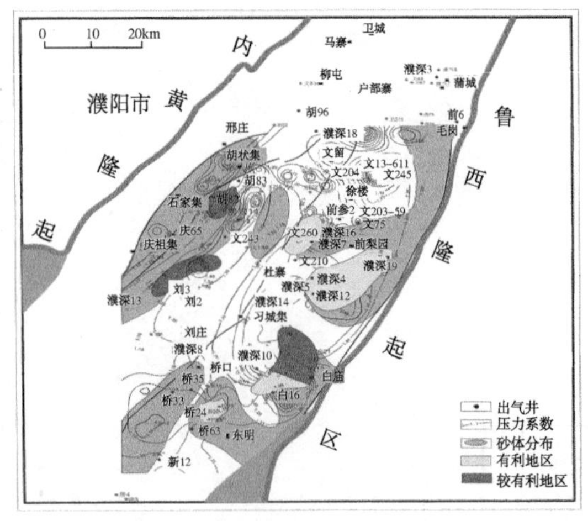

（b）Es_3^4亚段深层气分布预测图

图 7-29 文东—桥口储层深层气分布预测图

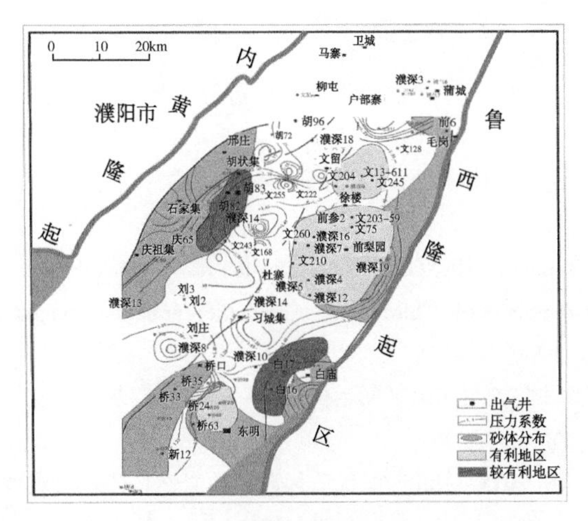

（c）Es_4段深层气分布预测图

图 7-29　文东—桥口储层深层气分布预测图(续)

从文东—桥口储层 Es_4 段深层气分布预测图(图 7-29c)中可以看出，文东地区 Es_4 段较有利地区主要分布在文 243—胡 83 井一带，有利地区主要分布在文 204—文 245 井一带、濮深 5—文 75 井一带。桥口地区 Es_4 段较有利地区主要分布在濮深 10 井东部的白 17 井附近；有利地区主要分布在：桥 63—桥 25 井一带。

深层气烃源岩有沙三段和石炭—二叠系两套地层。据三次资评结果，剩余天然气资源量为 $2675\times10^8m^3$，仍有较大勘探潜力。按层位，剩余资源量的 76%分布在 $Es_3{}^3$—Es_4 段；按深度，资源量的 75%以上分布在 3500m 以下地层中；按区带，中央隆起北部、文东—杜口地区及海通集洼陷周边是深层气最有利地区。

参 考 文 献

余海波，程秀申，徐田武，等 . 2021. 东濮凹陷古近纪构造特征及其对油气成藏的控制作用[J]. 油气地质与采收率：1-11.

贾斌峰，王恒飞，杜汶哲 . 2014. 东濮凹陷地质特征与油气勘探[J]. 中国石油和化工标准与质量，34(8)：190.

Youliang JI，Sheng ZHOU，Tongran CHENG. 2015. Application of Sequence Stratigraphy to Subtle Oil-Gas Reservoir Exploration：Take Example of the Third Member Shahejie Formation Dongpu Depression[J]. Acta Geologica Sinica(English Edition)，89(S1)：395.

翟亚楠，冯仁朋 . 2019. 东濮凹陷前梨园地区新生代热史——基于磷灰石裂变径迹和镜质组反射率耦合反演[J]. 断块油气田，26(6)：693-696.

王金萍，黄泽贵，张云献，等 . 2018. 东濮凹陷优质烃源岩的岩性特征及宏观展布规律[J]. 断块油气田，25(5)：549-554.

常龙，王长征，胡斌，等 . 2017. 东濮凹陷沙三段正常三角洲沉积中遗迹化石及意义[J]. 沉积与特提斯地质，37(3)：66-73.

庞大卫，蒋飞虎，綦小水，等 . 2018. 东濮凹陷沙河街组三段湖相沉积与地球化学特征[J]. 北京大学学报(自然科学版)，54(1)：49-60.

邓恩德，张金川，张鹏，等 . 2015. 东濮凹陷北部沙三上亚段页岩油成藏地质条件与有利区优选[J]. 山东科技大学学报(自然科学版)，34(3)：28-37.

薛欢欢，张金亮，李景哲，等 . 2015. 东濮凹陷文 79 块沙二下亚段高分辨率层序地层结构模型研究[J]. 中国科技论文，10(15)：1752-1756.

刘腾，陈刚，徐小刚，等 . 2016. 物源分析方法及其发展趋势[J]. 西北地质，49(4)：121-128.

Li Guangwei，2019. The provenance analysis of Late Triassic sedimentary sequences in Tethyan Himalaya：The tectonic attribute of materials at the convergent margin[J]. Science China(Earth Sciences)，62(10)：1659-1661.

许苗苗，魏晓椿，杨蓉，等 . 2021. 重矿物分析物源示踪方法研究进展[J]. 地球科学进展，36(2)：154-171.

聂舟，李勇，王锦程，等 . 2018. 渤海湾盆地沧东凹陷古近纪孔三段沉积时期物源体系分析[J]. 四川师范大学学报(自然科学版)，41(6)：834-839.

彭君，周勇水，李红磊，等 . 2021. 渤海湾盆地东濮凹陷盐间细粒沉积岩岩相与含油性特征[J]. 断块油气田，28(2)：212-218.

Shao Long-Yi，Yang Zhi-Yu，Shang Xiao-Xu，et al. 2015. Lithofacies palaeogeography of the Carboniferous and Permian in the Qinshui Basin，Shanxi Province，China[J]. Journal of Palaeogeography，4(4)：387-413.

张永庶，张审琴，吴颜雄，等 . 2019. 基于成像测井和岩性扫描测井的沉积相研究——以柴达木盆地黄瓜峁地区为例[J]. 新疆石油地质，40(5)：593-599.

赖锦，韩能润，贾云武，等 . 2018. 基于测井资料的辫状河三角洲沉积储层精细描述[J]. 中国地质，45(2)：304-318.

蒋裕强，宋益滔，漆麟，等 . 2016. 中国海相页岩岩相精细划分及测井预测：以四川盆地南部威远地区龙马溪组为例[J]. 地学前缘，23(1)：107-118.

佟昕，马鹏杰，张世奇，等 . 2015. 东濮凹陷文东地区沙三段地层水特征及成岩响应[J]. 断块油气田，22(5)：594-599.

熊亮，庞河清，赵勇，等 . 2021. 威荣深层页岩气储层微观孔隙结构表征及分类评价[J]. 油气藏评价与开发，11(2)：20-29.
张玉晔，赵靖舟. 2021. 鄂尔多斯盆地延长组致密砂岩储层微观孔隙结构特征[J]. 矿产勘查，12(2)：288-294.
Zhiwei WANG，Shuangfang LE，Min WANG. 2015. Fractal Characteristics of Shale Reservoir Based on the High-pressure Mercury Injection Method[J]. Acta Geologica Sinica(English Edition)，89(S1)：102-103.
李磊，郝景宇，肖继林，等. 2020. 微米级X射线断层成像技术对四川元坝地区页岩微裂缝的定量表征[J]. 岩矿测试，39(3)：362-372.
王瑞飞，张祺，邵晓岩，等. 2020. 多尺度CT成像技术识别超低渗透砂岩储层纳米级孔喉[J]. 地球物理学进展，35(1)：188-196.
汪贺，师永民，徐大卫，等. 2019. 非常规储层孔隙结构表征技术及进展[J]. 油气地质与采收率，26(5)：21-30.
王平全，陶鹏，刘建仪，等. 2016. 基于数字岩心的低渗透储层微观渗流机理研究[J]. 非常规油气，3(6)：1-5.
乔太斌，杨玉双，李如如，等. 2017. 多孔介质中固体体积分数与颗粒尺度对流体绝对渗透率的影响[J]. 山西大学学报(自然科学版)，40(1)：92-99.
邹才能，杨智，朱如凯，等. 2015. 中国非常规油气勘探开发与理论技术进展[J]. 地质学报，89(6)：979-1007.
胡勇，郭长敏，徐轩，等. 2015. 砂岩气藏岩石孔喉结构及渗流特征[J]. 石油实验地质，37(3)：390-393.
严强，张云峰，付航，等. 2018. 运用高压压汞及扫描电镜多尺度表征致密砂岩储层微纳米级孔喉特征——以渤海湾盆地沾化凹陷义176区块沙四段致密砂岩储层为例[J]. 石油实验地质，40(2)：280-287.
赵军龙，刘建建，张庆辉，等. 2017. 致密砂岩气藏地球物理勘探方法技术综述[J]. 地球物理学进展，32(2)：840-848.
徐登辉，王燕，韩学辉，等. 2018. 一种实用的定量表征岩石视压实率和视胶结率的实验方法[J]. 地球物理学进展，33(1)：274-278.
赖锦，王贵文，黄龙兴，等. 2015. 致密砂岩储集层成岩相定量划分及其测井识别方法[J]. 矿物岩石地球化学通报，34(1)：128-138.
Zheng Yong-Fei. 2019. Subduction zone geochemistry[J]. Geoscience Frontiers，10(4)：1223-1254.
马奔奔，操应长，王艳忠，等. 2015. 渤南洼陷北部陡坡带沙四上亚段成岩演化及其对储层物性的影响[J]. 沉积学报，33(1)：170-182.
孟昱璋，刘鹏. 2015. 济阳坳陷渤南洼陷沙四上亚段碎屑岩成岩作用及其孔隙演化[J]. 中国石油勘探，20(6)：14-21.
朱筱敏，刘芬，谈明轩，等. 2015. 济阳坳陷沾化凹陷陡坡带始新统沙三段扇三角洲储层成岩作用与有利储层成因[J]. 地质论评，61(4)：843-851.
刘卫彬，张世奇，李世臻，等. 2018. 东濮凹陷沙三段储层微裂缝发育特征及意义[J]. 地质通报，37(Z1)：496-502.
靳平平，欧成华，马中高，等. 2018. 蒙脱石与相关黏土矿物的演变规律及其对页岩气开发的影响[J]. 石油物探，57(3)：344-355.
陈国松，孟元林，郇金来，等. 2021. 自生绿泥石对储集层质量影响的定量评价：以北部湾盆地涠西南凹陷涠洲组三段为例[J]. 古地理学报，23(3)：639-650.
潘志鸿，庞雄奇，郭坤章，等. 2018. 东濮凹陷濮卫地区沙三段储层孔隙定量演化[J]. 中国石油勘探，

23(1)：91-99.
刘卫彬，张世奇，徐兴友，等.2019. 东濮凹陷沙三段致密砂岩储层裂缝形成机制及对储层物性的影响[J]. 大地构造与成矿学，43(1)：58-68.
张洪安，徐田武，张云献.2017. 东濮凹陷咸化湖盆优质烃源岩的发育特征及意义[J]. 断块油气田，24(4)：437-441.
杨万芹，蒋有录，王勇.2015. 东营凹陷沙三下—沙四上亚段泥页岩岩相沉积环境分析[J]. 中国石油大学学报(自然科学版)，39(4)：19-26.
蒋有录，房磊，谈玉明，等.2015. 渤海湾盆地东濮凹陷不同区带油气成藏期差异性及主控因素[J]. 地质论评，61(6)：1321-1331.
范瑞峰，董春梅，吴鹏，等.2015. 渤南油田四区沙三段储层特征及其控制因素[J]. 油气地质与采收率，22(4)：64-68.
王瑞飞，何润华，苏道敏，等.2016. 深层砂岩油藏储层孔喉特征参数及预测模型[J]. 地球物理学进展，31(5)：2160-2165.
刘卫彬，张世奇，李世臻，等.2017. 东濮凹陷沙三段异常高孔带发育特征及成因机制[J]. 地质论评，63(S1)：77-78.
赵伟，邱隆伟，姜在兴.2016. 东营凹陷古近系沙四上亚段滩坝砂体固体—流体相互作用定量恢复及次生孔隙成因预测[J]. 古地理学报，18(5)：769-784.
向芳，冯钦，张得彦，等.2016. 绿泥石环边的再研究——来自镇泾地区延长组砂岩的证据[J]. 成都理工大学学报(自然科学版)，43(1)：59-67.
马鹏杰，林承焰，张世奇，等.2017. 碎屑岩储集层中绿泥石包膜的研究现状[J]. 古地理学报，19(1)：147-159.
王亚东，余继峰，刘天娇，等.2021. 东濮凹陷上二叠统致密砂岩储层成岩相及孔隙演化[J]. 东北石油大学学报，45(2)：10，79-91.
隋筱锐，张世奇.2019. 东濮凹陷濮卫地区 Es_ 3-Es_ 4 有效储层分布及有效孔隙演化史[J]. 非常规油气，6(2)：11-19.
邱隆伟，徐宁宁，刘魁元，等.2015. 渤南洼陷沙四上亚段储层异常高孔带及优质储层成因机制[J]. 天然气地球科学，26(1)：1-12.
杨波，罗迪，张鑫，等.2016. 异常高压页岩气藏应力敏感及其合理配产研究[J]. 西南石油大学学报(自然科学版)，38(2)：115-121.
毛婵静.2021. 东濮凹陷桥口构造油藏富集特点[J]. 中国石油和化工标准与质量，41(14)：127-128.
王瑞飞，唐致霞，王金鑫，等.2018. 异常高压形成机理及对储集层物性的影响——以东濮凹陷文东油田沙三中油藏为例[J]. 地球物理学进展，33(3)：1149-1154.
吴超，朱俊强，王宁，等.2014. 东濮凹陷文 70 断裂带构造与油气富集规律研究[J]. 地质调查与研究，37(3)：169-176.
李红磊，张云献，周勇水，等.2020. 东濮凹陷优质烃源岩生烃演化机理[J]. 断块油气田，27(2)：143-148.
闫建平，温丹妮，李尊芝，等.2016. 基于核磁共振测井的低渗透砂岩孔隙结构定量评价方法——以东营凹陷南斜坡沙四段为例[J]. 地球物理学报，59(4)：1543-1552.
李易霖，张云峰，丛琳，等.2016. X-CT 扫描成像技术在致密砂岩微观孔隙结构表征中的应用——以大安油田扶余油层为例[J]. 吉林大学学报(地球科学版)，46(2)：379-387.
吴松涛，朱如凯，李勋，等.2018. 致密储层孔隙结构表征技术有效性评价与应用[J]. 地学前缘，25(2)：191-203.

朱如凯，吴松涛，苏玲，等.2016. 中国致密储层孔隙结构表征需注意的问题及未来发展方向[J]. 石油学报，37(11)：1323-1336.
赵华伟，宁正福，赵天逸，等.2017. 恒速压汞法在致密储层孔隙结构表征中的适用性[J]. 断块油气田，24(3)：413-416.
吕雪莹，蒋有录，刘景东，等.2017. 东濮凹陷杜寨地区沙三中-下段致密砂岩气藏有效储层物性下限[J]. 地质科技情报，36(3)：182-188.
王亚，杨少春，路研，等.2019. 渤海湾盆地东营凹陷高青地区中生界低渗透碎屑岩有效储层特征及发育控制因素[J]. 石油与天然气地质，40(2)：271-283.
罗晓容，张立宽，雷裕红，等.2016. 储层结构非均质性及其在深层油气成藏中的意义[J]. 中国石油勘探，21(1)：28-36.
赵贤正，周立宏，蒲秀刚，等.2017. 断陷湖盆斜坡区油气富集理论与勘探实践——以黄骅坳陷古近系为例[J]. 中国石油勘探，22(2)：13-24.
Pang Xiong-Qi，Jia Cheng-Zao，Wang Wen-Yang. 2015. Petroleum geology features and research developments of hydrocarbon accumulation in deep petroliferous basins[J]. Petroleum Science，12(1)：1-53.
刘华，蒋有录，卢浩，等.2016. 渤南洼陷流体包裹体特征与成藏期流体压力恢复[J]. 地球科学，41(8)：1384-1394.
罗春艳，罗静兰，罗晓容，等.2014. 鄂尔多斯盆地中西部长8砂岩的流体包裹体特征与油气成藏期次分析[J]. 高校地质学报，20(4)：623-634.
朱明，张向涛，杨兴业，等.2018. 珠江口盆地惠南半地堑恩平组烃类充注特征与砂岩致密化成因分析[J]. 中国海上油气，30(6)：14-24.
苗春欣，2016. 烃源岩排流体特征及对近源油藏成藏的影响——以东营凹陷北部砂砾岩体为例[J]. 断块油气田，23(4)：409-413.
刘卫彬，周新桂，徐兴友，等.2020. 盐间超压裂缝形成机制及其页岩油气地质意义——以渤海湾盆地东濮凹陷古近系沙河街组三段为例[J]. 石油勘探与开发，47(3)：523-533.
王永诗，邱贻博.2017. 济阳坳陷超压结构差异性及其控制因素[J]. 石油与天然气地质，38(3)：430-437.
苏奥，杜江民，贺聪，等.2017. 东海盆地西湖凹陷平湖构造带超压系统与油气成藏[J]. 中南大学学报(自然科学版)，48(3)：742-750.
龚小卫，李玮，乔中山.2017. 致密油层压裂过程中裂缝延伸对地应力的影响[J]. 北京石油化工学院学报，25(3)：24-28.
张辉.2021. 超深裂缝性碎屑岩储层天然裂缝激活研究[J]. 特种油气藏，28(2)：133-138.
印兴耀，刘倩.2016. 致密储层各向异性地震岩石物理建模及应用[J]. 中国石油大学学报(自然科学版)，40(2)：52-58.
陈方文，赵红琴，王淑萍，等.2019. 渤海湾盆地冀中坳陷饶阳凹陷沙一下亚段页岩油可动量评价[J]. 石油与天然气地质，40(3)：593-601.
杨田，操应长，王艳忠，等.2015. 渤南洼陷沙四下亚段扇三角洲前缘优质储层成因[J]. 地球科学(中国地质大学学报)，40(12)：2067-2080.
刘之的，石玉江，周金昱，等.2018. 有效储层物性下限确定方法综述及适用性分析[J]. 地球物理学进展，33(3)：1102-1109.
路智勇，韩学辉，张欣，等.2016. 储层物性下限确定方法的研究现状与展望[J]. 中国石油大学学报(自然科学版)，40(5)：32-42.
沈朴，刘丽芳，吴克强，等.2015. 砂体输导物性下限研究[J]. 科学技术与工程，15(19)：110-114.

马立民，李志鹏，林承焰，等.2014. 东营凹陷沙四下盐湖相沉积序列[J]. 中国石油大学学报(自然科学版)，38(6)：24-31.
张津宁，张金功，杨乾政，等.2016. 膏盐岩对异常高压形成与分布的控制——以柴达木盆地狮子沟地区为例[J]. 沉积学报，34(3)：563-570.
吴海生，郑孟林，何文军，等.2017. 准噶尔盆地腹部地层压力异常特征与控制因素[J]. 石油与天然气地质，38(6)：1135-1146.
冯冲，姚爱国，汪建富，等.2014. 准噶尔盆地玛湖凹陷异常高压分布和形成机理[J]. 新疆石油地质，35(6)：640-645.

附录一　文东地区

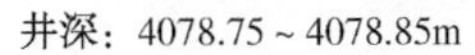井深：4078.75～4078.85m 层位：沙三中 描述：浅灰色中层状粉细砂岩，发育平行层理 特殊现象：平行层理 井号：濮深4井	描述：冲刷泥砾 特殊现象：物理成因构造 井号：濮深14井	井深：4181.51～4181.61m 层位：沙三下 描述：灰色薄层状粉细砂岩，发育变形构造 特殊现象：变形构造 井号：濮深14井

层位：沙三中 描述：石膏及其碎片 特殊现象：化学成因构造 井号：文250井	井深：4672.00～4672.15m 层位：沙三中 描述：深灰色中层状细砂岩，发育平行层理及滑塌 特殊现象：平行层理及滑塌 井号：文255井	井深：4177.40～4177.45m 层位：沙三下 描述：深灰色薄层状粉细砂岩，发育平行层理 特殊现象：平行层理 井号：濮深7井
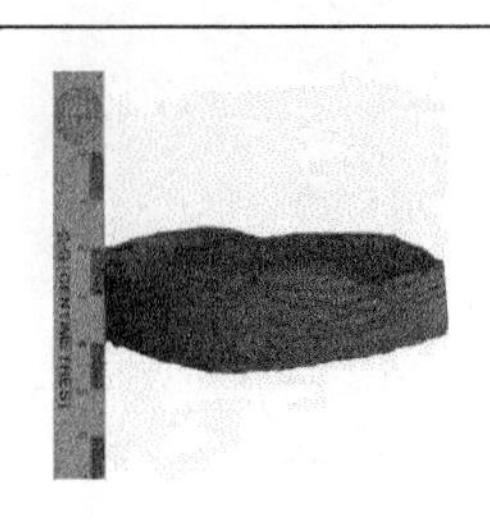		
井深：4181.26～4181.30m 层位：沙三下 描述：灰色薄层状泥质粉砂岩，发育波状层理 特殊现象：波状层理 井号：濮深7井	井深：4184.41～4184.51m 层位：沙三下 描述：浅褐灰色薄层状粗砂岩，发育块状层理 特殊现象：块状层理 井号：濮深7井	井深：4549.90～4550.00m 层位：沙三中 描述：包卷层理 特殊现象：包卷层理 井号：胡83井

续表

	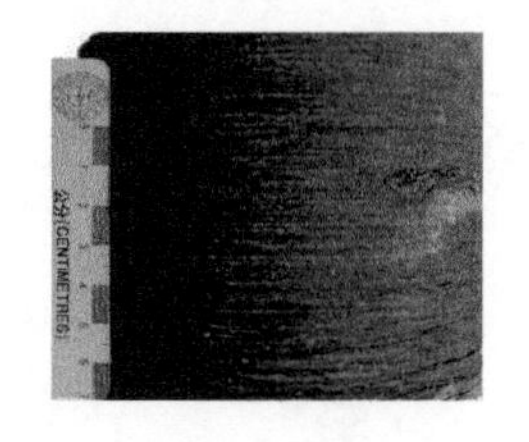	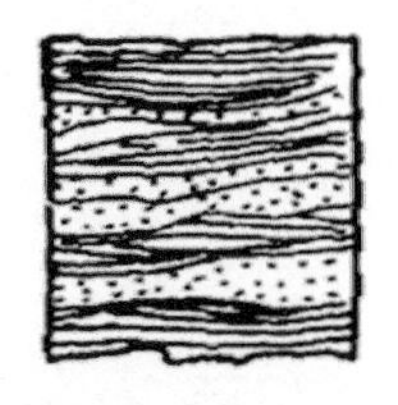
井深：4532.17～4532.27m 层位：沙三中 描述：灰色薄层状泥质粉砂岩，发育波状层理，中部见冲刷面 特殊现象：波状层理，冲刷面 井号：濮深4井	井深：4915.79～4915.89m 层位：沙三下 描述：灰色中层状泥质粉砂岩，发育波状层理 特殊现象：波状层理 井号：濮深4井	层位：沙三中 描述：发育斜波状层理 特殊现象：斜波状层理 井号：濮深4井
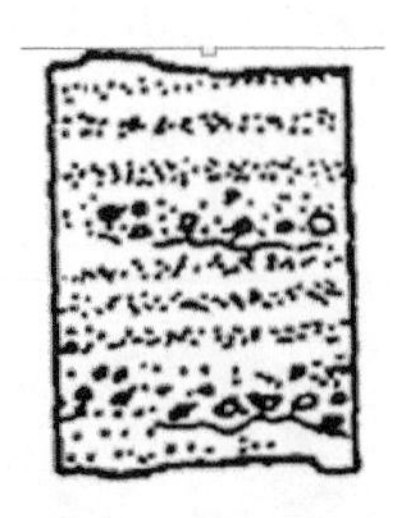		
层位：沙三中 描述：发育叠复冲刷砂砾岩层理 特殊现象：叠复冲刷层理 井号：文204井	井深：4162.14～4162.17m 层位：沙三下 描述：浅灰色薄层状泥质粉砂岩，发育滑塌变形构造 特殊现象：滑塌变形构造 井号：濮深7井	井深：4177.50～4177.56m 层位：沙三下 描述：灰色薄层状粉细砂岩，发育槽状交错层理 特殊现象：槽状交错层理 井号：濮深7井
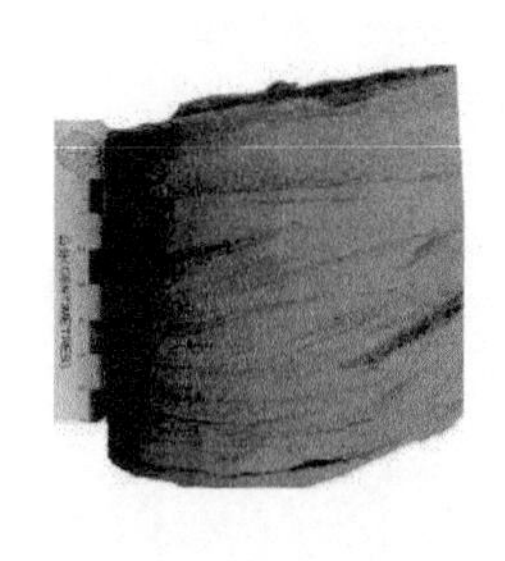		
井深：4085.22～4085.27m 层位：沙三下 描述：灰色中层状细砂岩，发育槽状交错层理 特殊现象：槽状交错层理 井号：前参2井	井深：4521.60～4521.70m 层位：沙三中 描述：深灰色薄层状中砂岩，发育槽状交错层理 特殊现象：槽状交错层理 井号：文255井	井深：4522.90～4452.00m 层位：沙三中 描述：深灰色薄层状细砂岩，发育板状交错层理 特殊现象：板状交错层理 井号：文255井

续表

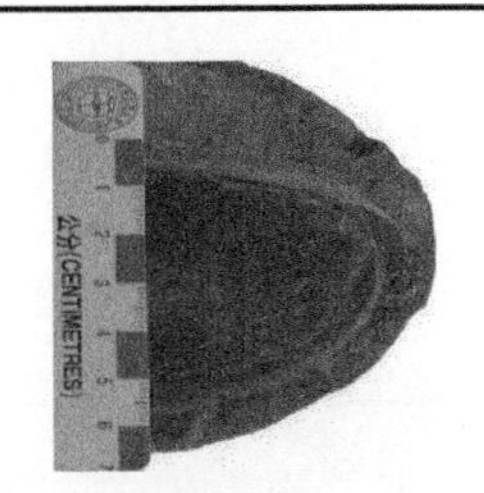		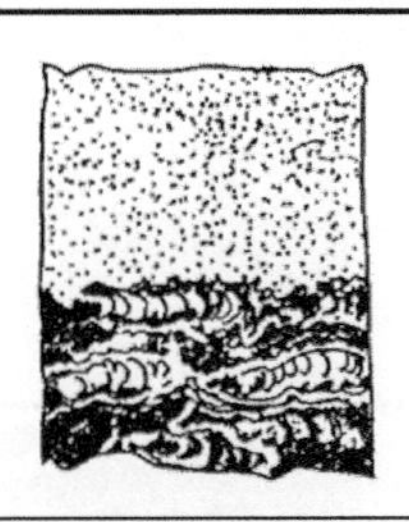
井深：4155.20m 层位：沙三中 描述：深灰色泥质粉砂岩，含螺化石，富含植物茎干及炭屑 特殊现象：螺化石，植物茎干，炭屑 井号：文75井	井深：4536.30m 层位：沙三中 描述：深灰色泥质粉砂岩，富含植物茎干 特殊现象：植物茎干 井号：文255井	层位：沙三中 描述：发育深水遗迹化石及水平潜穴 特殊现象：水平潜穴 井号：濮深7井
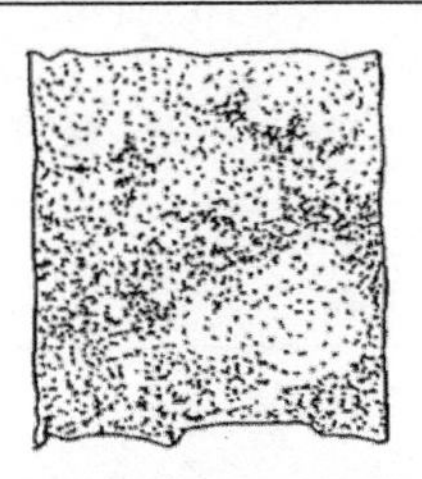		
层位：沙三中 描述：发育深水遗迹化石及强扰动粉—细砂岩 特殊现象：强扰动粉—细砂岩 井号：濮深7井	层位：沙三中 描述：发育深水遗迹化石及觅食迹 特殊现象：觅食迹 井号：濮深7井	井深：3747.80~3747.86m 层位：沙三中 描述：槽状交错层理 特殊现象：槽状交错层理 井号：胡83井

附录二　桥口地区

		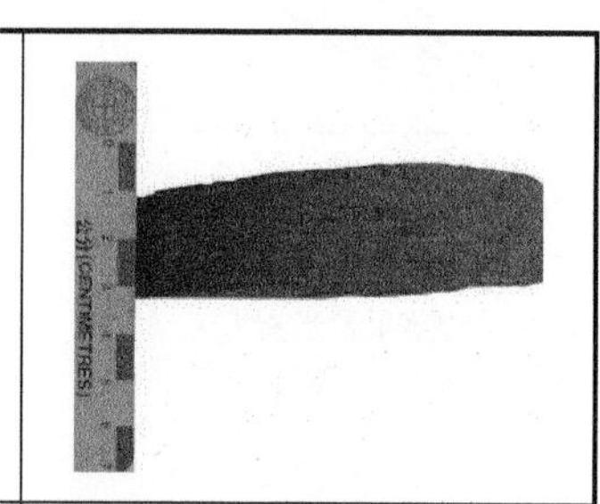
井深：3904.43 ~ 3904.63m 层位：沙三下 描述：深灰厚层状细砂岩，发育平行层理 特殊现象：平行层理 井号：桥20井	井深：3879.53 ~ 3879.63m 层位：沙三下 描述：深灰—灰色泥质粉砂岩，发育波状层理及变形构造 特殊现象：波状层理及变形构造 井号：桥20井	井深：4000.50 ~ 4000.55m 层位：沙三下 描述：黑灰色薄层状泥岩，发育水平层理 特殊现象：平行层理 井号：桥20井
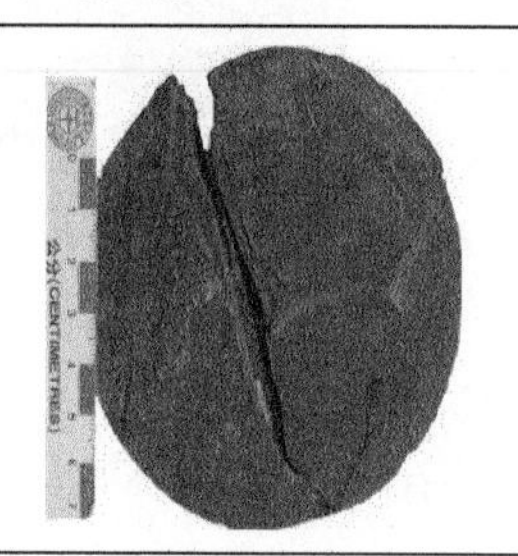	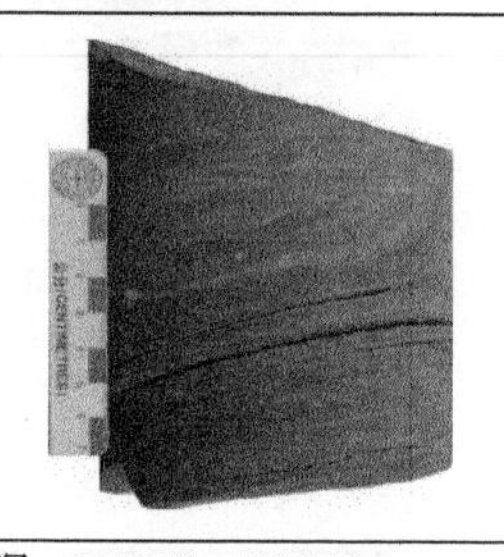	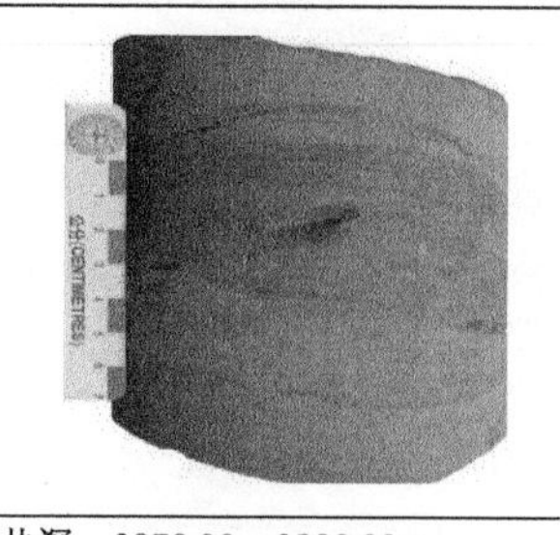
井深： 4147.42m 层位：沙三下 描述：深灰薄层状泥质粉砂岩，层面见鱼化石 特殊现象：鱼化石 井号：桥20井	井深：3912.28 ~ 3912.38m 层位：沙三下 描述：深灰—灰色中层状粉砂岩，发育水平层理及变形层理 特殊现象：水平层理及变形层理 井号：桥20井	井深：3879.90 ~ 3880.00m 层位：沙三下 描述：深灰—灰色泥质粉砂岩，发育波状层理及变形构造 特殊现象：波状层理 井号：桥 20 井
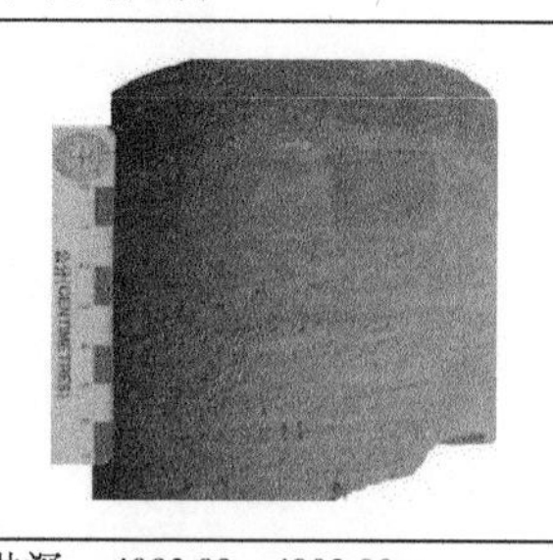	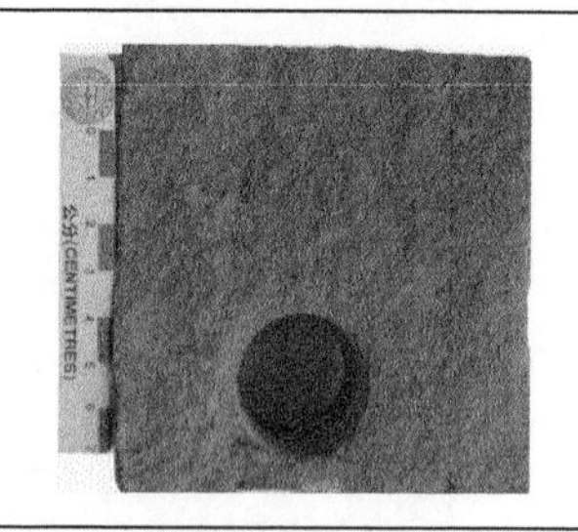	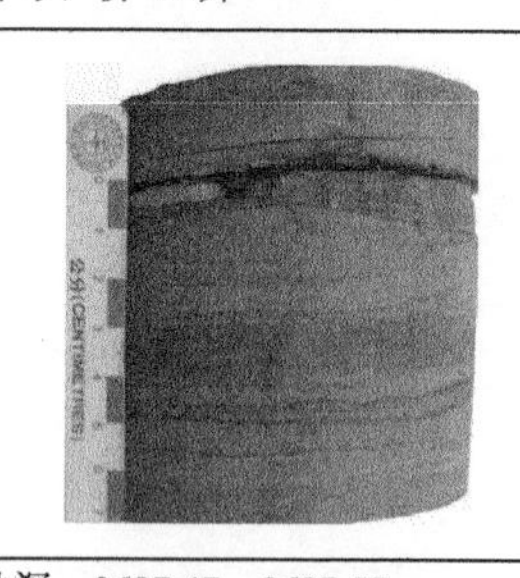
井深： 4003.80 ~ 4003.90m 层位：沙三下 描述：深灰—灰色厚层状粉砂岩—泥岩，发育流水沙纹，中上部见岩性和颜色突变面 特殊现象：流水沙纹，岩性和颜色突变面 井号：桥20井	井深：3693.40 ~ 3693.50m 层位：沙三下 描述：深灰薄层状细砂岩，发育平行层理 特殊现象：平行层理 井号：桥33井	井深：3697.47 ~ 3697.57m 层位：沙三下 描述：深灰薄层状泥质粉砂岩，发育波状层理 特殊现象：波状层理 井号：桥33井

井深：4392.32 ~ 4392.42m 层位：沙三上 描述：深灰色薄层状泥质粉砂岩，波状层理 特殊现象：波状层理 井号：刘2井	井深：2960.53~2960.61m 层位：沙三上 描述：发育细粉砂岩及粉砂岩中，块状层理 特殊现象：块状层理 井号：桥44井	井深：4101.20m 层位：沙三上 描述：发育含砾粗砂岩中，块状层理 特殊现象：块状层理 井号：濮深8井

井深：5168.8m 层位：沙三下 描述：生物扰动强烈的细砂岩 特殊现象：生物扰动构造 井号：濮深8井	层位：沙三中 描述：觅食迹 特殊现象：觅食迹 井号：濮深8井	井深：4731.50m 层位：沙三中 描述：斜波状层理 特殊现象：斜波状层理 井号：濮深8井

井深：4101.0m 层位：沙三上 描述：正递变层理 特殊现象：正递变层理 井号：濮深8井		

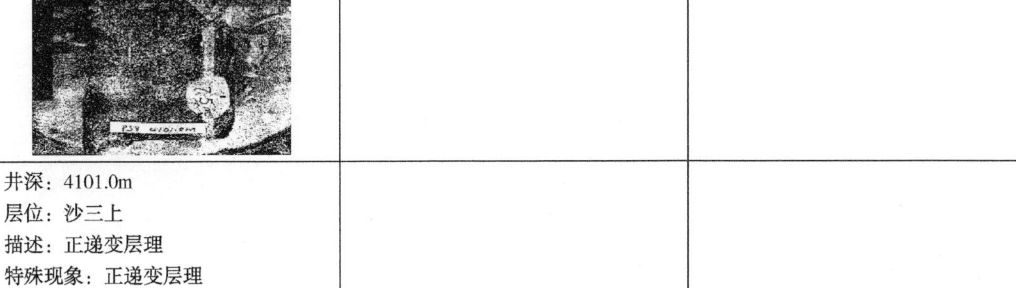